(第三版)

飯店管理資訊系統

陸均良等 編著

Hotel Information
Management System

崧燁文化

目錄

第 7 章 飯店管理資訊系統的開發

第 3 版後記

第 1 章 飯店電腦資訊管理概述

█第一節 飯店電腦應用概況

　　在現代飯店的經營管理中，電腦資訊系統已成為飯店經營管理的一個重要組成部分。進入 21 世紀，隨著飯店經營管理要求的不斷提高和電腦應用的普及和深入，飯店電腦應用已步入了更高的階段，從一般的作業層使用電腦到一般的管理層使用電腦，現在已進入了飯店管理高層使用電腦。飯店電腦資訊系統不但用於管理日常事務，還可以用於輔助管理決策。借助於電腦提高飯店管理效益和管理的精度已成為飯店管理人的共識，電腦成為飯店管理必不可少的管理工具。資訊化時代的飯店企業，可以真正實現從資訊的角度去管理飯店，改變了人們對飯店管理的理念，同時提高了飯店的市場競爭能力。

　　飯店電腦應用始於 20 世紀 70 年代初，當時美國的 EECO 公司首先把電腦用於飯店預訂和排房的業務管理，至 20 世紀 80 年代初出現了完善的飯店管理資訊系統。

　　電腦科學的飛速發展，給飯店電腦應用帶來了蓬勃生機，出現了飯店電腦管理資訊系統、飯店辦公自動化系統、飯店決策支持系統、飯店安全保衛系統、飯店電腦門鎖系統、飯店資訊服務系統、客房電腦保險系統、電腦娛樂系統等，Internet/Intranet 也開始在飯店經營管理和服務中得到應用，成為飯店經營不可缺少的現代服務工具和管理工具。本章介紹的飯店電腦應用，主要是指電腦在飯店資訊管理方面的應用。

一、飯店資訊管理軟體的發展

　　飯店電腦資訊管理的軟體經歷了將近 35 年的發展歷史，美國 ECI 電腦公司於 1969 年最早開始研製飯店管理系統，是飯店管理系統的鼻祖。ECI 公司是美國加州電子工程公司（Electronic Engineering CO.，簡稱 EECO）下屬的子公司，因此該飯店管理軟體也稱 EECO 系統。1970 年，在美國夏

威夷的喜來登飯店（Sheraton Hotel）裝設了全世界第一套 EECO 飯店管理系統。飯店資訊管理軟體的研究和應用比歐美晚 10 年，起步於 20 世紀 80 年代初，在將近 25 年的發展歷程中，大概經歷了以下幾個發展階段。

（一）啟蒙型階段

這個階段是飯店使用電腦管理的摸索時期，是指 1980 年到 1985 年，這個時候開始研製飯店資訊管理軟體，並於 1983 年成功應用於飯店。該階段的軟體特點是以 DOS 操作系統平台為主，單用戶或終端型的應用系統。但大多數飯店還沒有意識到電腦對飯店經營管理的重要性，僅有少數的高星級飯店使用進口的飯店管理軟體。

（二）事務管理型階段

這個階段主要有兩種類型的軟體，即事務型軟體和管理型軟體。前者主要是模仿手工管理方式，目的在於提高飯店管理的效率；後者是參與飯店的經營管理，根據飯店管理模式進行設計，目的是不但提高飯店管理的效率，還必須提高飯店管理的精度。這個階段是 1986 年到 2000 年。在這個階段中電腦應用已成為評定星級的標準內容。

（三）管理決策型階段

飯店資訊管理軟體向決策型軟體發展。作為一個現代飯店，在資訊化時代的大環境下，管理軟體也必須是開放型的，而且不能滿足於現場的管理，還必須透過電腦的資訊管理提高飯店經營效益，具有預測和決策的功能。管理決策型軟體就是主要以提高飯店管理效益的開放型軟體。這種軟體具有知識推理、回歸分析、預測判斷等功能，能解決飯店經營中的管理決策型問題，如經營價格的決策、市場客源的動態預測、投資決策等。可以科學地指導飯店領導對飯店經營的管理決策行為。

二、飯店電腦應用的特點和作用

飯店是一個社會服務行業，主要對客提供服務。因此電腦應用必須圍繞服務這個宗旨，如資訊服務、消費查詢服務、通訊服務以及 Internet 上網服

務等。透過電腦應用系統，不但為客戶提供優質服務和個性化服務，創造良好、溫馨、舒適的服務環境，而且可以提高飯店經營管理的效率，減少人力資源成本。在新經濟時代，飯店電腦應用圍繞「服務」這兩個字就形成如下的一些特點：

（1）實時性

飯店電腦的資訊處理必須滿足實時性的要求，即電腦系統必須滿足客人隨時隨地提出的服務要求，能迅速地實現登記和查詢服務，系統的實時響應和快速處理是飯店資訊系統的最基本要求。如一個客戶在結帳前幾分鐘在客房打了長途電話，在結帳時應迅速反映該客戶的所有消費情況。

（2）協調性

飯店的客人服務不是靠一個部門就能完成的，實現對客服務需要各個部門的協調。電腦應用系統必須考慮這種協調性，使各個部門透過電腦應用系統實現對客的完美服務，這是不同於其他電腦應用系統的一個很重要的特點。如一個客人在餐廳的消費是享受餐飲服務，在棋牌室打牌是一種娛樂服務的享受，這些服務在不同部門實現，我們可以透過電腦資訊系統的協調，實現對客自動記帳，到總台一次性付帳。

（3）個性化

飯店是提供服務的場所，服務就必須有個性化，特別是現在網路化時代。飯店電腦資訊系統必須具備個性化的服務需求，真正為客人提供完美服務。如透過電腦資訊系統可以為客人提供自助服務系統，在客房裡實現消費查帳服務、點歌服務、點菜服務，旅遊資訊服務等。

（4）穩定性和安全性

飯店電腦應用系統也是對客服務的一種工具，必須考慮系統的穩定性和安全性。穩定性是指系統運行可靠，隨時可以使用，能真正成為服務的一種工具，成為我們飯店經營的一種手段，幫助飯店管理人員提高飯店管理效率；安全性是指涉及客戶自己操作的系統必須安全，而且系統中的操作數據必須

長久保存，可以查詢但不能泄露和隨意篡改。系統中的所有電子文檔和電子數據都必須處於安全的可用狀態。

（5）互動性

這是資訊時代對管理資訊系統的要求，特別是基於 Web 的管理資訊系統，為了電子商務開展的需要，飯店作為服務型的企業，互動性已成為資訊系統的基本要點。

飯店電腦資訊系統應用主要是對飯店經營過程中的人流、物流、資金流、資訊流進行電腦化管理，電腦資訊管理就其表現形式看是對飯店經營中大量的常規性數據的輸入、存儲、處理和輸出，產生對管理有價值的有用資訊，再根據輸出的資訊調整和控制飯店的經營過程。可以說電腦資訊管理是人工管理的最大協助者，也是飯店經營的主要輔助工具，其作用主要表現在以下幾個方面：

（1）提高飯店管理效益及經濟效益

使用電腦資訊系統不僅可以節省大量人力物力，而且能減少管理上的漏洞，提升飯店服務檔次，從整體上提高飯店的經濟效益。例如，散客和團體預訂系統可防止有房不租或超額預訂的現象，並隨時提供準確和最新的客房使用和預訂情況，從而提高客房出租率；帳務管理系統不僅可以減少票據傳送，避免管理上的混亂，而且能及時控制超過信用限額的客人，隨時催促欠款客帳的結算，有效地防止逃帳發生；預測功能可用於市場行銷，為促銷決策、定價決策等提供依據；電話費自動計費系統及電話開關控制系統可杜絕話費逃帳等情況。

（2）提高服務質量

電腦資訊系統高速、準確的資訊處理，有利於飯店提供及時、準確、規範的服務和提高服務質量。例如，快速的資訊處理大大減少了賓客入住、用餐、娛樂、結帳的等候時間；餐費、電話費、洗衣費、客房飲料費、電傳傳真費、酒吧飲料費等費用的一次性結帳管理，不僅方便了賓客，也提高了飯店的管理效率；快速的歷史檔案查詢為查帳或查詢資訊提供了極大的方便；

回頭客自動識別、黑名單客人自動報警、VIP 客人鑒別功能有利於提高飯店工作效率；清晰準確的帳單、票據、表單使客人感到高水準的服務；完善的預訂系統使賓客入住得到充分保證。

飯店電腦資訊系統還可使飯店「個性化」服務得以有效實施。例如，資訊系統透過對電腦存儲的大量的賓客歷史資料的統計分析，確定常客名單或消費額達到一定數量的賓客名單，自動給予房價優惠或餐費折扣；或對賓客的消費特點進行分析，總結出賓客對住房、生活方面的要求和特點，確定個性化服務方案，作出諸如客房、餐飲特殊安排等，甚至可確定給何人贈送何種報紙雜誌、何人何日生日贈送何種禮品等。如此細緻入微的服務，會使賓客備感舒適、溫馨，有利於飯店對忠誠客戶群體的培養。

（3）提高管理效率

電腦資訊系統嚴格的數據檢查可避免手工操作中疏忽所造成的錯誤，大大減輕職工工作壓力，提高工作效率。大中型飯店的總台每天必須處理客房狀況統計、訂房資訊記錄、入住登記記錄、資訊查詢、帳務結算等方面的大量資訊，如果用手工方式進行上述作業，不僅速度慢，需要的人手多，而且出錯的可能性也大。電腦管理則可以大大提高業務運作的速度和準確性，例如，電腦自動夜間稽核功能結束了手工報表的歷史，電腦資料的正確保存避免了手抄客人名單的低效工作，免除了票據傳送、登記、整理分類、覆核等一系列的繁重勞動，取消了專門的境外人員資料手工錄入；電話自動計費及電話開關控制系統使話務員的工作簡化至只需接聽電話等。

（4）優化飯店內部管理體系

電腦管理資訊系統在建立資料庫的同時還造成優化企業管理體系的作用，使各崗位的管理、考核更加科學化、正規化、系統化，如員工工作量考核控制系統、服務操作過程跟蹤記錄系統等，有利於加強對員工的管理。飯店管理系統可提供多種安全級別，保證各類數據不被無權過問的人查看和操作。飯店資訊系統在飯店管理體系中發揮著強有力的穩定作用，可以明顯抵消因人員變動或流動對業務和管理造成的影響，造成優化飯店管理體系的作用。

（5）全面掌握營業情況，提高飯店決策水平

飯店市場競爭激烈，管理者需要不時地分析飯店經營狀況，預測各種可能發生的情況，作出相應對策，而飯店電腦系統能提供完備的歷史以及當年度的數據，又可提供各種分析模式，使管理者很方便地掌握飯店營業情況，完成複雜的分析工作，作出科學的決策。管理者還必須對飯店運營進行內部控制，如客房銷售控制、食品原料成本控制、客房消耗品數量控制等，由於飯店電腦系統能提供相當完備的資訊管理，增強了飯店管理者的控制決策水平。

第二節 飯店電腦應用範圍

飯店電腦應用不僅僅是飯店經營中的資訊管理，目前已涉及到飯店經營和管理的各個環節，包括生產、通信和各種控制。除了前台經營部門和後台管理部門基本普及電腦輔助管理以外，飯店的安全監控、飯店散客的資訊服務、飯店的電子門鎖系統、飯店的樓宇控制以及飯店的能耗管理控制等，都已開始使用電腦進行輔助管理和控制。可以說電腦應用已深入到飯店管理的所有部門、各個經營環節。下面列舉了飯店電腦應用的幾個主要方面。

一、電腦在飯店前台經營中的應用

前台經營是電腦在飯店中應用最早的領域，飯店前廳的客房預訂、登記排房、結帳退房等處理都已基本普及了電腦應用。目前在飯店的前台經營中，電腦的應用主要有接待預訂管理、客人帳務處理、餐飲管理（包括餐廳和預訂等管理）、娛樂管理、洗衣房管理、電腦迷你吧服務、公關和銷售管理、網路訂房管理、客戶資源管理等。透過電腦的輔助管理，可以提高對客服務的質量，同時提高前台經營的管理效率，為飯店經營創造更好的效益。凡是與前台客戶直接有關的經營部門都可以透過電腦網路資訊系統實現前台的電腦化經營統一管理，有些飯店資訊系統是以一個飯店為基本單位的局域網資訊系統，有些飯店資訊系統是以飯店管理集團為大本營建立起來的廣域網資訊系統。具體前台系統管理的主要內容有：

（1）預訂管理：如訂房、訂餐、訂娛樂服務等管理。

（2）登記管理：客房登記、會議室使用登記以及其他接待登記等管理。

（3）排房管理：預訂排房、登記排房等管理。

（4）客戶管理：本地客戶、網路客戶、潛在客戶等管理。

（5）帳務管理：離店結帳帳務、離店掛帳帳務、其他應收帳務等管理。

二、電腦在飯店安全監控中的應用

　　飯店的安全監控系統目前都採用了電腦控制，透過電腦和網路可以正確無誤地控制和監測各個監控點。如飯店大廳的監測控制、飯店總台的監測和控制、飯店其他公共場所的監測和控制、飯店財務部的監測和控制等。保安人員在總控室就可以看到飯店整體的安全情況，並可以長久大容量地保存保安資訊，保證飯店處於安全的運行環境中，同時保證客人處於安全的消費環境中。具體安全監控系統主要內容有：

（1）監控點的圖像資訊保存和查找。

（2）監控防盜點的監測與報警。

（3）監控點的自動循環錄像控制。

（4）重點監控點圖像的電腦處理。

（5）電梯的安全監控與控制。

三、電腦在飯店樓宇控制中的應用

　　飯店樓宇控制是最近興起的又一種電腦應用領域，它使飯店運行的環境都處於可控狀態，如飯店大樓的中央空調系統、供排水系統、照明系統、電梯控制系統等都由樓宇控制系統統一控制，使飯店的經營安全和能源控制處於最佳狀態。飯店樓宇控制提高了飯店的經營管理水平、降低了經營的能耗。具體樓宇控制系統的主要內容有：

（1）電機設備的電腦控制。

（2）客房新風系統的電腦控制。

（3）飯店照明系統的電腦控制。

（4）電子門鎖系統的電腦控制。

（5）三表抄讀系統的電腦控制。

（6）溫度調節系統的空調電腦控制。

四、電腦在客房節能控制管理中的應用

客房節能控制管理是綠色飯店創建活動中採用的新技術，它透過網路通信技術實現對客房能耗的控制與管理。該系統具體控制的內容有：

（1）中央空調系統最佳運行控制。

（2）客房取電板的智慧化控制。

（3）客房門窗的智慧化控制。

（4）客房應急按鈕的人性化控制。

（5）客人不良行為和習慣的監測控制。

五、電腦在飯店後台管理中的應用

後台管理目前已開始開展電腦的應用，主要是提高後台管理的效率，為前台經營服務。透過電腦化的管理，可以降低飯店管理的成本，如飯店的設備管理、能源管理、辦公室管理、人力資源管理、倉庫管理、財務管理、採購管理、車輛管理等。這些管理採用了電腦以後，使飯店經營的設備、能耗、倉庫的商品和食品、飯店的員工、財務資金等都處於可控的良性循環中，並可以更好地為前台經營服務。當出現了經營問題，飯店隨時可以調用電子文檔和電子數據進行分析，並快速作出恰當的處理。具體後台系統的主要內容有：

（1）飯店的人力資源管理與控制。

（2）飯店經營的能耗管理與控制。

（3）工程設備的維修、報修的管理。

（4）物資、物品的管理與控制。

（5）飯店日常辦公系統的管理。

（6）飯店公關與外務的計劃與管理。

六、電腦在散客資訊服務中的應用

為散客提供資訊服務是資訊時代散客的服務需求，飯店透過資訊服務系統可以為客人提供優質的資訊服務，塑造良好的飯店服務形象。如飯店的資訊網站、大廳的多媒體資訊查詢系統等，使客戶不管在哪裡都可以查閱到飯店的所有服務資訊。透過散客資訊服務系統，可以讓客人瞭解飯店的服務設施、服務內容、服務地點、服務價格、服務時間，同時還可以瞭解飯店的環境資訊，如飯店周圍的交通資訊、飯店相關的旅遊資訊，還可以瞭解外幣兌換的資訊等。總之，飯店散客資訊服務系統是飯店樹立形象、培養忠誠客戶的重要舉措，特別是資訊網站已成為飯店在網上形象的重要窗口。具體散客資訊服務系統的主要內容有：

（1）飯店基本資訊和促銷資訊的介紹。

（2）飯店資訊網站的管理。

（3）飯店大廳資訊服務的管理。

（4）散客資源資訊的管理與互動管理。

（5）社會資訊和旅遊資訊的管理。

（6）網路預訂的窗口管理。

▍第三節 飯店電腦應用系統介紹

電腦科學的飛速發展，給飯店電腦應用帶來了蓬勃生機，出現了飯店電腦管理資訊系統、飯店安全保衛系統、飯店電腦門鎖系統、飯店資訊服務系統、客房電腦保險系統以及電腦娛樂系統。電腦從飯店的預訂接待開始，已

深入應用到飯店的各個部門、各種服務過程中，特別是飯店的資訊處理，電腦已成為飯店的重要資訊處理工具。由於本書的側重點是介紹飯店電腦的資訊管理，並不介紹飯店其他的電腦控制系統。因此本節主要講述電腦在飯店資訊管理中的典型系統類型，其他的一些電腦應用系統限於篇幅，這裡暫不作介紹。我們將圍繞飯店的資訊管理，瞭解這幾類系統在飯店管理中的具體應用和工作內容。

一、飯店管理資訊系統

　　管理資訊系統（Management Information System，簡稱 MIS）是資訊科學的一個分支，是由人和電腦等組成的能進行資訊的收集、傳遞、儲存、加工、維護和使用的系統。飯店管理資訊系統（Hotel Management Information System，簡稱 HMIS）又是 MIS 中的一個重要分支，其主要功能是實現電腦管理系統在飯店中的具體應用。由於歷史的原因，飯店電腦資訊管理分前台系統和後台系統，飯店的前台經營系統和部分的後台系統都屬於飯店管理資訊系統的內容。其實後面講的飯店辦公自動化系統，從理論上講也應屬於飯店管理資訊系統，但飯店管理的現狀，其應用系統都是分開的，因此我們也把它單列介紹。

　　飯店管理資訊系統目前還在不斷的發展和完善中，其涉及的範圍和系統功能也在不斷的變化，它是飯店資訊系統的核心，承擔著飯店經營的具體業務管理。隨著資訊系統集成化的發展，飯店其他的資訊系統都將會和管理資訊系統集成和整合，形成統一的飯店資訊門戶系統。具體飯店管理資訊系統的內容將在下一章介紹。

二、飯店辦公自動化系統

（一）辦公自動化概述

　　21 世紀資訊時代的到來，席捲全球的資訊化浪潮將徹底改變人類的生活方式和工作習慣。由於社會資訊量的迅速膨脹，想要依靠人工手段及時對大量資訊進行收集、處理、分析及科學決策是難以做到的。手工辦公方式與不斷增長的辦公業務量之間的矛盾日益尖銳。因此，改革傳統辦公模式，將辦

公業務的處理、流轉、管理過程電子化、資訊化，實現辦公自動化已勢在必行。

所謂辦公自動化（Office Automation，OA）就是利用先進的電腦網路技術和資訊技術，處理和控制日常的辦公事務，使辦公室事務和文件管理電子化，以提高事務處理的效率。

資訊是被加工的對象，電腦是加工的手段，人是加工過程的設計者、指揮者和成果的享受者。辦公自動化使辦公人員從繁重的工作中解脫出來，他們能夠利用網路系統及時準確地掌握第一手資訊，並在第一時間內處理事務與作出決策。同時各部門能利用網路實現資源共享，相互交流和協作，綜合體現了人、電腦、資訊資源三者的關係。

辦公自動化從概念上可理解為完全採用電腦技術處理辦公業務，並實現資訊共享、交流和協同工作，即全方位的「無紙辦公」，從技術實現上來看這是完全可能的。它是以電子郵件技術和網路技術為群體協作的基礎環境，包括工作流管理、資訊傳遞和集成資料庫存取、集成用戶開發環境、高度安全性，透過資訊傳遞，使電腦具有協同計算能力，從而有效地發揮企業電腦網路系統的作用。

（二）飯店辦公自動化系統的主要功能

飯店 OA 系統是新經濟時代的產物，一家飯店企業每天需要處理大量的公文、信函、文件、報告和表單，各種統計報表需要上報，內部文件資料需要傳遞，辦公室自動化系統就是為解決這些工作而設計的。利用辦公自動化系統，可以實現辦公事務的自動化管理，電話、傳真等自動記錄與跟蹤管理，還可以透過國際互聯網與客戶及供應商進行網上交易與溝通，實現商務活動的電子化和辦公無紙化。

飯店 OA 系統的主要功能是提高飯店辦公自動化水平和處理事務的效率，節省紙張能源，順應 21 世紀現代飯店管理的基本要求，主要使用對像是飯店的總經理辦公室。從現階段來看，飯店 OA 系統應具有如圖 1-1 所示的功能。

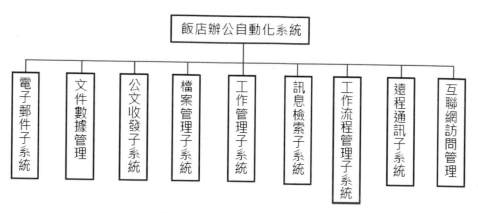

圖 1-1 飯店 OA 功能結構圖

1. 電子郵件管理子系統

電子郵件是 OA 系統的一個重要功能。所謂電子郵件，就是將日常工作中的郵件收發、管理等工作採用電腦軟體來處理，包括郵件的起草、發送、接收、轉發、回信等。各部門的工作聯繫都以電子郵件方式進行，必將極大地提高管理工作的效率。

2. 文件數據管理子系統

OA 系統應具有很強的文件資料庫管理功能。文件資料庫和關係型資料庫不同，前者存儲的可以是文章、聲音、圖像、圖形、視頻等多媒體資訊，這些資料庫允許進行查詢、增加、刪除等操作。資料庫可以存放在本地電腦上，由個人使用，也可以放在服務器上，由大家共享。系統對資料庫的訪問提供安全控制，每個訪問資料庫的客戶根據其訪問權限，可以對資料庫進行瀏覽、編輯、增加、修改等操作。

3. 公文收發子系統

該模組主要實現收文管理和發文管理的自動化，由電子行文代替手工行文，解決公文傳遞慢、資訊不及時、不同步、不易於查閱等問題。系統還可靈活設定公文流程，自動進行跟蹤、催辦、查辦，並可歸類存盤、全文檢索，最終實現「文檔一體化」。

　　系統除實現日常收文、發文的登記入庫工作外，還支持電子文本格式公文和掃描圖像格式公文，為領導及各部門提供方便的錄入、檢索、查詢、統計、影印等功能，並具有可靠完備的權限管理和安全加密機制，飯店領導可進入系統瀏覽整個系統的各種公文檔案資料，各部門則只能檢索本部門各類文件，須經批准透過借閱操作，才能參閱有關文件資料。該系統設計了各級機構發文、工作演示文稿等模板以及嚴格的公文運轉程序，實現飯店公文的發送、分發、狀態跟蹤、資訊反饋、適時提醒、日誌生成的統一管理。

　　4. 檔案管理子系統

　　該模組可實現對飯店或部門各種檔案和資料的分類管理、歸檔保存，完成檔案的組卷、拆卷、移卷、封卷、註銷、借閱、全文檢索、統計等管理功能，為各級用戶提供方便的檢索和借閱功能，從而大大減輕辦公室檔案的處理工作量，並可以更加方便地進行檔案的查詢和借閱。在檔案管理的基礎上，將進一步實現文檔一體化。所謂文檔一體化，就是將公文管理、簽報管理以及會議管理等模組中產生的公文、簽報、通知等文檔，透過自動或半自動的方式，直接歸檔，節省手工操作，從而大大提高檔案建立的工作效率。

　　5. 工作管理子系統

　　工作管理模組是用戶對工作全過程——從工作計劃到工作執行記錄，再到工作完成後的報告與總結進行控制和協調的工具。它同時將工作時的各種資訊（如針對客人投訴、意見反饋、各部門的協調工作）在飯店內部實現傳達與共享。工作管理可分為四大部分：

　　（1）工作計劃

　　工作計劃模組分為兩部分：項目工作計劃和企業內部自定義的例行工作計劃。項目工作計劃可完全現場跟蹤某項目計劃的制定到計劃完成的全過程。例行工作計劃是提供給單位內部的一個強有力的工作管理控制工具。透過自定義各種類型的工作計劃（如每日工作計劃、每週工作計劃、每月工作計劃）的填寫要求（如每天計劃的填寫必須在前一天的 16：00 完成），事後對各部門工作計劃的填寫與執行情況的統計與監督，使各部門的工作安排更為規

範、有效，管理者可以更為有效地監督與管理各部門的工作，提高管理效率。工作計劃生成之後，可作為工作任務派發給部門或人員，並可隨時監控其任務完成情況。

（2）工作任務

該功能可提供對任務制定、任務分派、任務執行、任務監控、任務評價等任務及事務的統一管理。工作任務的管理還考慮到任務執行過程中對參與人員的考核的管理，在任務執行中和結束後，系統都可提供人員工作效率、質量、用時的分析和彙總，為用戶分析任務執行全過程中人員情況提供有力工具。

（3）日常事務處理

該功能主要處理部門內部和各部門之間的日常事務記錄，使部門之間透過日常事務記錄的傳送與反饋進行相互之間的無縫合作與快速協調。

（4）工作記錄

該模組功能可以實現對部門或某工作崗位的工作進行自動記錄，它可以對每天的記錄進行各種分類排序，記錄每一個工作人員的交接班情況，並可把每一條記錄或者多條記錄組織在一起生成報告，供領導審閱。

6. 資訊檢索子系統

OA 系統提供了很強的全文資訊檢索功能。只要輸入要查詢的一個關鍵詞在資料庫中進行檢索，系統會將所有包含該關鍵詞的文件查找出來，並將這些文件按照該關鍵詞的出現頻率顯示在螢幕上。

7. 工作流程管理子系統

OA 系統對工作流程的管理提供了很強的支持。在日常工作中，一項工作的完成需要經過多個步驟，如訂貨過程就是一個工作流程，首先由業務員起草訂貨報告，報告中包括需要訂購貨物的品種、規格和數量等，然後將該報告交給相應的主管領導審批，領導審批後，將該報告交給財務，最後由財務根據該報告確定所需要的資金等。在 OA 系統中，資料庫和電子郵件的功

能是結合在一起的，因而一項工作的有關人員只需將資料庫中的有關記錄或視圖作為電子郵件傳遞給有關人員，系統就會形成一套規範、有序的工作流程。

8. 遠程通信子系統

遠程通信也稱移動通信，該功能主要解決遠程用戶和出差人員的系統接入。當管理人員出差在外或下班後只要有筆記本電腦，就可以透過電話線保持和飯店 OA 或其他人的通信聯繫，使管理人員完全可以和在辦公室一樣進行工作，處理辦公室或其他的公務事務。

9.Internet 訪問子系統

飯店 OA 系統允許訪問 Internet，允許與外界進行資訊交流。OA 系統提供的訪問 Internet 的功能使用起來十分靈活和方便，用戶出口實現統一管理。一般系統提供了一個瀏覽器，並內置了微軟公司的 Internet Explorer。用戶可以使用這些瀏覽器，也可以使用其他的瀏覽器，如 Netscape Navigator 等。

飯店 OA 系統還應具備會議管理、電子文件櫃、工作人員動態、機構人事、客戶管理等功能模組以及電子郵件、日程安排、待辦事宜、名片夾等個人方面的管理模組和焦點論壇、公告板、經驗交流、資源預訂、規章制度、電子刊物等公共部分模組。

（三）飯店辦公自動化系統的特點

1.OA 系統是一門綜合性的科學技術

OA 系統是以行為科學為主導的，以系統工程學為理論基礎，綜合應用電腦技術和通信技術來完成各項辦公業務的。除此之外，還非常需要一個與其協調一致的管理方法。

2.OA 系統具備強大的數據資訊處理功能

OA 系統的數據不僅包括電子郵件資訊，而且還包括文件系統中的文件、傳統的關係型資料庫數據、數據倉庫中的數據，以及互聯網上的各類數據。

3.OA 系統具備多種共享方式和強大共享能力

透過充分利用各種協同工作手段，包括多線程討論、文檔共享、電子郵件及一些輔助工具，實現在線及時共享。除此之外，OA 系統還提供不同層面的資訊共享方式，包括移動通訊設備的支持、手機的 WAP 接入訪問、PDA 的支持等。

4.OA 系統具有更簡便的辦公能力

OA 系統是面向 Intranet 應用的系統，滿足了更為齊全通用的 OA 需求，具有更簡便的辦公能力、更強的文檔管理功能、更集成的系統管理和更嚴密的安全機制。同時，產品開放性和擴展性強，具有靈活的自由定製和二次開發空間。

飯店辦公自動化系統目前已成為飯店管理資訊化的一個標誌性系統。

三、飯店決策支持系統

（一）決策支持系統的概念

管理資訊系統經過二十多年的發展，目前已達到了相當高的水平，各類管理資訊系統軟體遍布各行各業。飯店電腦應用也不斷向深層次發展，出現了一些新的系統和管理工具。飯店決策支持系統就是其中之一，它採用了人工智慧技術，採用了面向對象的電腦第四代語言，使飯店管理資訊系統向廣度和深度發展，提高了飯店管理的效率和效益。

決策，就是選擇，是人們日常工作中的一種社會行為，飯店經營管理需要正確的決策。決策支持系統（Decision Support System，簡稱 DSS）是管理資訊系統的高層部分，它可以作為單獨的系統存在，也可作為一個子系統存在於管理資訊系統的高層。決策支持系統的概念，是 20 世紀 70 年代初由一些美國學者提出的。它是以電腦為基礎，輔助決策者利用數據和模型，解決半結構化或非結構化管理問題的人機交互資訊系統，其功能是協助管理人員進行輔助決策，幫助各級管理人員提高決策能力和水平。這一節

主要瞭解一些飯店決策支持系統（Hotel Decision Support System，簡稱 HDSS）的基本概念。詳細的內容將在第九章中介紹。

1.HDSS 的定義

飯店決策支持系統的定義至今仍眾說紛紜，爭論不休，大多數學者都是從不同的角度給予解釋。

解釋之一：HDSS 是支持決策者對飯店半結構化或非結構化問題進行決策的系統，旨在改善飯店管理決策工作的效益而不是效率。

解釋之二：HDSS 是一個基於模型的程序集合系統，對飯店非結構化管理問題具有特別強的分析能力。

儘管 HDSS 目前還沒有嚴格統一的定義，人們對它的理解還存著差異，但是這些看法有很多共同之處，例如，HDSS 是支持而不是代替決策者；HDSS 主要是支持上層管理的半結構化或非結構化決策問題；HDSS 是交互式的電腦系統，具有適用的人機交互界面等等。所以我們可以認為飯店決策支持系統是以管理科學、電腦科學、行為科學和控制論為基礎，以電腦技術、人工智慧技術、經濟數學方法和資訊技術為手段，面對半結構化的決策問題，支持中、高級飯店管理決策者的決策活動的一種人機系統。

HDSS 為飯店經營管理提供一種高效的輔助手段，幫助飯店高層管理人員決策，為飯店經營管理服務，使飯店的電腦應用進入了更高的層次。

2.HDSS 與 HMIS 的聯繫與區別

前面我們已經提到，HDSS 是在 HMIS 的基礎上發展起來的，也有人認為 HDSS 是 HMIS 的一個組成部分，因而 HDSS 與 HMIS 必然有聯繫也有區別。二者間的聯繫主要表現在以下幾方面：

（1）HMIS 收集、存儲及提供的大量基礎資訊是 HDSS 工作的基礎，而 HDSS 使 HMIS 提供的資訊真正發揮作用。

（2）HMIS 需要擔負起反饋資訊的收集工作，以支持 HDSS 進行決策後果的檢驗和評價。

　　（3）HDSS 的工作可以對 HMIS 工作進行檢查與審計，為 HMIS 的改善及提高指明了方向。

　　（4）HDSS 經過反覆使用，所涉及的問題模式和數據模式將逐步明確化或逐步結構化，從而可納入 HMIS 的工作範圍。

　　HDSS 與 HMIS 的區別主要表現在：

　　（1）HMIS 追求的目標是高效率（Efficiency），即將事情辦得快一些，以提高管理水平；而 HDSS 所追求的目標是高效能（Effectiveness），即把事情辦得儘可能好一些，以提高決策的能力和效果。

　　（2）HMIS 著眼於資訊，著重考慮如何完成資訊處理任務；HDSS 著眼於決策，著重考慮如何根據需要，為決策者提供有價值的資訊。

　　（3）HMIS 的設計思想是實現一個相對穩定協調的工作系統；而 HDSS 的設計思想是實現一個具有巨大發展潛力的適應性強的開發系統。

　　（4）　HMIS 的設計原則是強調系統的客觀性，努力使系統設計符合組織的實際情況；而 HDSS 的設計原則是強調充分發揮人的經驗、智慧、判斷力和創造力，努力使系統設計有利於個人或組織決策行為的改善。

　　（5）HMIS 的設計方法是以數據驅動的，通常以資料庫設計為中心，並且強調採用線性的結構化設計方法；而 HDSS 的設計方法是以問題驅動的，重視解決問題的決策模式的研究與模型的使用，並且側重採用以用戶參加為主的、非線性的、自適應設計方法。

　　（6）HMIS 的分析著重體現系統全局的總體的資訊需求；而 HDSS 的分析著重體現決策者個人（群體與組織）的資訊需要。

　　（7）HMIS 著重考慮符合系統現狀；而 HDSS 則強調面向未來，即強調對未來發展的研究。

　　（8）HMIS 只能解決結構化的決策問題，並且人工干預日趨減少；而 HDSS 能夠幫助解決的是半結構化和非結構化的決策問題，並且以人機對話為系統工作的主要方式。這一點是 HMIS 與 HDSS 的主要區別。

從根本上來說，決策支持系統的優勢在於支持決策能力上的突破，因為它能使電腦加工資訊的能力與決策者的思維、判斷能力結合起來，從而解決更為複雜的決策問題。在整個決策過程（包括決策制定與決策執行的各個階段）中，無論在範圍上還是在能力上，HDSS 都是管理人員的大腦的延伸，它幫助管理人員提高了決策的有效性。需要注意的是，HDSS 只能造成「支持」作用而不能造成「代替」作用，因此它只是由管理人員或決策者控制下的一個輔助決策的工具。它不能夠預先指定目標自動完成全部決策過程，而透過人機對話方式幫助決策者解決所面對的複雜的半結構化和非結構化決策問題。顯然，結構化的決策問題完全可以按例行的規定方法處理，無需 HDSS 幫助。對於完全非結構化的決策問題，因為沒有基本模式，一般的 HDSS 也難以幫助決策者。這兩者都是極端的情況，大量存在的則是半結構的決策問題，這正是 HDSS 能夠充分發揮作用的場所。對於非結構化的決策問題，必須借助於包含人工智慧技術的 HDSS（智慧型決策支持系統，IDSS）幫助決策者，用探索方式解決。

（二）對飯店決策支持系統的要求

飯店決策支持系統所要實現的是支持半結構化和非結構化管理問題的決策、支持飯店多個層次上的決策活動、支持一個決策過程的所有階段、支持用戶獨立自由的決策活動和決策分析、方便使用及對環境與任務變化的快速響應等，因而與傳統的 MIS 是不一樣的，飯店決策支持系統的這種功能要求，決定了 HDSS 必須具有功能和系統特有的實現結構。

1. 易於操作

飯店各級管理人員和總經理都是非電腦技術人員，對電腦的工作原理和相關技術不甚瞭解，因此，設計的系統必須保證易於操作和使用，能透過人機對話方式來支持操作者尋找新的解決問題的方法，作出決策，解決在 HMIS 環境下通常不能解決的問題。飯店決策支持系統除了應易於操作外，還應注意決策者的管理風格，要使系統適應人，能自然拓展分析問題和解決問題的能力。

2. 需有易於理解的語言系統

飯店決策支持系統提供給決策者的語言處理能力的總和稱為語言系統。語言系統是決策者與 HDSS 其他部分的通信機制，也是決策者與 HDSS 對話的工具，它一方面向決策者提供表達問題的載體，另一方面也限定了決策者所允許的表達方式。HDSS 的語言系統一般應具備表達、識別、記憶和理解的功能。

3. 具備豐富的知識系統

知識系統是決策支持系統必須具有的功能，一個 HDSS 的許多功能來自於飯店領域的知識，這些知識通常都是決策者沒有時間或不願意收集的大量的事實，這些事實的某些子集對於一個特定問題的合理決策是至關重要的。這裡所說的知識，可能是他人的經驗教訓、決策問題的外部環境、決策過程中所用到的公式、模型或規則，以及各種分析工具、推理規則和評價標準等。HDSS 中的知識必須要按一種有組織的方式保存在系統中，並且要構造相應的操作規則，以使系統能夠有效地運用這些知識支持具體的決策問題。

4. 靈活的問題處理系統

飯店決策支持系統的主要功能是接受符合語言系統規則的符號串，並將其翻譯成相應的決策知識控制規則，產生資訊支持決策過程。這個聯繫語言系統和知識系統的具備翻譯和「理解」決策者操作要求的機制就是問題處理系統。問題處理系統是 HDSS 的核心機制，是 HDSS 的職能所在，也是 HDSS 決策支持能力和決策者具體決策問題的實際界面，是 HDSS 的關鍵和難點。

5. 應有豐富的數學和統計學模型

成功的飯店決策支持系統，需要有豐富的數學和統計學模型。這些模型可能是簡單或複雜的，也可能是標準的或習慣採用的。HDSS 利用人機交互界面，幫助決策者利用智慧資訊處理能力構造出各種分析和決策模型，這些模型能夠反映出飯店管理面臨的客觀問題，並給出同一問題的多個答案，決策者可以對這些答案作出判斷或選擇。

四、飯店網路預訂系統

隨著 Internet 互聯網應用的深入和普及，網路訂房將成為飯店經營的主要商務形式。在現代社會中，由於人們對旅遊觀念的變化及個性化需求的不斷增強，網路旅遊將是今後人們旅遊的主要方式，因而網路預訂系統將是飯店經營中不可缺少的資訊系統之一。

（一）目前飯店上網的現狀分析

近幾年來，網民數量劇增，形成了巨大的網路市場。一些有創新意識的飯店在 Internet 網上設立了自己的主頁，開拓網路客源，希望網路散客或商務客人能瀏覽到該主頁並訂房。通常這些飯店都將主頁放在自己的網路服務器上，或託管、或自己拉專線，也有虛擬主機的形式。從總體效果來看，這種操作方式的代價較大，投入的回報率並不理想。尤其是大多數中小型飯店，由於技術上的原因，更不知如何操作，對開展網路行銷和實施網路訂房無能為力。因此，飯店開展網路訂房目前還存在問題，原因主要有以下幾點。

1. 單個飯店網址很難形成大的訪問量

一個飯店自己製作的主頁其網址難以被廣大客戶知悉，產生的訪問量不大，難以形成商機。如何使客戶以一種簡易快捷的方式獲得酒店網址成為網路行銷上的一個重點和難點，必須加大投入、多處網路鏈接、採用廣告等手段擴大網址在網民中的影響。但獨立飯店的影響力和廣告投入都是有限的，因此客戶在網上訂房時，一般都需要在網上搜索才能獲得適當的網址，這個過程不但很難找到合適的飯店，而且使客戶對網上訂房失去興趣。良好的訂房業務量必須是建立在龐大的訪問量的基礎上，單獨的飯店網站很難形成一個訪問量很大的電子商務型網站。

2. 飯店沒有足夠的技術支持力量

一個網站正常運行需要技術人員不斷的維護和更新，需要網路技術的支持、資訊技術的支持、創新意識的支持以及電腦技術的支持。而網路技術力量薄弱正是大多數酒店的共同點，特別是前期的技術投入，使中小型酒店通常難以承受，往往出現資訊更新不及時、對訂房申請反映緩慢、客戶諮詢和

留言不及時回覆、系統故障不及時排除等。這些問題都將導致網站有效訂房的減少和實際運行情況的不佳。有些酒店開始建立了網站，由於某些酒店總經理在網站的培育過程中忽視了 IT 人員的作用，致使 IT 人員流失，使網站訂房系統進入不良循環。

3. 飯店的網路意識不強、價格設定不合理

飯店建立了網站以後，對網路行銷的意識不強，沒有引起足夠的重視，特別是網路訂房的價格，大部分飯店設置不合理。大家都知道，網路行銷能降低銷售成本，減少中間環節，可以讓利於客戶，所以網上的訂房價格必須低於傳統銷售價。設計一個合理的網上價格，以引導和培育網路散客的消費群體，逐步使網路訂房納入電子商務的正常軌道，這是網路行銷的一個基本理念。

4. 網路訂單難以管理

飯店反映最大的是網路訂單不好管理，無效預訂太多，究竟哪些是真實訂房無法知道。因無效訂單擾亂了飯店的經營管理，挫傷了飯店上網的積極性。從目前網路訂房的發展情況看，網路訂單的有效確認將是網路訂房健康發展的瓶頸。

（二）預訂系統的總體框架

根據上述情況的分析，我們考慮的網路預訂系統框架是把系統分成兩部分，一個是網路訂房的服務器端系統（即網站），這是網路訂房的平台，由網路公司管理；另一個是網路訂房的客戶端，安裝在飯店的訂房管理部門，並和飯店管理資訊系統的客房資源和客房狀態結合起來，主要用於訂單的管理和確認。這樣飯店在本地操作可直接進行網路的資訊處理，如訂單確認和管理、網路訂房資訊的更改、與客戶確認聯繫、排房等管理操作。網路訂房系統的服務器端系統就感覺是飯店自己的一樣，管理和操作都十分方便，隨時可以把飯店的客房放在網上去銷售，我們稱之為 Web Hotel。圖 1-2 是系統的總體設計結構圖。

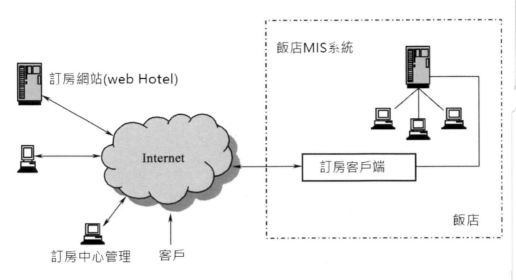

圖 1-2 飯店網路預訂系統的總體結構

1. 訂房的流程

　　首先由客戶透過訪問網站瀏覽飯店資訊，尋找自己滿意的目的地飯店，並填寫該飯店的預訂單。當預訂單按要求「提交」後，飯店訂房中心就接收到該客戶的預訂資訊，並自動給客戶發送一條收到訂單的確認資訊，客戶收到訂房中心的確認單後透過點擊 URL 回覆確認。這時飯店就認為是一條有效訂房資訊，可以根據飯店客房的情況透過訂房客戶端給予正式確認，並把訂房單轉入飯店管理資訊系統的預訂接待子系統為網路預訂客人排房。這種方式由於是用訂房系統的客戶端確認和管理訂單資訊，可以降低網路上的無效訂單和減少訂單資訊的丟失率，儘可能地提高網路訂房的實時處理效率，使網路訂房的管理工作納入本地電腦系統的統一管理。

2. 訂房網站

　　訂房網站就是網路訂房的服務器端系統，它是一個具有訂房功能的飯店資訊集中地，由網路公司具體管理。這裡儲存著各類酒店資訊，飯店透過訂房系統的客戶端修改自己在網站上的基本資訊和房價等資訊，把指定的房間類型和房間數放在網站上去銷售，也可以隨時清除在網站上銷售的房間數。

對於每個飯店來說，網站就像是自己的一樣，資訊的管理、發布、商務洽談都由自己操作，很方便。因此，這樣的網站就是開設在 Internet 網上的飯店超市，我們稱為 Web Hotel。該網站的飯店資訊可以按地區和按飯店星級進行分類，以方便客戶的飯店資訊檢索。同時網站還具有社區的功能，讓客戶和飯店進行資訊交流和商務交流。

3. 訂房客戶端

訂房客戶端的主要功能是從訂房網站上收取網路訂單、確認網路訂單、管理網路訂單和本地訂單，並與飯店管理資訊系統進行連接，實現有效訂單的電腦排房等後續處理。客戶端與訂房網站採用 XML 數據交換技術，以保證網站數據的安全。客戶端與飯店管理資訊系統採用 ODBC 互連技術，實現數據的傳遞。透過訂房客戶端，飯店可以隨時對網站資訊進行維護，如發布飯店資訊、公布網上銷售的房間類型和房間數量、掌握網上銷售的情況、同時瞭解網路客戶的需求情況。並透過訂房客戶端與飯店管理資訊系統的連接，使飯店管理資訊系統可以實現異地訂房和管理，為以後飯店開展更深入的電子商務打下良好的基礎。

4. 訂房中心管理

圖 1-2 中的訂房中心管理主要負責訂房網站的正常運行，管理訂房網站上的一切資訊，特別是需要管理網站上幾千家飯店的基本資訊、商務資訊和全部的網路訂單。訂房中心可以是一個中介機構，例如網路公司。訂房中心為飯店的網路訂房提供技術支持和技術保障。訂房中心管理靠飯店產生網路預訂後所給的傭金來維持。

（三） Web Hotel 的預訂系統商務模式

我們設想把訂房網站作為客戶和飯店之間的代理機構，飯店自己不必建立用於網路訂房的網站，飯店可透過訂房系統的客戶端直接管理網上的資訊和直接管理客戶資源，即把訂房網站設計成一個 Web Hotel 形式。客戶要出門旅遊可直接到 Web Hotel 上找飯店，並與飯店聯繫，產生一系列的確認過程。管理 Web Hotel 的中間機構只是監控整個訂房過程，並管理所有產生的

訂單。因此 Web Hotel 是 Internet 網上的飯店銷售中心，它透過訂房系統的服務器端和客戶端開展訂房和管理工作，服務器端由中間代理機構統一管理，飯店在開展訂房管理時感覺就像自己的訂房服務器一樣。將飯店的網上銷售技術工作委託給網路公司，網路公司根據客戶的實際訂房向飯店收取傭金。事實可以證明，這種代理公司的網上行銷可以有效地實現資源優化。實際運行的 Web Hotel 結構如圖 1-3 所示。

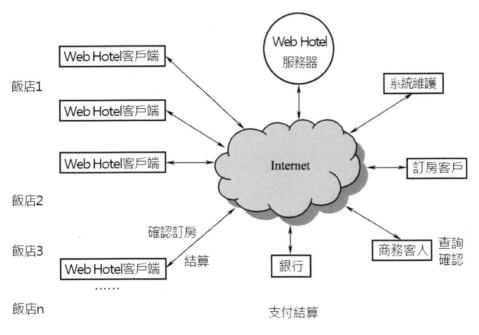

圖 1-3 Web Hotel 運行結構圖

　　圖中首先是訂房客戶或商務客人向 Web Hotel 服務器端查詢，根據客戶的目的地城市、酒店類型、星級、價格等要求，Web Hotel 提供合適的待選飯店，如飯店 1、飯店 2 等。當客戶選擇某一飯店查看時，就進入該飯店的主頁，可以看到該飯店的設施概況、特色服務、地理位置、價格等詳細資訊，並提供訂房預訂表。客戶一旦決定訂房，就可以按表格要求填寫該飯店的預訂表並發送至 Web Hotel 服務器。飯店的 Web Hotel 客戶端可以從服務器端收取客戶預訂單，並對客戶預訂進行確認，將確認單發送給客戶。銀行在

整個運行過程中負責訂房交易的支付結算（開通網上支付的情況），客戶的預訂金和飯店支付給 Web Hotel 中間商的傭金都可以透過銀行的介入直接在網上進行結算。

對於大多數的中小型飯店來說，加入 Web Hotel 中間商主要有以下好處：（1）從技術上來說。這種方式的電子商務對飯店的技術支持要求降到最低，飯店只需最基本的上網設備和使用 Web Hotel 客戶端軟體與 Web Hotel 服務器保持聯繫。飯店可以自己更新在 Web Hotel 服務器上的主頁資訊，使飯店資訊更新及時、準確。（2）從費用上來說。這也是最經濟的方式，飯店不但可以省下一大筆技術支持費用，而且網上訂房採用成交後支付傭金的形式，飯店的費用要在客人實際入住後才發生，所以較易控制收益和費用情況，不存在任何風險；另外，成功的網上行銷，廣告必不可少，加入 Web Hotel 網路以後，相當部分的廣告由中間商承擔，飯店還可以節省部分廣告費用。（3）從效果上來說。由於 Web Hotel 集中管理幾千家飯店資訊及主頁，當客人或商務客人試圖網上訂房時，這樣的 Web Hotel 網站成為客人搜索的首選，即使是一般的飯店主頁，客人訪問到達的機會也比獨立飯店主頁被訪問的機會要大得多。

由於 Web Hotel 是一個龐大的網路系統，管理著成千上萬家飯店資訊，每日處理大量的客戶預訂單，在系統運行上和業務管理上都需要網路和資訊技術的支持，一般的飯店是無法勝任這樣的系統運行管理，必須依賴於技術含量較高的中間代理商，通常稱為 Web Hotel 中間代理商。

（四）網路預訂服務模式介紹

網路預訂服務模式經歷了三代，目前的預訂服務模式是基於 Internet 互聯網的開放型模式，如圖 1-4 所示。互聯網時代，這種模式將會在較長的時間內一直存在，網路訂房的發展主要是在這種模式下的提升和完善。隨著飯店資訊化服務的不斷完善，基於信用卡的實時網路訂房將會流行，客戶只要在網站的預訂頁面上輸入自己的信用卡號，就可以完成訂房的支付，並獲得自己所需要房間類型。

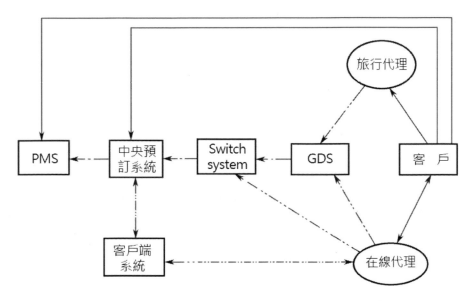

圖 1-4 網路預訂服務模式框架

　　圖 1-4 模式的最大特點是客戶可以透過在線代理與飯店進行互動，並實現有效的實時網路訂房。圖中從客戶到在線代理、在線代理到客戶端系統、客戶端系統到中央預訂系統都採用雙向箭頭，表示了該模式可以實現互動操作，而 GDS 還無法實現客戶與飯店企業的直接互動。客戶端系統是一個中間件系統，負責向在線代理髮布實時資訊，同時可以審核和接入客戶的有效訂單，它造成一個互動的橋樑作用。

　　該模式適合大多數的單間飯店操作。飯店可以透過網路直接與客戶互動，獲取客戶的需求資訊，實現網路直銷。與 GDS 系統相比，企業進入的門檻比較低。飯店可以透過中央預訂系統，經過客戶端系統把允許網上銷售的客房狀態反映在在線代理的網站上，客戶可以用信用卡實時訂到自己所需要客房，這是網路時代最理想的網路實時訂房模式，代表著網路訂房模式的一種趨勢。

　　關於飯店網路預訂系統的基礎概念和網路訂房的進一步知識將在第八章中介紹。

▍第四節 飯店電腦應用展望

　　電腦在飯店中的應用從開始的預訂、排房，已應用到飯店的各個部門，不但在前台廣泛使用電腦，用於接待、登記等一系列的管理，而且在後台已普遍使用電腦，如飯店工程設備管理、人力資源管理、倉庫管理等。並且電腦在飯店領域還開闢了許多新產品，提供了許多電腦控制的個性化產品，如無線點菜器、總台自動接待機、客房資訊查詢終端等，使飯店提供的服務更人性化、資訊化。不但為客戶提供了優質的服務，而且減輕了飯店服務人員的勞動強度，提高了工作效率。特別是飯店管理資訊系統的功能也更加完善，展望未來飯店電腦應用的趨勢，我們可以歸納出以下幾點。

一、電腦在客房管理中的應用展望

　　以前電腦在客房管理中的應用主要是房態管理、分房和排房，以提高客房管理的精度和效率，這主要是飯店管理人使用電腦。現在客房中安裝電腦供客人使用，如客人上網查閱資訊、網上處理商務或公務等，電腦在客房中僅是一種資訊服務設備。未來電腦在客房中的應用主要是對客提供完美服務和個性化服務。如電話機可以成為電腦網路的終端，為客戶提供消費帳單的查詢服務；電視機也可以成為電腦網路的終端，為客戶提供服務資訊展示的服務，整個客房完全是一個資訊化服務環境。在客房裡，不但可以查詢飯店內部的各種資訊，也可以查詢飯店外部和 Internet 互聯網上的資訊，使飯店的客房真正成為 E 客房。

　　在有些小型飯店的客房管理採用刷卡終端，客人入住飯店，只要憑信用卡直接在總台的刷卡終端上讀取一下，個人資訊以及入住房間的費用全部由電腦自動記錄和處理，並直接分房拿鑰匙就可以入住，減少了登記和收銀等麻煩工作，縮短了客人入住的登記時間。客人需要什麼類型的房間和什麼價格的房間自己可以直接在終端上選擇，操作處理完畢，鑰匙馬上就出現在客人面前，整個入住的過程在很短的時間內就可以完成，不但提高了飯店接待管理工作的效率，客人也獲得了一種個性化的選擇和服務。

未來的客房管理完全是建立在電腦網路和資訊技術基礎上的個性化服務。

二、電腦在餐飲管理中的應用展望

未來電腦在餐飲管理中的應用同樣圍繞服務和管理展開，即透過應用電腦進一步提高服務質量和管理質量，同時減輕服務人員的勞動強度。以前電腦在餐飲管理中的應用主要是點菜管理和收銀管理，未來電腦在餐飲管理中的應用主要是提高餐廳、廚房和收銀台之間的數據通信傳輸效率，提高點菜、送菜和結帳的效率。如目前的手持點菜餐飲管理系統可以採用手持 POS（點菜寶）點菜的軟體，透過無線傳輸可以把點菜資訊傳輸到廚房和帳台。這類系統同時採用條碼技術，實現會員卡的統一管理。該系統的 POS 點菜寶是餐飲管理的終端機，採用工業標準，適用於餐飲服務環境，具有高可靠性和安全性；具有靈活的數據傳輸功能，結構緊湊；LCD 大螢幕，全中文顯示，可存儲 8000 多種菜品。體積小巧，操作簡單，服務員只需按動上下左右鍵，即可完成點菜過程。

展望未來餐飲管理的電腦應用，主要有以下幾點。

1. 無線點菜

透過具有無線功能的智慧掌上電腦，服務員隨時隨地使用系統為顧客點菜、加菜，並即時地把數據傳到後台和分布在廚房與前台的影印機上。影印機立刻影印所點的菜單，而且所有的操作數據都儲存在後台的資料庫中，以備查詢。

2. 成本控制

未來的飯店電腦管理資訊系統會具備餐飲成本控制模組。電腦可以每天提供餐飲成本分析表，使餐飲的成本都處在可控狀態。

3. 支持 Internet 功能

支持 Internet 功能可以使餐飲管理更好地提供對客服務，為客戶提供互聯網的資訊查詢和預訂功能，如包廂的查詢和預訂、菜單查詢以及客人的帳

單查詢、會議團體的預訂等。透過支持 Internet 功能，可以方便地建立餐飲的忠誠客戶群體，實現與客戶的資訊互動。

三、電腦在飯店安全管理中的應用展望

安全管理是飯店經營的重要內容，特別是旅遊涉外飯店。自從電腦在飯店中開始應用以來，電腦在飯店安全管理中起著越來越重要的作用。可以用電腦來監測和監控飯店經營的環境，用電腦來記錄和分析各種安全資訊，也可以用電腦來控制各種與安全有關的運行設備。總之，未來電腦在飯店安全管理中的應用主要有以下幾個方面。

1. 智慧卡門鎖

門鎖是飯店安全管理的主要內容，透過電腦技術，飯店的門鎖正向智慧化方向發展。電子智慧卡門鎖管理系統是一種全新的飯店客房、通道等場所準入的自動化管理系統。電子智慧門鎖系統一般由發卡機、智慧卡鎖、電腦網路、門鎖管理軟體等組成，此內容將在第九章做詳細介紹。

2. 安全與監控

飯店安全與監控的電腦應用將是未來飯店經營不可缺少的內容，透過電腦多媒體技術和網路技術用於對飯店電梯、樓道、公共場所、消防等諸方面的安全監控，能做到實時控制與自動預警，還能自動存儲、分析各種監控資訊，提高飯店經營的安全性。安全與監控主要是飯店保安部的職責，用電腦自動監控飯店經營的環境，並記錄各種安全資訊，既保證飯店經營的安全，又保證住店客人的人身安全。

3. 其他的安全管理

電腦在其他安全管理方面的應用還有以下幾個方面的應用：

（1）停車場監控

利用電腦可實現全電腦自動監控管理系統實現對停車場的無人管理和經營。

(2) 電梯監控

利用電腦控制可保證電梯的安全，實現電梯運行的自動監控，防止意外事故發生。

(3) 防盜報警系統

用電腦控制的防盜報警系統，可在飯店的重點部門安裝紅外微波雙鑒探頭和燈光控制器，一旦有盜賊闖入，系統即刻開啟現場燈光，並自動向保安人員報警，必要時自動撥打 110 報警，能有效地威懾和捕獲犯罪嫌疑人。

(4) 周界防衛系統

在飯店的周圍設置肉眼看不見的紅外警戒線，利用電腦監測從任意方向進入的人，可以有效地加強飯店經營的安全性。利用這種系統，一方面可以使安保人員足不出戶就能明察大樓內外的一切；另一方面還可借用它瞭解大樓外工作人員的工作情況和人員流動情況，以便加強管理。

四、電腦在網路訂房中的應用展望

未來電腦在網路訂房中的應用是向實時網路訂房方向發展，客人透過網路可以查詢飯店的實時資訊，如實際可預訂的房間資訊。目前客人和預訂網站的交互是實時的，而企業與預訂網站之間的連接是非實時的、間斷性的，因而客人查看網路上的資訊也是非實時資訊。為了保證網路預訂完全實時系統的正常運轉，就必須解決企業與 Internet 的實時連接鏈路問題。隨著新技術的不斷湧現和通信費用的不斷降低，在企業和 Internet 之間建立一條實時連接鏈路已經不需要很大的費用，因此實時網路訂房將具有廣闊的應用前景，此內容將在第八章中詳細討論。

五、電腦在客戶關係管理中的應用展望

客戶關係管理（Customer Relationship Management，CRM），是體現現代客戶關係管理思想的集成資訊系統，它是一種「以客戶為中心」的新型商業模式，是一種旨在改善企業與客戶之間關係的新型管理機制。CRM透過採用資訊技術，實現企業範圍內的資訊共享，幫助企業最大限度地利用

以客戶為中心的資源（包括人力資源、有形和無形資產），提高客戶滿意度和利潤貢獻度，幫助飯店企業爭取更多的客戶。

　　在飯店從資訊管理邁向資訊化服務的過程中，客戶關係管理日益重要。對飯店經營運作而言，將客戶作為資源進行管理，能大力提升飯店業的服務能力，飯店可增加現有客戶的維持率，創造飯店業與競爭者的差異，提高飯店競爭力；對飯店服務人員而言，服務人員能在第一時間解決客戶問題，並有針對性地為客戶提供個性化服務；對飯店行銷方面而言，銷售人員能在最短時間內收集客戶資訊，更能獲取交易成功的機會；對客戶而言，經由客戶資料的有效管理，以及客戶服務中心的電話服務功能，大大降低客戶等待飯店提供服務的傳送時間，有利於提高客戶對飯店品牌的信賴度與忠誠度。

　　CRM 不僅方便了飯店對客戶資料的收集、儲存、整理與處理，也使客戶收集飯店的資訊更快速、精確，為其提供了更廣闊的選擇空間。

　　網路帶來一系列便捷的同時，也不可避免地帶來一些問題，比如：客戶隱私的泄露、客戶提供的信用卡以及其他金融資訊會帶來的個人財產的安全問題等等。對於安全保密與誠實信用問題，飯店必須妥善解決關於客戶關係管理的詳細介紹請見第九章第二節的內容。

思考與練習

1. 試簡要敘述飯店電腦應用的特點和作用。
2. 飯店電腦應用的主要系統有哪些？
3. 什麼是飯店決策支持系統？飯店決策支持系統主要解決哪些管理問題？
4. 試分析當前電腦資訊系統的優缺點，能否採取集成的方法整合這些資訊系統？

第 2 章 飯店管理資訊系統概述

█ 第一節 資訊與資訊系統

　　我們當今所處的時代是一個資訊時代。我們的飯店業每時每刻都離不開資訊，飯店各層管理人員每天所處理的業務，任何時刻都和資訊有關。其大部分的工作內容都反映在收集、保存、傳送以及加工和處理資訊等活動中，透過資訊以瞭解飯店業務過程的現狀與動態，並且透過資訊來控制與管理業務。那麼究竟什麼是資訊？由於資訊科學是當今一門重要的新興科學，它所包含的相關學科有資訊論、控制論、通訊技術、電腦科學以及資訊系統等，資訊在不同的學科中具有不同的描述和定義，因此，很難對資訊給出一個確切的定義。並且，資訊這個術語的應用範圍隨著科學技術發展的進步而不斷地擴大，其概念也因為應用範圍的擴大，而導致概念本身的延拓與變化。本節不打算在此對資訊作廣泛討論，只從飯店管理資訊系統的角度，討論資訊的概念和性質。

一、管理資訊的定義和性質

　　資訊的概念十分廣泛和普遍，客觀世界中存在著各種各樣的資訊現象，世間萬物的運動，人間萬象的更迭，都離不開資訊的作用。資訊是用來表現事物特徵的一種普遍形式，它反映了事物存在的方式和運動狀態，是客觀存在的事物現象。

　　如果說，數據是指以文字、數字、圖像、聲音和動作等方式對客觀事物的特定屬性的反映、是發生事件的記錄，那麼，資訊則是潛在於數據中的意義，是凸顯於經過加工處理並對飯店經營活動和實踐產生決策影響的數據中，由此我們把這類數據稱為資訊。資訊作為科學的概念，種類很多，世界上各種物質、能量都與資訊有密切的關係，我們不可能在這裡討論廣義的資訊，我們僅討論與企業管理有關的資訊，即管理資訊。飯店管理資訊系統中涉及的資訊都是屬於管理資訊，我們從管理的角度對資訊可以定義如下：資訊是

經過加工後的數據，或者資訊是對數據的具體解釋。它對接收者有用，它對決策或管理行為有現實或潛在的價值。數據與資訊的關係如圖 2-1 所示：

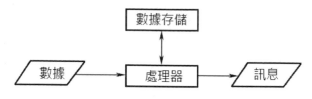

圖 2-1 數據與資訊的關係

在飯店管理資訊系統中，數據是管理資訊系統的原材料，管理資訊系統把不適合飯店管理人員使用的數據加工成適合管理人員使用形式的資訊。由於管理人員有層次性，數據與資訊的關係也存在相對性，這種關係也說明資訊具有層次性，就是說同一種數據對某一層的管理人員是一種資訊，而對另一層的管理人員來說，可能只是一種原始數據。在實際應用中，數據和資訊這兩個詞常常交替使用，但我們應該清楚它們之間的區別。數據是管理資訊系統的原材料，而資訊是管理資訊系統的成品或半成品，它對飯店管理決策或行動是有價值的。為此，我們可以認為資訊比數據更高級、用途更大。

從飯店管理資訊系統的角度看，資訊具有以下一些基本屬性。

（1）事實性。事實性是資訊的第一和基本的性質。在資訊系統中，我們應當充分重視這一點。這是收集資訊時最應當注意的性質。而在實際生活中，破壞資訊的事實性是相當普遍的。

（2）擴散性。擴散是資訊的本性。它透過各種通路向各方傳播，一方面有利於知識的傳播，但另一方面在資訊系統的建設中，若沒有很好的保密手段，就不能保護用戶使用系統的積極性，造成系統失敗。

（3）傳輸性。資訊可透過各種手段傳輸到很遠的地方，它的傳輸性能優於物質和能源。資訊的傳輸可以加快物質資源的傳輸。

（4）共享性。資訊可以共享不能交換，這是與物質不同的性質。物質的交換雙方是對等的，如給你一支筆，我就少一支。資訊則不然，教師上課，學生獲得了知識，但教師的知識並沒有減少。

（5）增值性。用於某種目的的資訊，隨著時間的推移，價值耗盡，但對另一目的可能又顯示用途。如天氣預報的資訊，預報期一過，對指導當前的生產不再有用，但和各年同期天氣比較，可用來預測未來的天氣，這種增值性可在量變的基礎上導致質變。例如，把報紙上登載某種產品的消息集中起來，到一定時間進行提煉，就能對這種產品的全貌有個估計，原來公開的東西就成為保密的了。資訊的這種增值性，從資訊「廢品」中提煉有用的資訊，已是各國收集資訊的重要手段。

（6）不完全性。關於客觀事實的知識不可能全部得到，往往也沒有必要收集全部資訊。只能根據需要收集有關數據，不能主次不分。只有正確地捨棄無用的和次要的資訊，才能正確地使用資訊。

（7）等級性。管理系統是分級的，不同級別的管理者對同一事物所需的資訊也不同。資訊也是分級的，一般分為策略級、戰術級和作業級。不同級別的資訊，具有不同的屬性。

（8）滯後性。數據經加工以後才能成為資訊，利用資訊決策才能產生最後結果。從數據到資訊，再到決策，最後得到結果，這之間總存在一個時間差，這就是資訊的滯後性。

二、管理資訊與管理決策

管理的本質就是決策，而決策需要各種資訊。所謂決策，就是為了達到經營目標而採取的某種對策，是各級領導和飯店管理人員對飯店經營活動、處理重大事件、分配資源以及日常業務等一切事物所做的決定。科學合理的決策不僅需要使用科學分析的方法和現代化的工具，而且在決策過程中更需要有用且正確的資訊，離開了資訊，決策就失去了意義。因此，決策是在一定的資訊基礎上，借助於科學的分析方法和工具，對需要決定的管理問題的諸因素進行分析、計算和評價，並從兩個以上的可行方案中，選擇一個最優方案的分析判斷過程。

為管理決策提供的各種數據就是管理資訊，它由資訊系統經過處理後產生。

飯店的管理有三種不同的決策。

1. 策略性決策

有關飯店重大方向性問題的決策。如確定飯店的發展方向、重大投資技術改造項目，經營方針以及長遠計劃等，這些決策影響到飯店的興衰成敗，所以稱為策略決策。策略決策和飯店周圍的環境資訊、國家政策資訊以及內部的資金周轉資訊等因素有關。

2. 戰術性決策

為了保證策略性決策所需要的人、財、物的準備而進行的決策。策略決策由飯店高層管理人員作出決定，而戰術決策由飯店中層管理人員實施，是為實現策略決策服務的一些局部問題的決策，如人事調動、資金周轉、資源分配、價格變動等。戰術決策更需要大量的管理資訊，大部分是飯店內部的綜合資訊以及上層領導的指令資訊。

3. 日常業務活動決策

日常業務活動決策也叫做業決策，是指一些經常性的任務及一些偶然性的事務處理等。這是提高日常工作效率和效益而作出的決策，這些決策都受戰術決策的資訊控制，決策的執行人是飯店的領班等初級管理人員。日常業務活動決策也用到大量的基層管理資訊和中層領導的控制資訊，根據這些資訊來指導每天日常業務的管理決策。

日常業務活動決策往往有經常性和重複性，有規律可循，可以事先安排，而策略決策需要飯店領導的經驗和判斷能力，根據推理和估計，直至直覺解決決策問題。每一種決策所用的資訊來源也不一樣，策略性決策主要採集外部資訊，結合內部資訊；而日常業務活動決策，主要採集飯店內部資訊，且前者的資訊範圍較廣，而後者的資訊範圍較小。

三、資訊系統的概念

資訊系統的概念是管理資訊系統的重要基礎概念之一。首先資訊系統是一個系統，那麼什麼是系統呢？從系統學科的角度看，系統是由一些部件組

成的，這些部件間存在著密切的聯繫，透過這些聯繫達到某種目的。可以說系統是為了達到某種目的且相互聯繫的事物（或部件）的集合。

1. 資訊系統的定義

如上所述，系統是一些部件為了某種目標而有機地結合的一個整體。這裡目標、部件、聯結是不可缺少的因素。按照一般系統論的觀點，資訊系統可以從以下幾方面去理解：

(1) 資訊系統是由一些要素（系統組成的子系統）組成的，且這些要素處於運動狀態，而有些要素本身就是一個系統（或稱為子系統）。

(2) 資訊系統由各個要素按一定的方式組合而成，也就是說構成系統的要素存在著聯繫，即按一定的方法組合在一起（如構成資訊系統的各功能模組，按一定方法構成子系統）。

(3) 資訊系統有一定的行為，即有一定的功能輸出，表示對目標的貢獻。飯店中的資訊系統都有一定的目的性，資訊系統就是要有一定的功能來完成這一目的，而且系統各要素和的貢獻必將大於各要素貢獻之和。

(4) 資訊系統的整體狀態是可以轉換的，這些狀態的改變和系統的輸入輸出有關，因此這些狀態的轉換是可以控制的（即飯店的資訊系統是以人為主的管理控制系統）。

在系統學裡，系統概念是一個很廣的名詞，可以說系統無所不在，形態各異。飯店中的資訊系統也有各種各樣的系統，如主管資訊系統、業務處理系統、報表分析系統等。但不管是什麼樣的資訊系統，其設計和實現的過程都可以按照系統的抽象程度分為三類，即概念系統、邏輯系統和實在系統。

概念系統是最抽象的資訊系統，它是人們根據系統的目標和以往的知識初步構思出的系統雛形，它在各方面均不很完善，有許多地方很含糊，也有可能不能實現，但是它表述了資訊系統的主要特徵和功能，描繪了系統的大致輪廓，它從根本上決定了以後系統的成敗。

邏輯系統是在概念系統的基礎上構造出的原理上可行得通的系統。它考慮到總體的合理性、結構的合理性和實現的可能性，但它沒有給出實現的具體部件。它確信，現在的軟體技術一定能實現該系統所規定的要求。所以邏輯系統是擺脫了具體實現細節的合理的系統。

實在系統也可以叫物理系統，它是完全確定的資訊系統，是透過某一種電腦語言實現了邏輯系統的設計要求，是完全確定的系統。這時的系統已完全形成，所以叫實在系統。

我們要設計規劃一個飯店資訊系統，必須從調查研究、系統分析開始，經歷概念系統、邏輯系統、實在系統，由淺入深，條理清楚地把整個資訊系統構造出來。資訊系統在演變過程中，人為地設計成概念模型、邏輯模型和物理模型，最後結果是交付給用戶一個可實際運行的資訊系統，即實體系統。

2. 資訊系統的性質

（1）整體性

整體性是資訊系統最重要的特性，是系統論中的一個基本原理。資訊系統把各個子系統部件有機地結合起來，形成了總體的功能。這種功能的產生是一種質變，因為這種功能是各個部件單獨存在時所不具備的，也就是說：「整體功能大於它的各個部件功能的總和」。這種整體功能大於各部件功能之和，原意是強調整體不是各部件的簡單累加。如人體是各個組織組合而成的，但各個組織簡單拼合在一起並不是一個活體。同樣，資訊系統所處理的數據效率也高於各個部門所處理的數據資訊。因此，資訊系統的作用，可以節省飯店管理中的人力，提高管理工作的效率。

（2）有機關聯性

資訊系統的整體性是由資訊系統的關聯性作保證的。系統的有機關聯性包括兩方面的內容：一方面是系統內部諸因素的有機關聯；另一方面是系統外部環境的有機關聯。資訊系統的內部諸因素之間相互關聯、相互作用，共同組成系統的整體。各個因素在資訊系統中不僅是各自獨立的子系統，而且

是組成整個資訊系統的有機成員。同時，資訊系統與環境也處於有機聯繫之中。

（3）層次性

層次性也是資訊系統的一個重要性質。一般來說，資訊系統是由組成的子系統構成的。這些子系統則由比它更下一層的子系統構成。最下層的子系統就由組織該系統的功能模組和各個部分構成。

在觀察和分析資訊系統的時候，必須注意系統結構的層次性。把握了這一點，可以減少人們認識事物的簡單化與絕對化，既要注意到把一個子系統看作大系統結構中的一個要素，求得統一步調，獲得最大的功能，又要注意到它本身又包括著複雜的結構，不能一刀切，使人們可以正確認識事物，使資訊系統能貢獻出最佳效益。

（4）動態性

動態一般理解為事物的運動狀態，即通常所說的發展的觀點。任何資訊系統隨時間而變化，需不斷地升級資訊系統的版本。資訊系統本身有一定的生命週期，都有一個產生、發展、衰退、消亡的過程。另一方面，資訊系統與環境不斷地進行物質、能量、資訊的交換，這種交換也是一種運動狀態。

如何評價一個資訊系統的性能？第一目標明確，每個資訊系統都有一個目標，這個目標是否選擇合適，是否明確，是否能解決管理問題，是評價資訊系統好壞的主要方面；第二結構清晰，一個資訊系統由若干子系統組成，這種層次結構清晰便於實現目標的要求，且條理清楚，資訊流暢；第三聯繫清楚，即上下子系統之間的聯繫嚴格透過定義的界面進行；第四是能觀能控，即資訊系統和外界有清楚的界面，外界可以透過輸入控制系統的行為，又可以透過輸出觀測系統的行為。對於資訊系統還可以根據系統運行效率和擴充維護方便性來判斷資訊系統的好壞。

▌第二節 飯店管理資訊系統的定義和功能

在瞭解了資訊與資訊系統的基本概念以後，我們可以進一步瞭解飯店管理資訊系統的定義和功能。飯店管理資訊系統也是一個資訊系統，它主要是處理管理類的資訊，透過輸入飯店經營中的原始數據，經過系統的加工和處理，得到飯店經營所需的各種資訊。

一、飯店管理資訊系統的定義

飯店管理資訊系統是由人和電腦網路等組成的能進行資訊的收集、傳遞、儲存、加工、維護和使用，並以人為主的對飯店各種資訊進行綜合控制和管理的系統。它能實測飯店經營的各種情況，預測飯店經營的未來，並可以控制飯店的經營行為，幫助飯店實現規劃的經營目標。

從以上定義可以看出，飯店管理資訊系統不僅僅是一個技術系統，是一個以人為主導的高度集成化的人機系統。它涉及管理科學、系統理論、電腦科學和資訊學科等領域，是一門交叉的邊緣學科，系統的觀點、數學的方法、IT 技術是它的三個要素，而這三點是飯店管理資訊化的主要標誌。飯店管理資訊系統對飯店的資訊管理是從總體出發、全面考慮，保證各種職能管理部門共享數據，減少數據冗餘和孤島現象，保證數據的兼容性和一致性。只要保證飯店資訊的集中統一，資訊才能成為飯店企業的經營資源。

二、飯店管理資訊系統的功能

（一）基本功能

1. 數據的採集和輸入

數據的採集和輸入是飯店管理資訊系統中的一個重要環節，「輸入的是垃圾，輸出的必然是垃圾」，要把分布在飯店各部門的數據收集起來，必須根據系統對數據資訊的需求，確定合適的數據採集方法和輸入方式，以提高系統輸出資訊的有效性。在飯店管理資訊系統中，採集的數據主要是客人數據、商品採購數據、旅遊動態數據以及飯店的外部相關數據等。在數據採集時，必須透過一定的數據識別手段，採集對飯店經營有用的數據資訊。用各

種方式徵集或收集的數據統一輸入到系統，即可進行處理並整理成相應的資訊。

2. 數據的傳輸

數據的傳輸都是透過電腦網路實現的，傳輸的每一個環節都採用了電腦。傳輸的介質分有線和無線兩類，有線傳輸如雙絞線、同軸電纜線、光纖等；無線傳輸如微波傳輸、紅外線傳輸、衛星傳輸等。透過數據的傳輸，總台登記的客人資訊可以立即傳輸到客房管理中心，客人在餐廳消費的帳務資訊可以立即傳輸到總台帳務，採購部採購的商品數據也可以立即傳輸到財務部，使所有的數據傳輸都處於可控狀態，飯店經營的數據流處於有序的良性循環中。

3. 資訊儲存

資訊儲存就是把不用的資訊保存起來，以備將來使用。由於存儲設備價格的大幅度下降，飯店管理資訊系統可以實現海量存儲，使飯店管理人可以隨時隨地的使用和查詢系統中的資訊。系統在設計時，必須確定保存資訊的思路，即為什麼要存儲這些資訊，以什麼方式存儲這些資訊，存在什麼介質上，將來有什麼用處等。目前資訊儲存的常用介質有磁帶、光碟、硬碟等。

4. 資訊的加工和處理

資訊的加工和處理必須根據數學的方法，透過數學的處理模型、預測模型、分析模型、決策模型設計相應的加工處理程序。資訊加工的範圍很大，有簡單的查詢加工、排序和分類加工、分析和預測加工、控制和決策的加工等。對於決策方面的加工，還必須採用人工智慧技術，構造決策模型。因此，在飯店管理資訊系統中，必須備有三個庫：即資料庫、方法庫和模型庫，為系統的數據處理能力提供了廣闊的前景。

5. 資訊的維護和使用

保持資訊在經營過程中都處於合用狀態叫資訊維護。飯店管理資訊系統需要花費很大的開銷保證資訊的合用。它包含了系統在使用過程中的全部數據管理工作，保證了系統數據資訊的準確、及時、安全和保密。資訊的維護

也保證了飯店管理人可以隨時隨地地使用系統中的資訊，不至於需要的資訊半天都找不到。

　　資訊的使用主要是高速度高質量的為飯店管理人提供資訊，這是技術方面的問題；另一種是資訊運用的問題，即如何實現資訊的價值轉換，使資訊真正為飯店經營服務，使管理人員可以利用資訊進行飯店管理的控制，實現輔助管理的決策。

　　（二）擴展功能

　　1. 分析和預測

　　飯店管理資訊系統除了以上的基本功能外，分析和預測是飯店管理資訊系統的新的擴展功能。這些功能基本上是獨立運行的模組，如餐飲成本分析模組、前台客源分析模組、客房價格預測模組、財務報表分析模組、客房經營保本分析模組以及飯店經營預測模組等。透過分析和預測功能，我們就可以對飯店的經營過程進行有效的控制，提高了飯店管理的精度。目前大多數飯店管理資訊系統都已開發了相關的分析模組，特別是在高星級的飯店裡，其管理資訊系統都必須有分析和預測的處理功能，有效地提高了飯店管理的效益。

　　2. 決策功能

　　決策功能是飯店管理資訊系統發展的最高階段，管理就是決策，支持決策是飯店管理資訊系統必須開拓的重要功能，但也是最困難的任務。因為管理決策人的工作風格差別很大，每個人都有自己獨特的工作方式，軟體的開發工作量相當龐大，而且必須借助於電腦最前沿的人工智慧技術。

　　按照決策方法和決策過程的可描述程度，管理決策可分為結構化決策、非結構化決策和半結構化決策。結構化決策的目標比較明確，結構清楚，有規律可循，透過數學的方法就可以求解。非結構化決策，其過程比較複雜，一般毫無規律可循，必須根據掌握的材料用數學模型模擬運算，讓電腦提供多個方案給決策者選擇。半結構化決策可以透過化解的方法變成結構化決策，從中找出一定的規律，變成確定的解決方案。目前，大多數的飯店管理資訊

系統僅能解決結構化的決策和部分半結構化的決策，對於支持非結構化決策的飯店管理資訊系統，目前還在探討之中。如飯店客房的價格問題、飯店投資的選擇問題以及飯店促銷活動的選擇問題都是屬於非結構化的管理問題。

三、飯店管理資訊系統的結構

飯店管理資訊系統的結構有概念結構、功能結構、軟體結構和硬體結構等多種視圖，HMIS 作為一個飯店業的管理資訊系統，也必然有一定的系統結構，這種結構反映了系統整體與各個部分之間的資訊關係，也反映了整個 HMIS 的數據處理方式與數據傳輸方式，結構決定了資訊系統的主要性能。

（一）飯店管理資訊系統的硬體結構

硬體結構指 HMIS 的物理結構，即 HMIS 硬體系統的拓撲結構。HMIS 的硬體結構一般有三種類型：單機批處理式結構、集中處理式結構和分布處理式結構。這三種結構是隨電腦技術發展而產生的，並還在不斷發展變化著。

1. 單機批處理結構

早期的 HMIS 都是單機批處理結構，這種結構由一台主機、顯示器、鍵盤、影印機等組成。這種單台電腦的結構裝上 HMIS 軟體就構成了一個完整的 HMIS 系統，當需要處理數據時，可隨時將一批待處理數據按一定時間間隔，一次性輸入電腦進行批處理。這種單機批處理結構方式，往往一個人單獨占用了一套電腦系統，上機時帶上待處理的數據，下機後取走作業報告或結果，因而數據共享和實時處理性能較差。目前飯店管理系統中已很少使用這種結構。

單機批處理結構對應的數據處理方式為批處理方式，它是根據需要成批地把處理作業交給電腦，因此是一種脫機的非實時處理方式。

2. 聯機集中式處理結構

單機批處理結構的數據處理效率不高，數據共享性能也差。隨著電腦技術的發展，出現了多台終端的聯機系統，透過終端與電腦聯繫，進行各類數據處理的作業，這就是集中式數據處理結構。聯機集中式處理結構採用一台

或二台小型電腦或超級微型機作為主機，管理人員可以在任何時間透過各終端與主機聯繫，進行各類數據處理作業。由於各終端只能作為數據的輸入輸出，不能直接進行數據處理，所以稱集中式處理結構。集中式處理也叫聯機處理，是一種實時處理方式。

集中式處理結構的優點是數據處理能力強，數據安全，可靠性高。缺點是終端本身沒有處理能力，系統處理速度將隨終端數量的增加而明顯減慢，而且一般終端只有字符界面，用戶界面不美觀。在 PC 及 Windows 流行之前的 20 世紀 70 年代到 80 年代末，集中式處理結構是飯店最理想的 HMIS 結構。聯機集中式處理結構雖然有許多優點，在電腦應用領域占據一定的市場，但隨著電腦應用的深入和電腦技術的發展，這種結構已暴露出一些致命的弱點：第一，一次性投資較大，小型機比一般微型電腦要昂貴得多，而且要使系統可靠性高，一般要配兩台主機並網運行，這樣投資更大。第二，集中式處理結構由於數據集中在主機內處理，一旦主機出現故障，整個系統就會癱瘓，無法運轉。因而聯機集中式處理結構並非十全十美。圖 2-2 是飯店集中式處理結構示意圖。

3. 分散式處理結構

到 20 世紀 80 年代中後期隨著微型電腦功能的不斷加強，出現了分散式電腦系統和分散式資料庫系統，管理資訊系統朝分散式方向發展。局域網系統就是這種結構的典型例子。這種系統以一台或幾台高檔微機作為網路服務器，透過網路連接工作站，而每個工作站都是一台獨立的本身具有數據處理能力的微型電腦，需要時可以聯機入網在服務器內處理數據，所以稱為分散式處理結構。圖 2-3 為飯店分散式處理結構示意圖。

近年來流行的 C/S 結構（即客戶機 / 服務器結構）是最新的一種分散式結構。客戶機支持用戶應用的前端處理，服務器用於支持應用的系統環境，包括資料庫的管理及查詢服務。數據查詢方式為資料庫查詢，網上傳送的只是查詢的結果，這就大大減少了數據的傳送量，而且客戶機一般基於 Windows 圖形界面。C/S 結構集中了局域網路系統和小型機多用戶系統的優

點，由服務器和客戶機協同處理，充分發揮系統的各種優越性，是目前飯店中最為先進的體系結構。

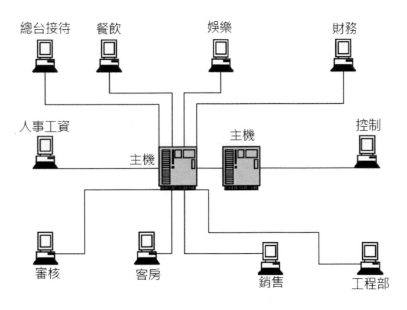

圖 2-2 飯店聯機集中式處理結構圖

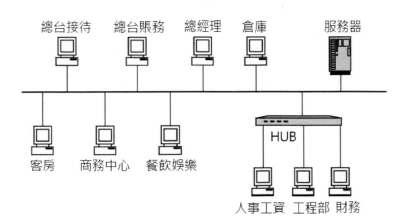

圖 2-3 飯店分散式處理結構圖

　　C/S 結構不但採用了分散處理方式，而且減輕了網路數據傳輸的壓力，是一種較為理想的實時處理方式。

　　隨著通訊技術的發展，分散式結構實現了遠程數據處理，或者遠程數據採訪，可以透過電話線、雷射、微波和人造衛星等介質實現異地數據處理，或實現兩個或兩個以上局域網路的數據互訪，這就是廣域網系統。廣域網分布結構最適合飯店集團的資訊管理，飯店集團總部可以透過廣域網路系統有效地管理各地的飯店，各地飯店也可透過廣域網實現互傳資訊數據，及時瞭解各飯店的經營情況。從目前電腦應用的發展趨勢看，廣域網分布結構是今後發展的方向，是建立集團式管理所採用的必要手段，也是目前各連鎖飯店公司進行資訊管理的理想模式。廣域網有兩個特殊的類：企業網與全球網（WWW）。全球網中，第一個真正的、可供公共商用的就是 Internet 網路。典型的飯店集團電腦管理系統的硬體結構如圖 2-4 所示。

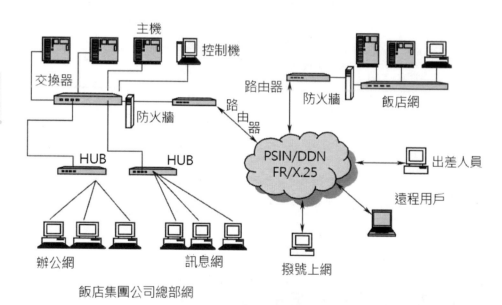

圖 2-4 飯店集團電腦硬體結構拓撲圖

（二）飯店管理資訊系統的軟體結構

　　軟體結構是指 HMIS 的功能結構，HMIS 具有多種功能，各種功能之間相互聯繫，構成了一個有機結合的整體，即完整的軟體功能結構。軟體功能結構是根據管理層次和所需功能導出並劃分的。對於飯店來說，是根據飯店

的管理層次以及為了完成飯店業務數據處理需要而定義的功能模組（或子系統）來設計的。在飯店業務管理中，系統功能一般可分為前台和後台兩大部分，此外還可包括前台系統和後台系統功能擴充的擴充系統（有的系統中把擴充系統直接包含在前後台系統中），以及各種各樣的系統界面。圖 2-5 是 HMIS 的軟體功能結構圖。

飯店管理資訊系統的常用子系統一般具有以下功能。

1. 預訂接待系統

預訂接待系統是前台系統的主要功能模組，主要完成對散客、團體的預訂和接待登記任務，以及對散客、團體的客房分配、加床、退房、拼房、續住等日常管理工作。利用電腦處理上述業務，使總台的工作效率成倍增長，提高了對客服務質量，特別飯店客房的使用情況、預計離店客人情況等可做到一目瞭然，這是手工管理無法比擬的。

2. 帳務審核系統

該功能模組主要功能是記錄每個客戶在飯店的消費情況，處理散客、團體帳務，負責總台的收銀工作以及夜間的審計工作，所有住店賓客的帳務從交預訂金開始就和該系統發生關係。該系統具體管理總台的收銀日記帳和應收帳款，處理和影印每日報表以及有關的分析報表。所有前台客人從登記入住到結帳離店所發生的一切帳務均由該系統負責處理。

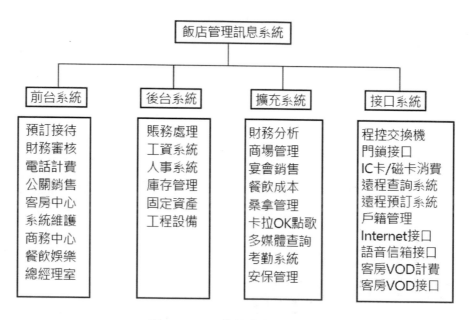

圖 2-5 HMIS 的軟體功能結構圖

3. 程控電話管理系統

　　程控電話管理是透過程控交換機和電腦聯接的一個電話計費控制系統，實現對飯店內各分機電話的準確計費並可進行各種統計、查詢報表等管理。電腦透過接收到的程控交換機輸出的每條話單內容，並對每條話單進行分解、計算、存儲，完成每個分機的國際、短程直撥電話計費。該系統一部分完成客房分機的電話計費，把電話費用記入到住店賓客的帳戶中，實現客人離店的一次性結帳；另一部分記錄內部管理部門的每一條電話費用的詳細情況，以利於飯店對費用的控制。

4. 客房中心管理系統

　　客房中心管理的主要工作是控制客房狀態、客房設備以及客房用品。透過該系統的電腦處理，總台或總經理隨時可瞭解客房狀態及有關數據，如可用房數、維修房數、自用房數、不可用房數等。透過電腦的管理，使客房設備和客房用品得到合理使用、減少浪費。

5. 餐飲娛樂管理系統

餐飲娛樂管理系統主要完成散客點菜和收銀等日常管理以及餐飲預訂等管理，如餐廳及各娛樂營業點的收銀管理、餐飲成本的動態控制以及吧台商品的銷存管理等，對住店賓客或特殊客人收費自動過帳，實現一次性結帳，並可影印各類營業報表及餐飲稽核報表。

6. 總經理查詢系統

總經理查詢系統的主要功能是提供快速查詢，讓總經理等決策者快速、全面、準確地瞭解飯店經營管理有關資訊數據，以便作出正確的決策。總經理查詢系統提供的資訊數據包括前、後台各種營業數據，如前廳接待、預訂數據、房務數據、餐飲數據、收入成本數據、人事數據、工資數據，以及庫存數據等等。

7. 財務管理系統

財務管理屬後台系統，財務管理是飯店管理的核心內容。財務管理系統的功能是管理總帳、明細帳、分類帳等，包括帳務處理、原始憑證處理、科目設置處理、帳戶管理、憑證彙總處理、帳目查詢和影印處理、銀行對帳處理、月終年終報表處理、各類報表影印處理等。該系統存貯的財務數據是飯店最重要的數據，必須有一套安全數據管理機制，並且一定要有災難恢復功能，以保證整個帳務系統的數據安全。

8. 人事工資管理系統

人事工資管理系統的主要功能是管理飯店的人事關係及工資，包括檔案管理、勞動組織管理、招工用人管理、員工培訓管理、人事變動管理、考勤輸入管理、工資發放管理、工資彙總管理。在該系統中，透過有效管理可充分利用飯店的人力資源，為員工創造良好的工作環境，激勵員工，提高凝聚力，提高人事工資管理的精確度，減輕人事部門的勞動強度，提高工作效率。

9. 工程設備管理

工程設備管理系統主要管理飯店的固定資產設備。飯店固定資產價值比較大，工程設備管理系統對固定資產的分類、用途、維護、統計等進行有效

管理，完成設備的購入登記管理、調撥管理、折舊管理、設備報廢管理以及設備查詢影印等管理工作。

10. 倉庫管理

飯店庫存原料品種繁多，管理、領用比較複雜，倉庫管理系統能詳細記錄每一筆原料物資出入庫情況。該系統功能包括入庫管理、領料管理、調撥管理、倉庫明細帳管理、預計進料管理、帳務查詢管理以及物品統計報表影印管理等，透過電腦管理，可以提高飯店資金的利用率，使倉庫「帳實相符」，減少庫存積壓。

第三節 飯店管理資訊系統的發展

目前，電腦在飯店管理中的應用日漸普及，方興未艾。資訊管理已成為現代飯店經營管理中的重要內容，特別是在資訊化浪潮的影響下，從資訊的角度去管理飯店已逐漸成為飯店管理人的共識。進入 21 世紀，現代資訊技術對飯店經營和管理已產生著越來越廣泛的影響，改變著飯店的組織和經營管理模式。飯店業的發展對飯店資訊管理的要求也越來越高，因而對資訊管理軟體的要求也越來越高，對飯店管理人如何選用飯店資訊管理軟體就顯得十分重要。為了適應社會資訊環境的變化和飯店組織經營管理的需要，飯店管理資訊系統的模式也正在不斷地加以調整和升級。本節對飯店業資訊管理軟體的發展趨勢進行簡要分析，目的在於幫助我們瞭解飯店資訊管理軟體的發展方向，對確定飯店管理資訊化的策略目標有所裨益。從近幾年的發展情況來看，飯店資訊管理的軟體將朝以下幾個方向發展。

一、單項軟體向集成軟體發展

電腦在飯店中的應用是逐漸發展起來的，開始都是利用電腦處理一些簡單的事務，因而相應的程序軟體都是專門針對某一管理部門的具體事務而編寫的，我們稱之為單項軟體。隨著電腦應用的逐步深入，資訊化管理要求越來越高，這種單項軟體就越來越不能適應飯店管理的要求。例如，現代飯店管理要求向「管理一體化」和「資訊化」方向發展，即要從整個飯店經營的

角度發揮電腦在管理中的作用,讓電腦在各個部門既有數據管理,又有文本管理,也有控制作用。也就是說要把各種單項軟體集成起來,組成一個綜合應用的集成軟體,達到資訊綜合處理的效果,為管理一體化提供技術手段。集成化軟體使飯店電腦應用構成了一個資訊網,飯店中所有的數據處理、文件管理、安全保衛管理等都集中由電腦統一控制,這是今後飯店管理資訊化的一個重要標誌。

二、軟體由管理型向決策型發展

飯店電腦管理資訊系統的發展經歷了啟蒙型、事務和管理型和管理決策型三個階段。啟蒙型軟體是對飯店使用電腦管理的摸索,事務型軟體是電腦管理對飯店手工操作的模仿,僅僅只是提高了工作效率,目前大約一半軟體處於這一水平;管理型軟體能參與飯店的經營管理,提高飯店的管理質量和管理精度,是目前飯店管理中較優秀的軟體,它不僅提高管理工作的效率,也具有一定的管理效益。管理決策型軟體則具有完備的預測分析能力,能科學地指導飯店管理者作出經營管理決策,其主要目標是提高飯店管理效益,主要由飯店高層管理人員使用。

飯店業從 20 世紀 80 年代初開始應用電腦以來一直處於靜態數據處理階段,主要功能是處理飯店日常事務,也就是說電腦在飯店管理工作中僅發揮低級階段的作用。目前所謂的 MIS 系統,功能上也只能完成一般的事務統計、彙總、製表、檢索和影印等基本處理,這些事務處理雖然也是重要的,但對飯店獲取更高效益的要求來說則遠遠不夠。飯店管理資訊系統應該是一個開放系統,能適應環境變化和競爭需要,但是傳統的管理資訊系統基本上是一個靜態的保守系統,只能管理已有的靜態存在的數據,而不能從管理人員的決策需要出發,處理動態的非結構數據。所以傳統的 MIS 系統只能根據現行飯店的組織結構、制度和管理方法,完成基本的事務處理任務,也就是說只能模擬現行系統的運行狀態,不具備管理人員所需的輔助決策功能。隨著飯店業的進一步發展,人們向 MIS 提出了更高的要求,這就是飯店管理的決策支持要求,即 HDSS 系統。為了讓電腦在飯店管理中發揮更大作用,必須使

電腦更直接地面向決策，能根據管理人員的需求，提供各種有價值的資訊和決策方案以輔助各級管理人員作出迅速正確的決策。

因此，除了在 HMIS 系統功能進一步完善以外，要根據飯店發展和競爭的需要，逐步建立決策型系統，處理好管理資訊系統與決策支持系統的關係，提高電腦在飯店各種管理應用中的使用效益。

三、軟體由 DOS 型向 Windows 型和 C/S 結構發展

早期的 MIS 系統一般都是建立在 DOS 操作平台的基礎上，我們稱之為 DOS 型軟體。隨著電腦科學技術的發展，操作平台都由 DOS 型向 Windows 型平台轉變，飯店應用軟體也跟著變化，基於 Windows 平台的飯店管理軟體逐漸發展並流行起來，使飯店管理軟體的操作界面更友好，使用更方便，功能更完善。由於 Windows 是多任務操作系統，因而飯店管理軟體也可以多任務操作，克服了 DOS 平台只能單用戶、單任務的不足。隨著 Windows 操作系統替代 DOS 操作系統，Windows 型的飯店管理軟體已成為主流軟體。客戶機 / 服務器（Client/Server）技術是幾年前發展起來的集事務處理、資料庫設計、通信技術為一體的綜合性技術。它在飯店 MIS 的普及應用，克服了以往局域網點對點通信服務的不足以及系統資源利用率不高等缺陷。在現有局域網的基礎上，透過運行客戶機 / 服務器軟體，達到真正數據分布處理的目的，提高了系統資訊服務的靈活性，增強了共享資源的互相訪問能力。整個系統還可以水平地或垂直地根據需要進行擴展，因此正好適合飯店實際資訊管理的需要。目前大部分飯店資訊系統都已採用了這種結構。

四、軟體由技術型向「資訊資源管理」型發展

以前的飯店管理資訊系統大部分是技術型的，這種系統能有效地管理日常事務，但不能有效地促進管理決策。特別是 20 世紀 80 年代初提出的「資訊資源管理」概念，原來的系統就顯得無能為力，特別是對資訊資源的綜合運用。因此，飯店管理資訊系統必須按資訊資源管理要求進行更新或重新設計，要求飯店管理資訊系統能把技術因素和人文因素結合起來解決管理問題，把資訊管理的技術環境、數據環境、人文環境以及社會環境集成在一起以發

揮資訊資源的綜合效益。這種飯店管理資訊系統能重視資訊資源在組織管理決策中的作用，可以更好地幫助飯店領導在經營過程中作出決策。

基於資訊資源管理的新一代飯店管理資訊系統，可以改變人們對資訊資源作用的認識與理解，幫助飯店進一步提高管理的效率，增強對市場的反應能力，提高和強化市場的競爭優勢。並且，這種新型管理資訊系統可以解決資訊孤島現象，使資訊得到高度集成和統一，真正使飯店的資訊資源得到充分的共享和使用。

五、商品化軟體與專用化軟體並存

商品化軟體是指能適應大部分飯店需要的通用軟體產品，專用化軟體是指飯店適合自己需要的軟體產品或自己開發的一些專用軟體產品。飯店使用商品化軟體，優點是引進速度快，可以借鑑成型的經驗，而且系統比較穩定可靠，投資風險較小，缺點是商品化軟體一般不可能百分之百地滿足飯店管理的所有需要。專用化軟體的優點是能與飯店的管理方式相適應，缺點是開發週期較長，穩定性需要時間來考驗和完善，而且對系統開發人員的依賴性很強，因為開發專用軟體的技術人員較少，一旦他離開飯店，今後軟體升級和維護就成為問題。但隨著電腦應用水平的提高，有條件的飯店組織人員開發適合自己需要的軟體產品，作為對商品化軟體的補充還是有必要的。商品化通用軟體和專用軟體還將在飯店資訊管理系統中共存，共同成為飯店資訊管理的得力幫手。

六、與飯店自動化設備相結合

總的來說，大多數飯店電腦管理資訊系統，大部分僅是應用在管理方面，與飯店其他的電腦應用系統沒有相互整合，尤其在自動化控制方面與飯店管理資訊系統沒有聯繫或集成，與國外先進國家的飯店管理資訊系統還存在較大的差距，尚待進一步發展。飯店管理資訊系統與飯店自動化設備的結合與集成將是管理資訊系統的一種趨勢。

1. 賓客入住自動登記系統（Automatic Guest Check-in System）

賓客入住自動登記系統有一台刷卡的終端機，飯店賓客抵達飯店只需插入他的信用卡，操作自動登記系統就可完成對客人入住登記手續。在飯店的所有消費也僅需信用卡，在飯店的一切消費資訊均由飯店管理資訊系統統一進行處理。

2. 服務和監控集成化設備

目前飯店客房中有多種界面，如電話、電視、音響、空調等，今後的發展方向是以 HMIS 系統為中心的一個集成化系統：用電話實現客房狀態修改、語音信箱、自動問詢、客房帳務查詢、用電視查閱帳單等等，同時，透過管理資訊系統還可以集成控制電子門鎖、控制空調、燈光、熱水等設備以達到節能的目的，透過自動化設備管理客房小酒吧，實現客人消費的自動記帳和監控，便於服務員及時補充客房中飲料和食品。

3. 客房配備電腦或數字電視設備

客房配備電腦設備或數字設備可以實現賓客自己結帳（Self Check-out）、查詢各種資訊、處理商務或公務等，這是未來商務客房發展的一種趨勢。飯店管理資訊系統與這些客房數字設備和電腦實現聯網，可以控制這些設備的使用情況，客人不但可以利用這些設備瞭解飯店的服務資訊，獲取服務內容，還可以透過遠程網路或 Internet 網路與自己公司總部直接聯繫並處理商務。

另外，飯店管理資訊系統軟體正在向基於 Web 技術的方向發展，使飯店管理資訊系統成為一個開放型的軟體系統，既可以處理飯店內部的資訊，也可以處理飯店外部的資訊。這樣飯店管理資訊系統的現狀，既有 DOS 型的、Windows 型的、傳統型的和基於 Web 型的，也有通用型的、專用型的和集成型的，其發展的趨勢是基於 Web 技術的集成型資訊系統。

七、目前飯店主要系統介紹

下面主要介紹飯店普遍採用的幾種主要系統。

1.ECI（EECO）

系統美國 ECI 電腦公司於 1969 年最早開始研製飯店管理系統——EECO 系統。1970 年，在美國夏威夷的喜來登飯店（Sheraton Hotel）裝設了全世界第一台 EECO 飯店管理系統，經過 20 年發展，到了其鼎盛時期，在全世界有 600 多家用戶。東南亞第一家採用飯店管理系統的是香港美麗華大酒店，其於 1977 年就採用了 EECO 系統。

2.HIS 系統

飯店業資訊系統有限公司（Hotel Information Systems，簡稱 HIS）於 1977 年成立，總部位於美國舊金山市，在香港、新加坡及泰國等地設有分公司，多年來為全球飯店業提供高質量的應用系統及售後服務。目前是美國上市公司 MAI Systems Corporaion 的全資公司，在全世界 80 多個國家擁有 4000 多家用戶。而在香港，採用 HIS 系統的高星級飯店數目約占了 75% 左右。

3.Fidelio 系統

Fidelio 公司於 1987 年 10 月在德國慕尼黑成立。成立四年後即成為歐洲領先的飯店管理軟體產品的供應商，成立六年就躍居世界飯店管理軟體供應商之首。截至 1997 年 7 月 1 日，已經在全球 122 個國家和地區的 6640 家飯店、豪華遊艇和休閒別墅，採用 23 種不同語言，安裝了 25029 套系統。

思考與練習

1. 試敘述管理資訊的主要特徵。
2. 試從飯店經營管理的角度，論述資訊管理的重要意義表現在哪些方面。
3. 試敘述飯店管理資訊系統發展的特點。
4. 請從用戶的角度，畫出飯店管理資訊系統前台部分的功能結構圖。
5. 試敘述基於 Web 的飯店管理資訊系統的功能特點。
6. 寫一篇小論文（2000 字左右），談談你對飯店經營中資訊管理的認識。

第 3 章 飯店資訊管理的電腦系統基礎

▌第一節 電腦的硬體和軟體系統

我們將從用戶的視角出發，以最常見的應用來介紹電腦軟、硬體知識，而不是從二進制開始系統地介紹電腦的工作原理和結構，使飯店管理資訊系統中的任何操作員都能理解硬體和軟體的基本概念。已具有電腦應用初級水平並具有應用經驗的讀者可以跳過這一章的閱讀。

所謂硬體（Hardware），通常是指電腦系統中有形的物理裝置和設備的總稱，而軟體（Software）指的是電腦系統中的各種程序、數據和文件的總稱。硬體和軟體構成一個完整的電腦系統。

常用的電腦硬體如下所述。

一、輸入 / 輸出設備

鍵盤、滑鼠和觸摸屏終端是飯店業資訊系統中最常用的基本輸入設備。顯示器和影印機是最常用的基本輸出設備。

（一）鍵盤

鍵盤（Keyboard）是最常用的輸入設備。普通鍵盤上的鍵可以分成以下四個組域：

1. 功能鍵

功能鍵包括從 F1 到 F12，執行由正在運行的特定的應用軟體定義的指定任務。這些鍵在與不同的應用軟體聯合時執行不同的操作。例如在 Microsoft 的 Word 軟體中 F1 用來獲取幫助資訊。

2. 傳統打字機鍵

這些鍵的正常功能與打字機上的鍵無異，由數字鍵和字母鍵等組成。

3. 光標控制鍵

光標控制鍵是與螢幕顯示相關的一套標有箭頭的鍵。光標（Cursor）是在顯示器上閃爍的一個標記，用於指示下一個鍵入的字符將會出現在哪裡。光標控制鍵上標有箭頭。當其中的一個鍵被按下，光標會沿著鍵上箭頭所指的方向移動。

4. 數字鍵

當數字鎖定鍵（Num Lock）被打開，小鍵盤上的光標控制鍵就轉換成了數字鍵，其功能很像計算器上的鍵。數字小鍵盤並不是必需的，但在飯店管理軟體的使用中，由於需要頻繁地輸入數據，數字小鍵盤還是相當有用的。

（二）觸摸屏終端

觸摸屏終端（Touch-Screen Terminal）是玻璃螢幕上帶有光柵陣列的陰極射線管（CRT）。可以讓用戶免於從鍵盤上輸入命令。觸摸屏終端對那些不能打字或對簡單輸入過程感興趣的人特別有用。因為觸摸屏的使用非常容易，並且可以同時作為輸入和輸出設備，所以在服務業中正越來越普及。很多飯店在大廳中放置觸摸屏系統，供客人查詢飯店服務設施和當地旅遊資訊。觸摸屏還可以作為餐飲服務的點菜設施，以及娛樂服務的卡拉 OK 等點歌設施等。

（三）滑鼠

滑鼠（Mouse）是一個小巧的指向設備，透過一條長線或無線紅外線感應器與電腦相連，可以用來代替鍵盤或與鍵盤聯合作業。透過它用戶可以選擇命令，移動文本和圖標，或進行其他一系列操作。

（四）其他輸入設備

其他輸入設備包括電腦掃描儀和語音識別系統。

掃描器（Scanner）是一種能將頁面文本翻譯成電腦可讀格式的輸入設備，用於將文本和圖形圖像輸入到電腦裡。它將紙上的圖片轉換成電腦能夠識別的數字化資訊。

語音識別系統（Voice Recognition System）能對人聲發出的一套指令作出反應。某些高級飯店的服務可以透過語音來獲得，比如調整客房燈光、溫度等。

（五）顯示器

顯示器（又叫顯示屏或簡稱螢幕）是最常用的輸出設備，用於顯示文本和圖像。顯示器都配備了控制鈕，可以調節亮度和對比度，以獲得最佳視覺效果。目前使用最為廣泛的顯示器為高分辨率的 LCD（液晶）顯示器。LCD由於其輕薄和低輻射等特性，在飯店業中的使用正逐步普及。

（六）影印機

影印機是輸出設備，可以根據它們進行影印的工作方式進行分類：撞針式影印機，例如點陣式和碳粉影印機，採用逐字和逐行方式影印。非撞針式影印機包括熱感、噴墨、雷射影印機等。

二、中央處理器

中央處理器（CPU）一般是電腦系統內部最重要也是最昂貴的部件。它是系統的「大腦」，併負責控制其他所有系統部件。如圖 3-1 所示，CPU 由三部分組成。

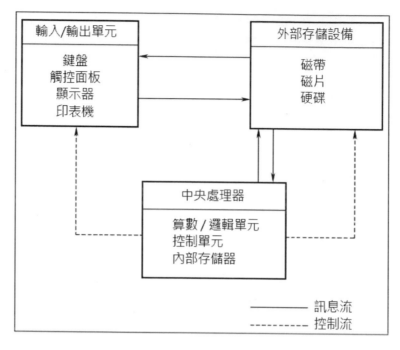

圖 3-1 電腦硬體部分組成

　　第一部分是算術和邏輯單元（ALU），這部分實現數學、分類、排序等各種運算以及處理功能，是 CPU 中的主要部件。

　　第二部分是控制單元，這部分負責決定電腦系統裡的哪一個設備可以和 CPU 通訊。

　　CPU 的第三部分包容了內部（或主要的）存儲器，它由一組特殊的電路組成。其中一部分內部存儲器稱為只讀存儲器（ROM），其內部保存了一段每次電腦開啟時都要使用的固定資訊。另一部分內部存儲器稱為隨機存儲器，可以臨時保存用戶正在處理的程序和數據。

　　目前 CPU 的主流是以 Intel 系列為代表的產品。

　　接下來對不同的內部存儲器進行進一步分類，瞭解存儲器的概念和原理。

三、存儲器

（一）只讀存儲器（ROM）

ROM（也叫 PROM：永久性只讀存儲器）儲藏著電腦製造商輸入的一段固定的控制程序，它也可以存放電腦的操作系統。控制程序包含用來引導電腦系統執行最基礎的事務的指令。例如，控制程序含有將鍵盤輸入轉化成供 CPU 處理的二進制編碼的指令。

電腦內部存儲器的 ROM 區域不需要持續的供電來保存指令或製造商預先置入的控制程序。ROM 也稱為非易失性存儲器，存在 ROM 中的程序不會因為電腦關機或掉電而丟失。

（二）隨機訪問存儲器（RAM）

所有用戶輸入系統的數據將被臨時存放在內部存儲器的 RAM 區域。由於存儲在 RAM 內的數據可以被用戶訪問和修改，所以 RAM 也經常被稱為讀 / 寫（Read/Write）存儲器：用戶既可以從 RAM 「讀」（得到數據），也可以向 RAM 「寫」（存數據）。

由於所有的用戶操作均在 RAM 內進行，因此電腦系統是否擁有足夠數量的 RAM 來滿足用戶需要就很重要。RAM 的大小通常根據 RAM 能夠存儲的兆字節的數量來衡量。例如，一台 256Mb 的機器最多可以存儲 256 兆字節的臨時數據。（256M 大約可以存儲 100 本 100 萬字的中文長篇小說。）

當電腦掉電或被關閉，所有儲存在 RAM 裡的用戶數據會丟失。因為這個原因，RAM 又被稱為易失性存儲器（Volatile Memory）。為了將 RAM 中的數據保存下來以備他日之用，用戶必須讓電腦將其存放在某些外部存儲設備上。

（三）外部存儲設備

外部存儲設備是電腦系統的硬體組成部分，用來保存數據或 CPU 所訪問的程序。數據和程序可以永久地保存在各種外部存儲設備上。

常用的外部存儲設備有磁帶、硬碟、光碟，還有 CD 技術。

四、微型計算器

　　微處理器是一台微機的核心處理單元。賦給微處理器芯片的產品號碼代表了 CPU 的複雜性。微處理器是處理指令和執行系統命令的芯片。中央處理器在能夠處理的資訊量上有所不同。老式微處理器每次處理一個字節的資訊。一個字節是 8 位，即一個字符的資訊量（一個字母或數字）。而有的微處理器設計成每次可以處理兩個字節（16 位）的資訊。一台電腦一次可以處理資訊越多，它的運行速度就越快。

　　8 位、16 位、32 位和 64 位 CPU 的區別就好像 2 車道、4 車道、8 車道和 16 車道高速公路的區別。顯然 16 車道交通容量大、速度快。

　　（一）CPU 速度

　　除了 CPU 的處理容量，速度是另一個重要因素。中央處理器的速度被稱為「時鐘頻率」或「時鐘速度」。時鐘速度以 MHz 或 GHz 來衡量。一個 MHz 相當於每秒一百萬次循環，而 GHz 相當於每秒 10 億次循環。舉個例子，800MHz 的電腦比 1GHz 電腦慢，儘管它們有相同的微處理器。如同 CPU 的處理容量可以和高速公路車道相比，CPU 時鐘速度相當於高速公路上的速度極限。時鐘速度越高，CPU 處理資訊的速度就越快。

　　微機通常情況下以型號或系統內部微處理器的名稱來區分。每一次新型微機推出的時候就意味著微處理器時鐘速度的提高。

　　（二）總線系統

　　電腦內部有信號傳遞的通道。總線系統被定義為傳遞電源、數據、地址和其他信號的電子線路。信號需要從一處傳到另一處，系統總線的體系結構將推動這些運作。

　　電腦內部有三種總線，合在一起形成電腦輸入 / 輸出（I/O）總線系統（BIOS）：一條傳輸數據（數據總線），一條定位操作（地址總線），另一條傳送指令（控制總線）。數據總線是在 CPU、磁碟驅動器、外部設備之間傳輸數據的電路。地址總線用於找尋所需數據的地址，控制總線傳輸對地址和數據的操作指令。假設 CPU 要發出兩條指令，「讀地址為 abc 上的數據」

和「停止讀地址 xyz 上的數據」。「讀數據」和「停止讀數據」這兩條資訊會在控制總線上傳輸。數據的準確位置會透過地址總線找到。所需的數據會透過數據總線送到 CPU。

電腦的 BIOS 很重要，因為它在不同的輸入 / 輸出設備和電腦微處理器之間傳輸信號。BIOS 是外部設備（串行口、並行口或網卡）接入的一個基本平台。PC 機的附件通常都連接到系統的 BIOS。

（三）電腦附件

附件是添加到電腦系統中用來增加存儲容量、改變結構或提升性能的部件或設備。添加附件通常是將一塊電路板插入到電腦裡。在對電腦系統進行擴展之前，用戶必須考慮到電腦供電容量對附件的限制。電源部分負責供給電腦電流。電源功率以瓦來表示。瓦數越高，電腦就可以支持更多的內部附件。

有許多外部設備可以連接到電腦系統或微機上，最流行的附件是擴展內存、內置調製解調器、傳真卡和界面卡。

五、軟體組成

電腦系統的硬體不會自主地去做任何事。硬體部分要工作，必須遵循一套指令。命令電腦系統執行有用的工作的一套指令稱作電腦程序。一套指揮或控制電腦系統硬體部分操作的程序稱為軟體（Software）。軟體程序透過硬體操作指引數據的處理任務。

軟體又可分為系統軟體和應用軟體。系統軟體是指那些管理和支持電腦資源及它的資訊處理活動的程序，這些程序是電腦硬體和應用程序之間重要的軟體界面。系統軟體包括操作系統、安全管理軟體、系統開發程序等等。應用軟體是指綜合用戶資訊處理需求的，直接處理特定應用的程序。比如文字處理軟體、飯店預訂管理軟體等。

系統軟體的一部分稱為操作系統，操作系統（Operating System）是一台電腦最基本也是最重要的軟體包。它管理 CPU 的操作、控制電腦系統的

輸入 / 輸出，存儲資源的分配及一切活動，當電腦執行用戶應用時提供各種
服務。電腦系統若要執行應用軟體程序所產生的指令，必須有操作系統的協
助。操作系統在維持系統優先級的同時也管理電腦的常規操作。操作系統在
最基本的層面上控制電腦如何接受、傳遞和輸出資訊。電腦沒有操作系統就
不能運作。

　　一套電腦系統在運行應用軟體程序且沒有持續的用戶干預時，就必須有
一套控制機制。當用戶發出指令讓電腦將一個程序或數據存到一台外部存儲
設備上時，電腦內部必須有某些變化，這樣輸入的命令就可以成功地啟動一
個正確的操作序列，以存儲程序或數據。類似這樣的常規管理工作也是由電
腦操作系統來執行。

　　最簡單的說法是，操作系統是控制和管理其他程序執行的程序。可以把
操作系統想像成一個繁忙的大城市的交通控制器，透過控制每個街角的信號
燈來控制交通流量。就像交通控制器一樣，操作系統處於電腦活動的中心，
控制從應用軟體程序到各種電腦系統硬體部件的數據和指令流。

　　常見的操作系統類型包括 Windows，UNIX，LINUX 和 DOS。

　　（1）Windows 操作系統。Windows 系列操作系統是微軟公司的產
品，目前在 PC 機的操作系統市場中占據統治地位。其界面是圖形用戶界面
（GUI），具有較好的用戶界面友好性。

　　Windows 系統的一個顯著優點就是多種程序和文件可以被同時打開和
使用。另外，Windows 合併了各個兼容程序的設計標準。用戶只要學習
一個基於 Windows 的應用程序的基礎知識，就能熟悉其他 Windows 應
用程序的基本使用。Windows 有很多個版本，目前使用最廣泛的版本是
Windows 98，Windows 2000，和 Windows XP。

　　（2）磁碟操作系統（DOS）。DOS 是一種早期被廣泛使用的字符界面
的操作系統（Windows 兼容）。要使用 DOS，用戶必須輸入相應的 DOS
命令，DOS 就會一步一步地告訴電腦如何去做。由於 DOS 依賴命令，它被
歸類為字符用戶界面（CUI）的操作系統。舉個例子，在 DOS 下要看一個文

件目錄裡的內容，用戶必須知道「Dir」命令；要將一個文件從一處拷貝到另一處，用戶必須知道「Copy」命令；等等。

(3) UNIX 操作系統。UNIX 是一個強大的多用戶系統，它由三個等級的程序組成：內核、外殼、用戶環境。內核包含基本操作系統。它是最靠近硬體的軟體。內核控制用戶對資源的訪問並維護文件系統。用戶永遠不能直接和內核交互作用。

外殼是用戶最常使用接觸的軟體程序。外殼是用戶和內核之間的通道，它還負責將鍵盤輸入翻譯成內核能理解和執行的語言。外殼還可作為編程語言。

用戶環境由一個文件系統和 UNIX 工具或命令組成。這些命令諸如拷貝和刪除文件、文本編輯、軟體開發，以及駐留在 UNIX 用戶環境內的其他類似命令。和 DOS 一樣，UNIX 是一個 CUI 操作系統。

UNIX 通常用於小型機和服務器等性能較高的電腦系統。

(4) LINUX 操作系統。LINUX 操作系統是一種新型的操作系統，起源於自由軟體運動。和 Windows 的性能基本相當，不同的是其源代碼完全開放，用戶無需擔心其系統中是否有微軟公司留下的不為人知的「後門」。但由於 LINUX 投入商業應用的時間尚短，受制於應用軟體和商業推廣等不足，其在飯店業中的應用還很少。

▌第二節 電腦網路基礎

一、電腦網路概念

網路是多台電腦的一種連接設置，可以使用戶共享數據、程序和設備，並進行多種形式的通信。聯網的電腦可以共享文件和存儲空間，甚至共同運行程序和方便地共享設備。諸如大容量存儲設備和彩色雷射影印機等昂貴的外部設備可以被連接著網路的所有工作站使用。在現代企業中，如果網路癱瘓，那就幾乎意味著企業活動的終止。現代飯店的所有業務和管理活動也依賴於電腦網路的正常運行。

電腦網路從其覆蓋範圍來區分，可以分為廣域網（Wide Area Network）和局域網（Local Area Network）。廣域網通常指的是一些覆蓋範圍極廣的大型公眾網路，比如 Internet。局域網指的是覆蓋範圍有限（比如在一層樓或是一幢建築物之內）的網路。局域網可以是大型廣域網的一個節點。

通常局域網連接的電腦數目有限，網路連接的距離也較短，因此局域網的管理相對比較簡單，並且由於所受干擾小，局域網還具有較高的傳輸速率和較低的誤碼率。而廣域網由於其覆蓋範圍很廣，將遇到噪音干擾和信號衰減等問題，並且廣域網上連接的設備種類很多，所以廣域網的管理難度很高，傳輸速率較低，而誤碼率較高。所幸的是，隨著網路通信技術的飛速進展，DSL、ISDN、光纖等技術的應用，廣域網的通信正從窄頻全面轉向寬頻。

我們在評價一個網路的通信能力時，一般以頻寬來劃分。所謂頻寬也就是網路通道的最大數據傳輸率。數據傳輸率的測試單位是位 / 秒（Bits per Second，bps）。例如一個網路通道的頻寬為 100Mbps，意味著該網路的數據傳輸率理論上最高可以達到 100 兆位 / 秒。

電腦網路的組織結構可以用拓撲結構來描述。即採用幾何學中拓撲的概念，將電腦網路中的具體硬體設備，如服務器、工作站等設備抽象為點，把電纜線等通信線路抽象為線，從拓撲學的觀點研究電腦網路系統，把電腦網路系統的組成變為點與線所組成的幾何圖形，從而把網路系統的具體結構抽象化。目前電腦網路的基本拓撲結構有三種形式：總線結構、星形結構和環形結構，如下圖示意：

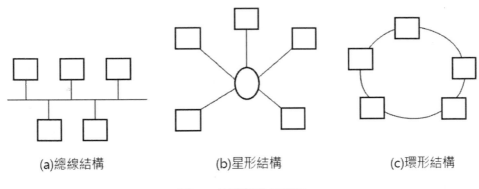

(a)總線結構　　　　　(b)星形結構　　　　　(c)環形結構

圖 3-2 電腦網路拓撲圖

　　3-2（a）總線結構：總線結構是將各節點設備和一根總線相連，網路上所有的工作站都透過總線進行資訊傳輸。在總線上添加工作站非常方便，如果總線上某一節點出現故障，可簡單地把它從總線上斷開而不會影響網路的總體運行。

　　3-2（b）星形結構：星形結構網路的工作站以星形方式連接，以控制整個網路的中央節點為主控電腦。各工作站間相互通信時必須透過中央節點。這種結構的網路具有傳輸速度快、建網簡單、便於控制和管理等優點。但當工作站數量增加時，會加重中央節點的負荷，從而降低系統性能。星形結構為當前組建網路的首選結構類型。

　　3-2（c）環形結構：環形結構是網路中各節點透過一條首尾相連的通信鏈路連接起來的閉合環形結構，是一種閉合的總線結構。這種結構節點與節點之間的通信要透過重發器進行，資訊在環上沿一個方向進行傳遞。環形結構容易實現高速傳遞和傳送的控制，但其缺點是當某一節點發生故障時會影響整個網路的正常工作。

　　在實際的電腦網路系統中，以上三種拓撲結構往往是混合使用的。

二、電腦網路的組成

　　（一）電腦網路硬體組成

電腦網路透過網路連接設備和通信線路實現物理上的連接。網路組成硬體包括服務器、工作站、網卡、通信介質、網路通信設備以及共享影印機等其他設備。

網路服務器是網路控制的核心，對它的性能要求很高，一般由高檔微機或是更高級別的小型機擔當。網路服務器為整個網路提供服務，其主要功能有：運行網路操作系統；為工作站提供應用程序服務；存儲和管理網路中的共享資源；管理網路中的通信請求；監控網路中各工作站的情況。

網路工作站是用戶的工作平台，一般指用戶直接使用的電腦，它是網路上的一個節點。用戶既可以在工作站上以單機方式工作，也可以訪問網路服務器上的資源，使用網路設備（如網路影印機），或是和其他工作站一起以協作方式工作。

網路通信設備是指網路中用於管理數據通信交換的設備，如交換機和路由器可以引導資訊在網路的不同區域之間進行傳遞。網關為兩個不兼容的網路提供了通訊的手段。網關的作用是將發送端電腦的請求轉換成接收方的電腦可以理解的格式。

通信介質是通信網路中發送方和接收方之間的物理通路。電腦網路採用的傳輸媒體可以分為有線和無線兩大類。雙絞線和光纖是常用的兩種有線傳輸媒體。衛星通信、紅外通信、雷射通信以及微波通信都屬於無線傳輸媒體。

雙絞線是最常用的網路連接線，由螺旋狀扭在一起的兩根絕緣導線組成，是一種較為便宜的信號傳輸介質，普遍用於近距離的連接，速度可達100Mbps（指 5 類雙絞線）。用雙絞線來連接傳輸範圍有限的局域網（一般雙絞線直接傳輸距離為 100 米），是一種性能價格比較高並被普遍採用的方案。

光纖是光導纖維的簡稱，它由能傳導光波的石英玻璃纖維外加保護層構成。光纖的數據傳輸率可達幾千 Mbps，傳輸距離達幾十公里。光纖通信具有損耗低、數據傳輸率高、抗電磁干擾、重量輕等優點。因此非常適合構建

高性能、高流量的局域網。光纖也常用於長距離的骨幹網的連接。其缺點是技術較複雜，成本比雙絞線要高。

一般說來，無線傳輸方式雖然最為方便，但是不如有線傳輸方式那樣穩定和安全，以目前的技術，在傳輸速率上也無法與有線方式匹敵。不過，作為現代網路通信發展最快的技術之一，無線傳輸的發展可以用日新月異來形容，在很多方面已經達到了商用的要求，今後的網路要支持移動通信、移動辦公，必須借助於無線傳輸技術。

目前多數飯店企業的局域網配置成客戶機／服務器（C/S）的模式。客戶機／服務器模式將一台強大的電腦（文件服務器或僅僅是服務器）和幾台（少數的，幾十台甚至上百台）其他相對處理能力較弱的電腦（客戶機）相連。客戶機可以訪問裝在服務器上的各種程序，並利用服務器的處理能力，使得任務處理比單機操作時更快更有效。

客戶機／服務器的一個好處是服務器可以同時處理多個客戶的請求。客戶機／服務器網路透過通訊管理（E-mail）和提供網路管理（監視和安全）增強系統性能。客戶機／服務器軟體的例子有 Microsoft Windows NT/XP 和 Novell Netware。

飯店企業使用何種技術和介質來構建網路，對網路的性能和今後發展的影響相當關鍵。常用的有線網路通常是使用雙絞線或是光纖，也有一些飯店企業在一些特殊場合使用無線方式聯網，比如服務員用紅外線的手持設備在露天餐館為顧客服務。另外一個例子是有些飯店為給客人提供上網環境，在飯店內部安裝無線接入設備，這樣，顧客的電腦上只要有無線網卡就能隨時接入 Internet 了。但就總體而言，無線聯網方式目前還只是有線聯網方式的補充。多數飯店企業的電腦網路是客戶機／服務器模式的有線網路。

（二）電腦網路軟體組成

構建電腦網路還需要網路軟體的支持，網路軟體主要用於合理地調度、分配和控制網路系統資源，並採取一系列的保密安全措施，保障系統的安全和穩定。它包括網路操作系統、網路協議和通信軟體、網路應用軟體。

　　網路操作系統是電腦網路的核心部分，負責管理網路用戶、網路資源和網路通信，網路操作系統的主要部分安裝在服務器上。我們目前常用的網路操作系統是微軟的 Windows XP 和 Windows 2000 系列、UNIX、LINUX以及 Novell 公司的 Netware 等。

　　一般我們在使用網路時，還要指定運行網路必須遵循的網路協議。協議（Protocol）是兩台電腦之間進行通信必須遵循的一組規則。目前電腦業界事實上的協議標準是 TCP/IP。TCP/IP 是傳輸控制協議／互聯網協議（Transmission Control Protocol/ Internet Protocol）的縮寫，它既可用於廣域網，也可用於局域網。從小型的企業內部網一直到互聯網，一般都遵循 TCP/IP 進行網路通信。

　　TCP/IP 協議起源於美國國防高級研究計劃局。提供可靠數據傳輸的協議稱為傳輸控制協議 TCP，好比貨物裝箱單，保證數據在傳輸過程中不會丟失；提供無縫連接數據報送服務的協議稱為網路協議 IP，好比收發貨人的地址和姓名，保證數據到達指定的地點。TCP/IP 協議是互聯網上廣泛使用的一種協議，使用 TCP/IP 協議的因特網等網路提供的主要服務有：電子郵件、文件傳送、遠程登錄、網路文件系統、電視會議系統和萬維網。它是 Interent 的基礎，它提供了在廣域網內的路由功能，而且使 Internet 上的不同主機可以互聯。從概念上，它可以映射到四層：網路界面層，這一層負責在線路上傳輸幀並從線路上接收幀；Internet 層，這一層中包括了 IP 協議，IP 協議生成 Internet 數據包，進行必要的路由算法，IP 協議實際上可以分為四部分：ARP、ICMP、IGMP 和 IP；再上向就是傳輸層，這一層負責管理電腦間的會話，這一層包括兩個協議 TCP 和 UDP，由應用程序的要求不同可以使用不同的協議進行通信；最後一層是應用層，就是我們熟悉的 FTP、DNS、TELNET 等。熟悉 TCP/IP 是熟悉 Internet 的必由之路。

　　(1) FTP（File Transfer Protocol）文件傳輸協議：它是一個標準協議，是在電腦和網路之間交換文件的最簡單的方法。像傳送可顯示文件的 HTTP 和電子郵件的 SMTP 一樣，FTP 也是應用 TCP/IP 協議的應用協議標準。FTP 通常用於將網頁從創作者上傳到服務器上供人使用，而從服

務器上下載文件也是一種非常普遍的使用方式。作為用戶，您可以用非常簡單的 DOS 界面來使用 FTP，也可以使用由第三方提供的圖形界面的 FTP 軟體（如 LeapFTP，網路螞蟻等）來更新（刪除，重命名，移動和複製）服務器上的文件。現在有許多服務器支持匿名登錄，允許用戶使用 FTP 和 ANONYMOUS 作為用戶名進行登錄，通常可使用任何密碼或只按回車鍵。

(2) HTTP（Hypertext Transfer Protocol）超文本傳輸協議：它是用來在 Internet 上傳送超文本的傳送協議。它是運行在 TCP/IP 協議族之上的 HTTP 應用協議，它可以使瀏覽器更加高效，使網路傳輸減少。所謂超文本（Hypertext）是指除了文本之外還包括圖像、語音、動畫、影像等多媒體元素的頁面。通常我們上網時瀏覽的網頁都是超文本，需要用瀏覽器軟體（如 IE）來打開。任何服務器除了包括 HTML 文件以外，還有一個 HTTP 駐留程序，用於響應用戶請求。您的瀏覽器是 HTTP 客戶，向服務器發送請求，當瀏覽器中輸入了一個開始文件或點擊了一個超級鏈接時，瀏覽器就向服務器發送了 HTTP 請求，此請求被送往由 IP 地址指定的 URL。駐留程序接收到請求，在進行必要的操作後回送所要求的文件。

(3) SMTP（Simple Mail Transfer Protocol）簡單郵件傳送協議：它是用來發送電子郵件的 TCP/IP 協議。它的內容由 IETF 的 RFC 821 定義。另外一個和 SMTP 相同功能的協議是 X.400。SMTP 的一個重要特點是它能夠在傳送中接力傳送郵件，傳送服務提供了進程間通信環境（IPCE），此環境可以包括一個網路，幾個網路或一個網路的子網。理解到傳送系統（或 IPCE）不是一對一的是很重要的。進程可能直接和其他進程透過已知的 IPCE 通信。郵件是一個應用程序或進程間通信。郵件可以透過連接在不同 IPCE 上的進程跨網路進行郵件傳送。更特別的是，郵件可以透過不同網路上的主機接力式傳送。

(4) POP（Post Office Protocol）郵局協議：它用於電子郵件的接收，使用 TCP 的 110 端口。現在常用的是第三版，簡稱為 POP3。POP3 仍採用 Client/Sever 工作模式。當客戶機需要服務時，客戶端的軟體將與 POP3 服務器建立 TCP 聯繫，經過用戶身份認證後，用戶可收發郵件或刪除郵件。

　　（5）IMAP4（Internet Mail Access Protocol Version 4）Internet 郵件訪問協議-版本 4：它是用於從本地服務器上訪問電子郵件的標準協議，它是一個 C/S 模型協議，用戶的電子郵件由服務器負責接收保存。IMAP4 改進了 POP3 的不足，用戶可以透過瀏覽信件頭來決定是不是要下載此資訊，還可以在服務器上創建或更改文件夾或郵箱，刪除信件或檢索信件的特定部分。在用戶訪問電子郵件時，IMAP4 需要持續訪問服務器。在 POP3 中，信件是保存在服務器上的，當用戶閱讀信件時，所有內容都會被立刻下載到用戶的機器上。我們有時可以把 IMAP4 看成是一個遠程文件服務器，把 POP3 可以看成是一個存儲轉發服務。

三、網路管理簡介

　　（一）網路管理

　　網路管理是對網路上的通信設備及傳輸系統進行有效的監視、控制、診斷和測試所採用的技術和方法。

　　ISO 在 ISO/IEC 7498-4 文檔中定義了網路管理的五大功能，並被廣泛接受。這五大功能是：

　　1. 故障管理（Fault Management）

　　故障管理是網路管理中最基本的功能之一。用戶都希望有一個可靠的電腦網路，當網路中某個部件出現問題時，網路管理員必須迅速找到故障並及時排除。

　　2. 計費管理

　　用來記錄網路資源的使用，目的是控制和檢測網路操作的費用和代價，它對一些公共商業網路尤為重要。

　　3. 配置管理

　　配置管理同樣重要，它負責初始化網路並配置網路，以使其提供網路服務。

4. 性能管理

不言而喻，性能管理評估系統資源的運行情況及通信效率情況。

5. 安全管理

安全性一直是網路的薄弱環節之一，而用戶對網路安全的要求又相當高。

（二）網路駭客與病毒

隨著人們對電腦網路的依賴日益加深，網路是否安全可靠對一個飯店企業越來越重要。而電腦網路聯結形式的多樣性、技術的開放性和網路的互連性等特徵，致使網路易受駭客和病毒的攻擊。現代飯店的經營必然要求飯店內部網路與公眾網路之間保持通暢的連接，而由此也導致了眾多的網路安全隱患：

● TCP/IP 設計的基本要求是雙向傳輸，即凡是你能訪問的站點，對方也能訪問你的站點。

● 現實網路中存在許多隱含的連接。

● 在網路世界中，每台電腦也有身份證──網路地址，它是電腦的唯一標識。目前的 TCP/IP 設計和實現中，網路地址是可以隨意改變的。

駭客和網路病毒可以利用的攻擊手段有：

● 利用現成的駭客軟體進行攻擊。

● 利用系統探測程序進行掃描，獲取系統的資訊，查找已知的漏洞，進行有針對的攻擊。

● 根據一些原理上的漏洞進行攻擊。

「駭客」是來源於英文「Hacker」的譯音。Hacker 的原意是指用來形容獨立思考，然而卻奉公守法的電腦迷以及熱衷於設計和編制電腦程序的程序設計者和編程人員。然而，隨著社會發展和技術的進步，「Hacker」的定義有了新的演繹，即出現了一類專門利用電腦犯罪的人，即憑藉其掌握的電

腦技術專門破壞電腦系統和網路系統，竊取政治、軍事、商業祕密，或者轉移資金帳戶，竊取金錢，以及不露聲色地捉弄他人，祕密進行電腦犯罪的人。

病毒：電腦病毒是由人工編制的、有著特定功能的電腦程序，像我們熟悉的 Word，Excel 一樣，只能執行編制者為它規定好的功能。但是它又和正常的程序文件有著本質的區別，它不能堂而皇之地存在您的電腦裡，它必須找一個合法的程序，然後寄生在這個合法的程序裡面以達到不被人發現的目的。

病毒的種類有很多種，常見的有：

（1）系統型病毒；（2）文件型病毒；（3）複合型病毒；（4）覆蓋型病毒；（5）直接感染型病毒；（6）常駐型病毒；（7）隱形病毒；（8）變形病毒；（9）網路型病毒；（10）宏病毒。

病毒具有很強的傳染性，當電腦病毒成功地寄生到一個合法的程序之後，這個合法程序就變成一個帶有病毒的程序，也可以說這個程序被病毒感染了。每次運行這個程序，病毒也同時得到了運行的機會，它就開始傳播和滲透。病毒還具有很強的隱蔽性以躲過殺毒軟體的搜索。最關鍵的是多數病毒具有強烈的破壞性，一些良性病毒還只是出點圖像，放一段怪聲什麼的；惡性病毒可就不同了，它會刪除電腦上的文件，破壞數據，格式化硬體，甚至毀壞硬體，造成網路癱瘓。

（三）網路安全管理

在構建網路時，飯店必須有自己的網路安全方案以及數據安全方案，以保護自身網路的安全和業務的正常進行，並保護企業的敏感數據。

常用飯店網路安全的保護措施有：

（1）將飯店內所有的電子郵件、資訊資料及因特網網址分成不同的級別，為不同級別設立不同的密碼，供不同級別的人使用。

（2）飯店資訊網設立防火牆，並在飯店網上將本飯店內部軟體加上層層保護，駭客即使進入網路，也必須透過各種保護關卡，才能接觸到最高密級資料。

（3）飯店應和網路供應商簽訂保密合約，保證供應商不得以工作之便進入飯店資訊網站探尋機密資料，飯店內部機密資料只有飯店內部相關人員才可以接觸到。

（4）飯店若有高級主管離職，則其因特網路地址及密碼應迅速更換，防止公司產銷機密及各種重要資料外洩，造成企業損失。

（5）在飯店與員工的聘用合約中，簽署員工離職後不得入侵原飯店網路的規定，若違約將負責高額民事損害賠償金。

針對電腦網路中潛在的不安全因素，防範非法入侵的方法是有效地管理網路資源（服務器、工作站、調製解調器、操作系統、應用軟體和傳輸介質等），嚴格控制用戶的權限和級別。此外，設置密碼、IC 卡、防火牆、虛擬專用網和防病毒等，也都是有效的防範措施。同時，要管理好企業內部的員工，讓員工有網路安全的意識，這樣員工的密碼就不會輕易地讓外人知道。同時要根據需要經常更換密碼。

其中，透過網路管理軟體和網路安全防護軟體為企業資訊安全構築屏障是最常見的做法。多數飯店會為自身的網路安裝防火牆（Firewall）。防火牆是採用綜合的網路技術設置在被保護網路和外部網路之間的一道屏障，用以分隔被保護網路與外部網路系統，防止發生不可預測的、具有潛在破壞性的侵入。它是不同網路或網路安全域之間資訊的唯一出入口，就像在兩個網路之間設置了一道關卡，能根據企業的安全政策控制出入網路的資訊流，防止非法資訊流入被保護的網路內，且本身具有較強的抗攻擊能力。它是提供資訊安全服務，實現網路和資訊安全的基礎設施。

設計防火牆的措施應滿足以下基本原則：

● 防火牆必須控制流入或流出的數據流。

● 防火牆只能允許本網路安全政策認可的數據流透過，並且拒絕模糊數據透過。

● 過濾非法用戶和訪問特殊站點。

● 使用目前新的資訊安全技術，比如現代密碼技術。

● 人機界面良好，用戶配置使用方便，易管理。

● 具有很強的抗攻擊能力，並且強化記錄、審計和告警能力。

（四） Internet 硬體組成

Internet 是各種網路的巨大集合。在 Internet 上傳輸的數據在到達最終目的地前也許會在各種層次的網路、電腦和通訊線路之間傳送。Internet 上特殊的硬體部分是為了在網路之間以無縫的方式移動數據而設計的。諸如網橋、網關和路由器之類的設備對 Internet 的有效運作是最基本的。

網橋（Bridge）連接兩個或多個使用相同數據傳輸協議（相同地址格式）的網路。網橋使連在上面的網路像一個單個的網路那樣運作。網橋的作用是擴展網路容量和隔離網路流量。

網關為兩個不兼容的網路提供了通訊的手段。網關的作用是將發送端電腦的請求轉換成接收方的電腦可以理解的格式。

Internet 的主機與路由器（Routers）相連，路由器引導資訊在 Internet 的不同區域之間進行傳遞。路由器負責解釋數據包（在 Internet 上傳送的一組數據）裡的協議並在發送和接收協議之間進行翻譯。所以路由器可以用來連接使用不同協議的網路。

在一個公司內僅限於公司員工使用的 Internet 技術稱為內部網（Intranet）。許多公司在內部網上建立了防火牆。防火牆是硬體和軟體的結合，它只允許有明確目的的授權用戶訪問企業內部網。員工可以使用公司的內部網訪問 Internet 資源，而防火牆可以阻止 Internet 上的用戶交互訪問內部網。

第三節 數據資源管理技術

在資訊技術的定義中，並不是用數字表示的內容才叫做數據。對企業來說，數據可以是財務報表、宣傳文檔、顧客需求調查表、產品圖片，甚至是影像資料。較為學術的定義是這樣的：數據（Data）是一組表示數量、行動和目標的非隨機的可鑒別的符號。數據是管理資訊系統的原料，而資訊則是產品。資訊（Information）是加工後的數據，對接受者的決策具有價值。

在現代企業中，資訊與人力、財力、物力、技術和機器一樣，成為企業的一種基本資源，應該和資金等資源放在同樣重要的位置上進行管理。在全球化、資訊化社會的競爭中，企業如果缺乏高質量資訊的支持則必敗無疑。企業決策資訊的來源就是數據資源。現代管理資訊系統的核心技術就是數據資源管理技術。

一、資料庫技術簡介

在資料庫技術誕生以前，主要是透過人工管理和文件系統管理來實現數據管理，即實現對數據的分類、組織、編碼、存儲、檢索和維護。這些方法的缺點在於：

（1）數據共享性差，數據冗餘度大。當不同的應用程序所需要的數據有的部分相同時，也必須建立各自的文件，而不能共享相同的數據。因此數據冗餘度大，浪費存儲空間，並且由於相同數據的重複存儲和各自管理，給數據的維護和修改帶來了困難，容易造成數據的不一致性。

（2）數據獨立性差。原有程序中數據的結構很難改變，因此，要想對現有的數據再增加一些新的應用是很困難的，系統不容易擴充。

從 20 世紀 60 年代開始，由於電腦處理能力的加強和數據處理越來越朝海量化發展，一種新的數據管理技術——資料庫技術誕生了。與原有的管理方式相比，資料庫技術具有如下優點：

（1）數據高度結構化。資料庫不僅要描述清楚數據的類型、長度等特徵，還要描述數據之間的聯繫。

（2）數據共享性高、冗餘度小、易擴充。資料庫中的數據面向系統，是有結構的數據，不僅可以被多個應用程序共享使用，還容易增加新的應用。當應用需求改變或增加時，只要重新選取整體數據的不同子集，便可以滿足新的要求。例如飯店管理資料庫中，如要查詢男賓，只需在賓客資料庫中選取男賓的子集即可。

（3）數據獨立性高。數據獨立是指用戶的應用程序與資料庫是相互獨立的，數據在磁碟上的存儲是由資料庫管理系統管理的，用戶不必考慮數據的存取路徑等細節，從而簡化了應用程序的編制。

（4）統一的數據管理和控制。資料庫技術，尤其是網路資料庫技術，支持多用戶、多應用對資料庫的共享，在飯店管理資訊系統中普遍得到應用。透過統一的數據管理和控制實現數據的安全性保護、並發控制等。

資料庫、資料庫管理系統和資料庫系統是與資料庫技術密切相關的三個基本概念。

資料庫（Database，DB），是長期儲存在電腦內的、有組織的、可共享的數據集合。資料庫中的數據按一定的數據模型（如關係模型）組織、描述和儲存。

資料庫管理系統（Database Management System，DBMS）是一組電腦程序軟體包，控制資料庫的生成、維護和使用。

資料庫系統（Database System，DBS）是包括資料庫、資料庫管理系統、資料庫管理員、用戶等元素在內的人機系統。

資料庫組織的結構叫做資料庫模型。目前最成熟、應用最為廣泛的是關係模型。基本上所有的商用資料庫產品都是關係型資料庫，如 SQL Server，Oracle，DB2，FoxPro，Sybase 等。關係型資料庫的特點是用人們最熟悉的表格數據形式來描述數據記錄之間的聯繫，它是以數學中的關係理論為基礎的。

一般在關係型資料庫中，數據是按照下列層次進行組織的：

（1）數據項。數據項是組成資料庫的有意義的最小基本單位。其作用是描述一個數據處理對象的某個屬性。如飯店管理資料庫中，要處理賓客資訊，則需要設置數據項分別描述姓名、性別等特徵。

（2）記錄。與數據處理的某一對象相關的所有數據項構成該對象的一條記錄。若描述的對像是一位賓客，則描述該賓客的姓名、性別、賓客號、房號等數據項就構成了一條記錄。一條記錄對應於現實世界中的一個對象。如飯店賓客資料庫中的第 11 條記錄對應於賓客「張三」，第 12 條記錄對應於賓客「李四」。可以將該記錄與其他記錄區分開來的數據項稱為關鍵字。通常把唯一地標示一條記錄的關鍵字稱為主關鍵字。例如飯店賓客資料庫中，賓客姓名可以作為關鍵字，但為了防止同名現象，透過系統分配一個唯一的賓客號（作用類似於學號）來作為主關鍵字加以識別。用戶可以透過關鍵字來查詢資料庫。

（3）文件。相關記錄的集合稱為文件。如學生資料庫中，有 30 條記錄對應於某班的 30 個學生，這 30 條記錄組成一個文件。在某些資料庫文檔中，也常常把文件稱為「表」。

（4）資料庫。按一定方式組織起來的邏輯相關的文件集合形成資料庫。例如在飯店管理系統中，賓客數據文件、客房數據文件、預訂情況文件等相關文件一起構成飯店管理資料庫。

二、資料庫管理系統簡介

資料庫管理系統是資料庫系統的核心，用於實現對數據的有效組織、管理和存取。具有如下幾個方面的基本功能：

（1）資料庫定義功能：用於描述資料庫的結構，這些定義存儲在數據字典中。

（2）數據存取功能：提供用戶對數據的操作功能。實現對資料庫數據的檢索、插入、修改和刪除。

（3）資料庫運行管理：實現資料庫的運行控制和管理。包括多用戶環境下的並發控制和死鎖防止、安全性檢查和執行、日誌管理等。

（4）數據組織、存儲和管理功能：要分類組織、存儲和管理各類數據，要確定以何種文件結構存儲和管理數據，如何實現數據間的聯繫。其基本目標是提高存儲空間利用率和方便存取，提供多種存取方法，提高存取效率。

（5）資料庫的建立和維護功能：包括資料庫的初始建立以及後續的維護。比如數據類型的轉換、資料庫的重組織、數據導入與導出以及資料庫的性能檢測分析等功能。

（6）其他功能：包括資料庫與其他軟體的界面功能，或是 DBMS 格式轉換等功能。

目前，在飯店業流行的資料庫管理系統絕大多數是關係型資料庫管理系統，一般可以分為下列幾類應用系統：

（1）以 PC 機、微型機系統為運行環境的資料庫管理系統。代表性產品為 Foxpro，由於這類產品主要作為支持一般事務處理（如小型飯店的倉庫管理）所需的資料庫環境，強調使用的方便和操作的簡便，對數據安全和資料庫性能的要求並不很高，因此被稱為桌面型資料庫管理系統。

（2）主流資料庫管理系統。這類系統具有更大的數據存儲和管理能力，提供比桌面型系統更全面的數據保護和恢復功能，能夠為企業級的業務提供全面而可靠的支持。代表性產品有 Oracle 公司的 Oracle 資料庫，IBM 公司的 DB2 資料庫，Sybase 公司的 Sybase 資料庫等。這些資料庫普遍支持高性能的海量數據處理，支持多用戶、多進程的並發處理，支持網路化應用，並提供一系列的開發和管理，能夠為大型飯店或飯店集團企業的商務活動提供解決方案。

（3）第三類是以 Microsoft SQL Server 為代表的介於以上兩類之間的資料庫管理系統。其性能、產品價格和應用範圍都介於以上兩類之間，適合大中型飯店的使用。

三、結構化查詢語言 SQL

SQL（Structured Query Language）稱為結構化查詢語言。是各種資料庫的國際化共同語言，學會使用 SQL，就可以操作大部分的資料庫產品，如 Oracle、DB2、FoxPro 等。SQL 是一種綜合的、通用的、功能極強又簡捷易學的語言。

SQL 語言集數據查詢（Data Query）、數據操縱（Data Manipulating）、數據定義（Data Definition）和數據控制（Data Control）功能於一體，語法較為簡單。

例如：建立一張「僱員」表，它由僱員號 empno、姓名 empname、性別 sex、年齡 age、部門 dep 等 5 個屬性組成，用 SQL 語言建立如下：

CREATE TABLE employee

（empno CHAR（5）；

empname CHAR（20）；

sex CHAR（1）；

age INT；

dep CHAR（15）；）

四、數據資源安全管理

企業數據資源的安全問題再怎樣強調都不過分。數據安全受到威脅，將導致企業的業務流程癱瘓、客戶資料丟失、商業機密失竊等嚴重問題。企業的數據安全受到多方面的威脅，不僅要避免因系統出錯和誤操作導致的數據損壞，還要防止病毒的攻擊、未經授權的訪問和惡意破壞。我們應該把飯店數據資源的安全防護視為一個系統問題，不僅需要在技術層面上進行安全防護，還要透過謹慎的授權、安全制度和安全教育等管理方式為飯店數據資源提供全方位的保護。

在飯店管理資訊系統中，系統數據資源的安全主要涉及系統設備的安全、軟體運行的安全和系統數據的安全。一個完整的飯店管理資訊系統由電腦網路設備、應用軟體、數據資源和運行環境組成，這些組成因素影響著系統數據資源的安全性，主要表現如下。

（1）設備的偶然故障和系統故障。

（2）設備的失竊和人為損壞。

（3）操作失誤。

（4）設備運行條件的影響。

（5）數據保存條件。

（6）軟體自身的缺陷。

（7）電腦病毒。

（8）非法訪問和被盜版。

（9）管理制度不健全和工作人員素質因素等。

（一）層面上的安全管理

在飯店管理資訊系統中，通常在這樣幾個層次上採取安全防護措施：

第一，物理層。電腦系統所位於的節點必須在物理上受到保護，以防止入侵者潛入。例如某證券公司內部網的網路界面位於窗戶邊，後被犯罪分子利用接入到內部網路修改帳號，轉移資金，導致了巨大損失。這就是網路在物理層上防護出現漏洞的案例。

第二，人員層。企業應透過給不同級別的用戶授予不同的權限來控制非授權的訪問。例如，在飯店管理系統中，總台的工作人員可以修改入住賓客的姓名、折扣額度，客房工作人員則只能查詢而不能修改。總經理和人力資源部可以查詢員工工資資訊，而其他員工無權訪問。現代資料庫技術的權限管理功能已經比較完備，企業完全可以也應該創建一個合理、細緻的權限分配和管理方案。

　　第三，操作系統層。不管資料庫系統多安全，操作系統安全性方面的弱點總是可以成為對資料庫進行未經授權訪問的一種手段。

　　第四，網路層。幾乎所有的企業級的資料庫系統都透過網路進行運作，越來越多的企業將其業務流程構建在 Internet 之上。因此在網路層次上保護數據資源就越來越重要了。非法用戶可能透過網路進入系統，也可能在數據傳輸途中截取數據包。

　　第五，資料庫系統層。像 Oracle 這樣的資料庫產品在資料庫層次還提供了多種數據安全防護措施，可以防止未經授權的訪問。

　　（二）設備的安全管理

　　飯店管理資訊系統是一個網路資訊系統，其處理的數據資訊都存放在主機（或服務器）存儲設備中，主機是整個管理資訊系統的主要設備，設備的安全管理大部分是指服務器主機。

　　1. 設備運行的安全條件

　　　設備安放的場地應是一個安全的場地（指主機電腦房）。

　　　要防火、防潮、防磁、防有毒氣體、防震、防強噪聲等。

　　　設備放置應有足夠的空間，便於安裝、調試和維修。

　　　無關人員或飯店外的人員一般不準進入主機房。

　　　避開強電場、強磁場（如大電動機工作範圍），以免影響主機工作。

　　2. 數據介質的保存條件

　　　數據磁介質要專人管理，防潮、防磁、防壓。

　　　光介質保存要防火、防壓等。

　　　定期做好數據備份和數據分檔管理工作。

　　3. 選擇和安裝可靠的軟體

　● 選擇和安裝可靠的操作系統和資料庫管理系統。

● 設計和選擇可靠的應用程序。

● 加強軟體的安全管理。

● 重視軟體安全保護技術和方法的研究。

● 加強軟體的版權保護。

另外，建立一整套設備運行的管理制度，也是設備運行安全管理的主要內容。

（三）數據資源安全管理

飯店管理資訊系統中的數據需要安全保護，防止未授權訪問、惡意破壞或修改，避免由於意外破壞數據產生數據的不一致性，從而影響飯店的正常經營。資訊系統中數據資源惡意訪問的形式主要有以下幾種：（1）未經授權讀取系統中的數據。（2）未經授權修改系統中的數據。（3）未經授權刪除系統中的數據。

在飯店管理資訊系統中，存儲有客戶資料的資訊、有員工的工資資訊、有很重要的財務和帳務資訊，這些資訊對非法用戶來說都是感興趣的。如果這些數據產生丟失或破壞，不管是偶然的還是故意的，都會嚴重破壞飯店經營的運作能力。

防止外部攻擊系統的資料庫，需要從網路的角度和操作系統的角度去加以防範，提高網路的管理水平和加強操作系統的安全性能。防止內部的攻擊和破壞，主要採用權限和授權，根據數據的應用層次，採用不同形式的訪問權限，並記錄每個操作的用戶名、操作的時間、操作的內容，並記入日誌文檔。如 Read 權限，允許讀數據，但不允許修改數據；Insert 權限，允許插入數據，但不允許修改已存在的數據；Update 權限，允許修改數據，但不允許刪除數據；Delete 權限，允許刪除數據等。

飯店管理資訊系統的安全管理問題涉及面很廣，需要飯店主要領導親自過問和慎重考慮。飯店應遵照國家有關法規，以行政制度為手段，組織各部門相關人員與資訊主管部門一起開展各項安全活動，防止內部人員或外部人

員利用非法的手段竊取、破壞、修改或泄漏管理資訊系統中傳輸的重要資訊，減少因管理不當而給資訊系統安全所造成的威脅，保證飯店管理資訊系統的正常運行。

思考與練習

1. 電腦有哪些常用的輸入 / 輸出設備，舉例說明這些設備在飯店中的應用。

2. 電腦網路有哪些類型？簡述 LAN 和 WAN 的概念。

3. 什麼是網路通信協議？協議有什麼作用？現在 Internet 事實上的標準協議是什麼？

4. 為什麼網路容易受到攻擊？常用的網路安全防護措施是什麼？

5. 資料庫技術管理數據資源有什麼優點？

6. 可以從哪些層面上構築企業的數據資源安全防護體系？

第 4 章 飯店資訊流程及其管理

第一節 飯店賓客資訊流程及其管理

　　飯店是為社會賓客服務的企業。從飯店與客人發生聯繫開始，經抵達接待、問詢服務、提供消費設施項目，到離店結帳，構成了客人在店的一個完整服務過程。而飯店針對客人的這個過程，必須建立一套面向客人的服務流程，以達到完善對客服務、嚴格內部管理的目的。透過對服務流程的詳細分析，再利用電腦的快速工具和網路環境，實現對客服務的完全資訊化和網路化。

　　面向客人的服務規範每家飯店各不相同，內部管理也千差萬別，但其資訊的流向和規程基本一致，都要經過以下循環（如圖 4-1）。

一、預訂階段

　　預訂客人透過各種方式（信函、電話、傳真、電傳、電子郵件、專用預訂網等）向飯店預訂中心進行預訂，即與飯店發生了聯繫，飯店需要把客人的基本資訊，如客人的姓名、性別、人數、需要的房型、房價、付款方式、房間數、抵達的時間、停留的天數、聯繫人、聯繫方式、特殊需求等記錄下來。一旦飯店可以滿足客人的需要，就接受客人的預訂，否則婉言拒絕或另外幫助介紹其他飯店。

　　對保證類的預訂（即客人以指定方式預付了定金）需要預先建立客人帳戶，同時進行預分房。非保證性預訂（臨時預訂、確認預訂）可預先分房，也可不做這一工作，因為做好了預分房時，一旦預訂取消，會增加預訂工作處理的複雜度。

　　對各種預訂種類、每天的總體預訂情況飯店需要進行統計，使得飯店各級管理人員可以瞭解當天或未來幾天內的客源情況，以便對工作進行安排和調整，同時對即將到店的 VIP（Very Important Person）客人進行重點準備。同時產生各類預訂分析報表，供銷售部作為基礎資訊彙總使用。

　　預訂階段是飯店經營中資訊收集的主要口子，必須把握以下兩方面要點：

1. 預訂必須全面把握客人資訊

　　從各個飯店的預訂單來看，相應的項目都比較少，只有前述客人基本資訊的一部分，並且也不是每一項都必須記錄下來；相應地，境外的飯店則對預訂資訊予以了充分的重視，不僅含有上述全部內容，還增加了 VIP 級別，抵離航班，需否飯店班車接送等，同時強調每一項在能填寫的情況下，必須填入。這就對預訂員提出了更高的要求，在與客人的簡潔交流中，要禮貌、迅速、準確地獲得相關資訊，為飯店經營獲取客源資訊提供更大的資訊支持。

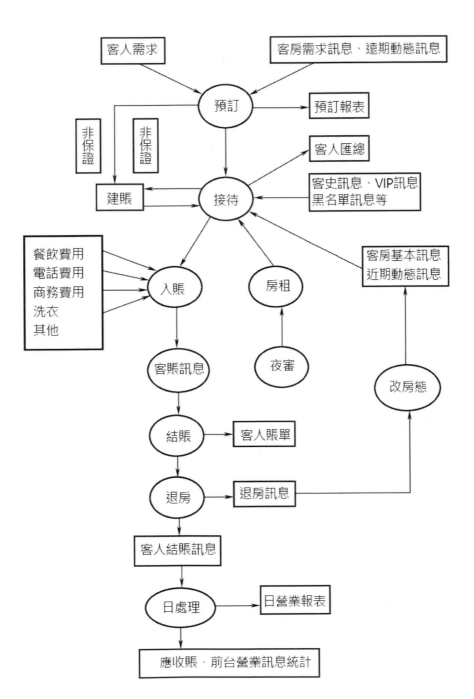

圖 4-1 資訊流向循環圖

2. 預訂需要準確的客房資訊

客人預訂的目的是要預先訂好飯店的客房，而飯店則要根據客人的預訂需求檢查特定時間是否存在相應的客房，這就需要客房的基本資訊及遠期動態資訊。

客房基本資訊包括房間號、房間類型、房價；客房遠期動態資訊指飯店所能接受預訂的最大時間範圍內客房各種預訂的動態變化資訊。與之相應的，還有一種近期動態資訊，是代表當前客房的占用與否，處於清潔、髒、壞等何種狀態，所以在飯店中也簡稱房態。

正常情況下，飯店能夠滿足客人的預訂需求，就可以接受預訂，如果發生預訂已經飽和，接受超額預訂與否，接受到什麼程度，飯店則要根據實際情況及歷史數據確定政策。

二、接待階段

客人入住分為預訂入住和非預訂入住。對於預訂客人，入住時預訂資訊轉為入住資訊，同時還要加入客人身份資訊、停留事由等資訊；非預訂客人則需填寫登記單，上面列出了飯店所需的客人的詳細資訊。

總台接待員根據現行的客房基本資訊、房態資訊為未分房的客人分房、定價、建立帳戶。帳戶的建立是以客人為依據，而不是以客房為基礎，這也是現代飯店與舊式招待所在管理模式上的一大區別。

接待階段在對客服務中是非常重要的一個環節，準確把握相關資訊是做好工作的基本保證。

（1）房態資訊是接待服務的基礎，是提高接待水平的前提。房態資訊的準確與否，直接關係到接待服務的質量，我們如果根據錯誤的房態去為客人分房，客人會進入一間住客房、髒房或是壞房，造成客人的不滿，接待人員態度再好，也無法改變客人最初對飯店的不佳印象，嚴重損害飯店的利益，這也說明飯店管理存在嚴重不足。

房態中住客變成走客是由總台通知客房部進行更改的，這可能與客房部自己檢查客房時實際看到的房間狀態有些差異，相應會產生一個差異房報表。對於差異房，我們要仔細去查找差異的原因，並最終消除差異。接待服務絕不是總台接待一個部門的事情，要保證房態的及時準確，提高接待效率，滿足客人的預期希望，必須透過相關部門的密切協作。

（2）接待是客房銷售的實現，客帳資訊成為客人在店內所有消費點的核算收入基礎。所以對於付款方式、消費點資訊處理規程的控制上，接待服務要嚴格執行飯店的有關政策和規定。

三、住店（消費）階段

由接待處建立起客人帳戶以後，客人就可以在飯店中進行消費了。消費的項目，除了客房及房內的服務設施，如付費電視、小酒吧、洗衣等以外，還有用餐（含房內用膳）、康體娛樂、通訊等。由於三星級以上的飯店要求為客人提供一次性結帳服務，所以客人的所有消費在飯店中是透過結帳單（消費憑單）進行傳遞，彙總到總台結帳處入帳，由客人離店時一次性結帳。

由於客帳的資訊處理涉及到飯店的所有收銀點，客人消費資訊的傳遞就成了管理的關鍵。例如，客人在結帳之前剛剛打過一個國際長途電話，如果話費單沒有及時傳遞到總台，就會造成客人的漏帳，類似的經濟損失很難挽回。

如果管理方法、管理工具跟不上，除了漏帳，還會出現空關房、客人逃帳等現象，為了更好地控制客帳，飯店每天都要對客帳進行一次（至少）全面的審核，這種審核往往放在夜間客流量最小時進行，所以又稱夜審。有些飯店為了節省人力，結帳處人員兼做夜審，這在財務上是絕對不允許的，也失去了審核的監督控制作用。

在客帳的管理過程中，不管運用何種工具，必要的資訊憑證不可缺少，也不可有差錯，尤其是帶序號的客人帳單。這需要建立一套帳單（憑證）的使用傳遞、保管和稽核等內部控制制度，以保證所有業務記錄單據的正確流向，為飯店所提供的服務和產品的收入能全部收回提供保障。

四、結帳離店階段

客人結帳退房階段是對客服務的最後一個環節，這個階段工作的好壞會直接影響到對客整體服務的是否完善，是否能給客人留下一個值得回憶的飯店形象。

客人結帳後馬上離店，客人的結帳資訊就會轉入客人歷史檔案，同時傳遞資訊給客房部更改房態；如果結帳後的客人仍需留在房間裡一段時間，我們在管理上必須能標誌出客房處於一種特殊狀況，服務員不能去打掃，也暫時不能銷售，而且還要及時通知總機，關閉該房間的 IDD/DDD 電話，直到客人離店，才能把房態更改為走客房（空臟房）。

要做好結帳工作，在各項入帳準確的情況下，必須隨時準備好客人的帳單。如為了次日上午結帳高峰期時能夠迅速、準確地為客人結帳，當日晚上應及時與第二天預計離店的客人取得聯繫，證實客人是否如期離店，如肯定則準備好客人至當時止的消費帳單，到具體結帳時只要加入上一帳單至結帳時的這部分新帳單即可，大大縮短了為客人結帳的時間。

營業日結束後，經過日處理可以產生各種營業報表並將客人應付帳資訊送交後台財務處理。

▌第二節 飯店帳戶資訊及其管理

前面的內容中，我們提到了賓客的帳戶資訊，主要侷限於前台。每天飯店的各種款項及憑單必須轉入後台按照會計科目進行分類、彙總，形成明細分類帳、總分類帳，最終形成會計報表，這在財務上作為帳務處理的部分，即飯店帳戶處理，是後台系統的主要組成部分。本節就介紹飯店經營中的有關帳戶資訊及相應管理。

一、帳戶的設置

（一）總帳（總分類帳）

　　總帳是按照各個會計科目進行分類，以會計科目表的順序開立帳戶，它是連續地記錄飯店全部資金來源、資金占用和經營成果的總括情況的帳簿。

　　一級會計科目由國家統一規定，各個飯店根據自己的情況可以建立二、三或更多級別的科目。

　　（二）明細帳（明細分類帳）

　　由於總帳只提供一定時期的總括指標，只設總帳不能滿足會計核算進行會計記錄和提供會計資料的需要，要反映一個時期的資金來源、占用和經營收支的詳細變化，還必須設置足以提供反映變化過程的詳細資料的帳簿，這種帳簿就是明細帳。明細帳是總帳的具體化，是對總帳的補充。

　　明細分類帳中根據登記的內容和提供資料的需要的不同，又可分為分戶明細帳及時序明細帳兩種。其中時序明細帳也稱為日記帳，常用的有「現金日記帳」、「銀行存款日記帳」等，按經營業務發生的時間順序逐筆登記在帳。

　　（三）輔助帳

　　又稱備查登記簿，是一種用來補充登記的非正式帳簿。

二、會計循環與帳戶資訊流

　　飯店的帳戶處理資訊流如圖 4-2 所示。

　　一個會計週期，一般為一個月，一個月實現一個會計循環。會計循環包括以下幾個步驟：

　　（1）根據原始憑證填制記帳憑證。

　　（2）根據原始憑證或記帳憑證登記明細分類帳。

　　（3）根據收款憑證和付款憑證登記現金日記帳和銀行存款日記帳。

　　（4）根據記帳憑證定期或月終編制科目彙總表。

　　（5）根據科目彙總表登記總帳。

　　（6）月終，總帳帳戶的餘額同有關日記帳、明細帳的餘額進行核對。

（7）調帳、製作報表。

各國的會計循環流程有很大差別，雖然實質上兩者使用的方法與原理都是一樣的，都是借貸記帳，都是從憑證、日記帳、分類帳至報表的處理過程，但要看懂對方的會計帳簿是很難的，所以，一些飯店採用西方財務制度進行管理，把傳統的記帳模式、核算模式全都打亂了，不僅帳務上要重新處理，就連記帳老的知識都要更新，都經過了大量深層次的改動、以至於脫胎換骨的變化。

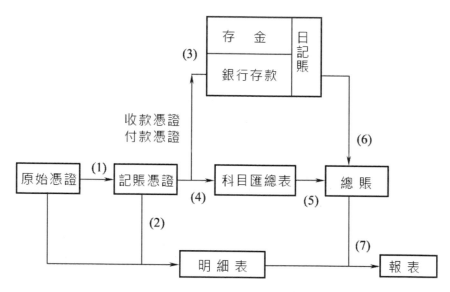

圖 4-2 帳戶處理資訊流示意圖

三、若干明細分類帳

在飯店中，應收帳、應付帳、現金銀行帳、庫存、採購、固定資產是我們重點要研究的幾種明細帳。其相應關係如圖 4-3 所示。

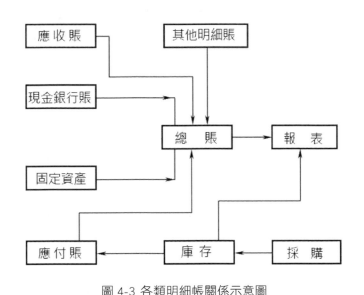

圖 4-3 各類明細帳關係示意圖

在此，我們簡單介紹一下應收帳和庫存。

（一）應收帳

應收帳款是因為賒銷飯店產品及服務而應向客戶收取款項的一種短期債權。現代社會是信用經濟的時代，飯店為擴大銷售額、減少設備設施的閒置，常常向客人提供信用消費。與此同時，也產生了資金占用增加、壞帳損失的概率上升等問題。因此，飯店要在因利用信用銷售增加的利潤與應收款增加而發生的損失兩者之間進行分析比較，以便作出正確的決策。一般來說，影響應收帳款額的因素有兩個，即賒銷營業收入額和平均收款期。賒銷營業額越小，平均收款期越短，則應收帳款額越小，反之亦然。

1. 賒帳額的控制

飯店賒帳額的大小，取決於信用政策的鬆緊。不同的信用政策會導致不同的賒銷收入額，所以應收帳款額的高低反映了飯店不同的經營目標和信用政策。

飯店信用政策主要包括信用期的長短、信用標準、收款方針和折扣方針等，其實施的目的是擴大銷售、增加利潤。但為防止逃帳、呆帳的發生，飯

店對客戶實施信用政策前，應進行多方的調查分析，如資信狀況及償還能力的調查，通常從四個方面進行：（1）付款能力；（2）聲譽；（3）財產狀況；（4）擔保品。

2. 收款期的控制

應收帳款收款期越長，形成呆帳的可能性越大，從而風險也就越大。所以收款期的控制應注意幾個方面：

（1）編制帳齡分析表

透過定期編制帳齡分析表，可以掌握不同收款期的應收帳款的分布情況。一旦發現飯店應收帳齡不僅沒有改進，反而帳齡越來越長，飯店就需要改變或適當調整信用政策。

（2）應收款的催收

飯店應根據信用政策所確定的收款方針，結合不同客人的實際情況及欠款時間長短，採用不同的收款方法。一旦客人達到賒欠的最高限額，必須及時通知高層管理人員。另外，應定期將帳單交給客人，以便於他們核對，並暗示他們應該付款了。

（3）現金折扣的運用

為鼓勵客戶提前付款，縮短平均收款期，減少壞帳損失的風險，飯店可以採用適當的現金折扣辦法。至於具體做法，各飯店可以結合自身特點和市場狀況靈活作出決策。

（二）庫存管理

飯店的庫存指在生產經營過程中為銷售或者耗用而儲備的資產。它包括原材料、燃料、低值易耗品、物料用品、辦公商品等。

飯店庫存管理同一般企業中庫存管理的主要任務一樣，需要實時反映庫存的物資狀況及物資的購入、領用，控制庫存物資數量。除此之外，飯店的庫存管理中，餐飲的原料庫存是一個管理重點，餐飲的成本控制是在庫存管理的基礎上進行的。

庫存管理與應付帳管理相聯繫，進而反映到總帳，庫存的變動應不斷在總帳的記錄中得到反映。

1. 庫存管理的模式

要使飯店的經營活動順利不斷地進行，必須保持適當的庫存量，過多過少都不利於經營活動的開展，存貨過多會造成資金積壓（餐飲存貨還會影響新鮮程度），影響資金周轉速度；存貨過少會錯失銷售良機，影響對客服務。因此，有效的庫存管理會以最小的成本支出保持存貨的最佳水平。

（1）ABC 法

此方法是將飯店品種繁多的物資按其重要程度、消耗數量、價值大小、資金占用等情況劃分成 A、B、C 三類，對不同類物質採用不同的控制。

（2）經濟訂貨量法

經濟訂貨量法是指使飯店在存貨上所花費的總費用為最低的每次訂貨量。

（3）訂貨點法

訂貨點法指某項物資在一定日期必須進行訂貨的存貨數量，即存貨量達到此點就要訂貨。

2. 庫存的日常控制

在庫存管理的日常工作中，應該建立和健全庫存管理的入庫、在存、出庫核算制度，完善存貨的定期清查盤點制度，保證帳卡、帳物相符，對盤盈盤虧和毀損變質的庫存物品要及時查明原因，分清責任，按規定的審批權限報請批准後處理，同時完善低值易耗品的攤銷辦法。

3. 庫存與餐飲成本控制

在餐飲的管理過程中，一方面我們大力推廣標準食譜，對每一道菜，我們詳細標明其用料、成本、售價；另一方面，定期對各種菜餚的銷售情況進行統計，能夠得出暢銷菜、滯銷菜的精確銷量，以便對菜單的構成、菜餚的

價格、原材料的庫存量進行調整。在此基礎上，對各種菜餚進行菜單成本分析，進一步加強餐飲的成本控制。當然，這種控制貫穿於採購、庫存、初加工、配料、服務的各個環節。

▋第三節 飯店財務資訊及其管理

　　飯店財務涉及飯店財務預算、財務控制、財務分析等，與其他企業的財務管理是一致的。按照西方財務理論，財務工作劃分為財務、會計和審計，其中會計又分為管理會計、財務會計、總出納和 EDP（電子數據處理）。財務工作負責企業資金的籌集和投資的控制；管理會計負責內部的會計報告，主管預算和成本；財務會計負責企業外部的會計報告，主管憑證、日記帳、分類帳，編制資產負債表、損益表及其他報表。

一、財務的資訊流程

　　飯店的財務資訊涉及飯店管理的全過程，一切圍繞財務，一切為了財務，因為飯店與任何其他企業一樣，是為了利潤而生存的。但由於財務機構的設置不同、人員組成、分工不同，每家飯店的財務管理，包括帳務處理都不盡相同，在此我們只能粗略地描述一下財務資訊的流程。見圖 4-4 所示。

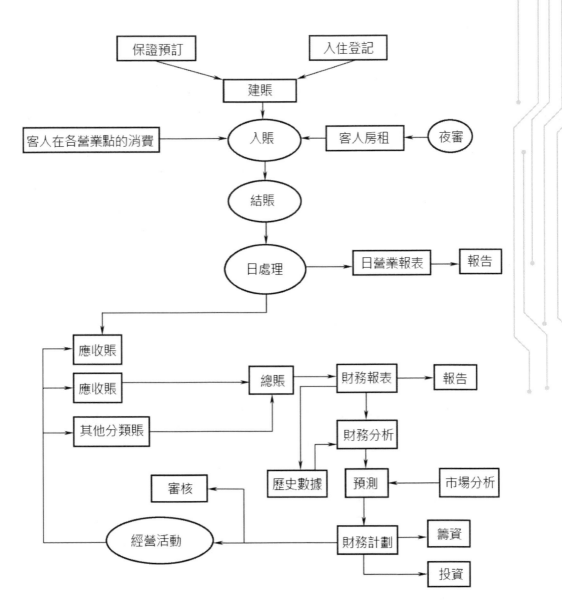

圖 4-4 飯店財務資訊流程簡圖

　　在財務資訊的處理流程中，帳務處理部分在上一節已經介紹了，這裡，我們主要討論一下財務計劃資訊流程與財務分析資訊流程。

二、財務計劃

財務計劃的基礎在於預測，雖然有大量的歷史數據和本期數據可以輔助預測，但預測本身需要管理人員均衡各種因素的影響，所以最終確定計劃指標，必須由人根據財務經驗來決策完成。

財務預算以預測為前提，只有作出正確的預測，才有可能作出正確的預算。財務預測主要是估量未來一定時期內企業某些經濟情況和經營活動將會發生什麼變化，而財務預算則是在財務預測的基礎上，為實現飯店目標而編制的用數字形式反映的正式經營計劃，是飯店經營控制的依據和考核的標準。

（一）財務預算的制訂

飯店要發展，要取得較好的經濟效益，實現預定的經營目標，就必須重視經營管理中財務預算工作。這和一個人的發展一樣，沒有明確的預定目標，就沒辦法控制自己的行動軌跡。

財務預算編制的具體內容要包括：資金需要量及來源、使用計劃、營業收入、稅金、成本費用、利潤等預算。

財務預算要做到科學性，就必須重視科學的方法，從研究過去、現在，預測、推算未來發展的必然可能。同時，要把握整、分、合的原則，把飯店下一個營業期的總預算方針下達到各部門，在部門預算的基礎上進行平衡，拿出一套財務經營計劃。具體編制步驟如下：

（1）根據歷史數據、本期數據及內外部條件變動分析，確定下期預測目標。

（2）以部門等為基礎，編制部門預算草案。草案中年度預算各種指標應該比較全面，要有彈性，要考慮季節波動性的實際，財務部在這期間需要大力協助各部門做好這一工作。

（3）進行綜合平衡，對各部門的預算進行調整。

（4）以均衡為原則，編制飯店財務預算。在此階段中，一般先審定客房銷售預算，然後考慮住店客人及社會客人流量及消費，編制餐飲及其他銷售計劃，在此基礎上再編制勞動人員工資預算、成本預算和其他有關預算。

（5）落實預算方案，下達各部門。

（6）分解預算指標到各部門，實行經營責任制，發揮財務控制作用。

具體財務預算的資訊流程如圖 4-5 所示。

（二）財務預算指標

預算指標是飯店經營管理的參數，是用數字來表示飯店預算期內經營管理預期達到的水平或績效。指標內容很多，主要指標如表 4-1 所示。

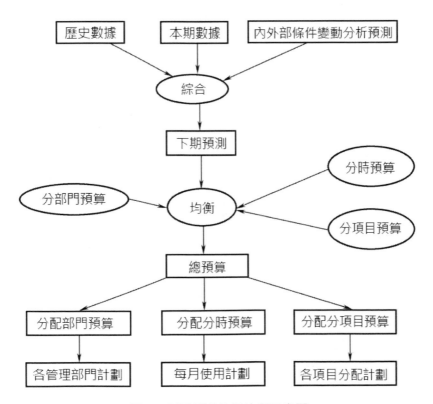

圖 4-5 財務預算資訊流程示意圖

表 4-1 飯店財務預算指標內容

	接　待	營　業	勞 動 物 質	成 本 效 益
數量指標	床位定員 餐位定員 住客人數 接待人數	營業收入 客房收入 餐飲收入 商品收入 其他收入 目標營業額 保本營業額 客房人均消費 餐飲人均消費	職工人數 工資總額 物資需要量 物資儲備量	成本費用額 固定費用額 變動費用額 直接成本額 流動資金需要量 營業利潤
質量指標	客房出租率 餐廳上座率 床位利用率 客房預訂率 客房閒置率	營業毛利 毛利率 邊際保本營業額 收入結構比率 營業收入增減率	職工出勤率 勞動生產率 平均工資 單房能源消耗定額 設備利用率 設備完好率 資金平均占用額 單房物質定額	成本率 利潤率 資金利潤率 流動資金利潤率 流動資金利潤率 變動費用率 流動資金利潤率 投資利潤率 成本費用降低率

三、財務控制

控制是一種基本的管理職能，是在飯店資金運動中，為保證實現飯店經營目標對各種經營活動進行的監督和調節。

一個很好的預算，如果沒有有效的管理控制，飯店無法實現其目標；只有控制而無預算，管理工作必然盲目。預算確定以後，管理者的下一個職能就是控制，也就是在預算執行過程中對飯店的經營活動加強管理，確保預算目標的實現。

飯店的財務控制包括對飯店資金的使用、成本費用和管理成本等控制，在此我們簡單介紹一下飯店的餐飲成本控制。

（一）成本控制的方法

1. 預算控制法

　　預算成本是按標準成本計算的一定業務量下的成本開支額。這種控制方法是以預算指標作為控制成本費用支出的依據，透過分析對比，找出差異，採取相應的改進措施，以保證成本費用預算的順利實現。

2. 制度控制法

　　這種控制法是利用國家及飯店內部各項成本費用管理制度來控制成本費用開支。從飯店本身來講，必須建立健全各項成本費用控制制度和相應的組織管理機構，如各項開支消耗的審批制度，日常考勤考核制度，設備設施的維修保養制度，各種材料物質的採購、驗收、保管、領發制度及申購、報審批制度，相應的獎懲制度等。

3. 標準成本控制法

　　標準成本實際上就是單位成本消耗定額。它採用科學方法，經調查、分析和測算而制定的在正常生產經營條件下應該實現的一種目標成本。它是控制成本開支、評價實際成本高低、衡量工作質量和效果的重要依據。

（二）餐飲成本的控制

　　飯店餐飲成本控制包括三個方面：

　　（1）食品原材料和飲料進貨成本控制，即從食品原材料採購到加工處理這一過程中的成本控制，其控制工作主要在採購部門來實現，必須對進貨通路嚴格把關。

　　（2）飲食製品產生中的成本控制，即食品原材料購進後，大多要經初加工處理形成淨料，才能烹飪飲食製品。這一過程包括庫房領料、內部轉用、加工處理和烹飪製作等環節，也是餐飲製品實際成本形成的過程。

　　（3）屬於成本範疇的費用控制，如營業費用、管理費用中的人員工資、水電氣、折舊、低值易耗品攤銷等。

1. 飯店飲食製品的成本構成

　　實際工作中，飲食製品成本只計算食品原材料的價值，水電等能源消耗、人員消耗費等成本都計入營業費用。

其成本構成有：（1）主要原料成本：如米、面、魚、肉、蛋等。（2）配料成本：一般以蔬菜、瓜果為主。（3）調味品成本：如油、鹽、料酒等。

2. 飲食製品成本控制方法

（1）前饋控制——標準成本及售價的確定。根據質量要求和配料用量標準，事先制定食譜標準成本和成本率。（2）根據銷售預測確定餐廳和部門標準成本率。（3）過程控制——計算實際成本率與標準成本率比較。（4）過程控制——實際成本率與標準成本率差異分析。

3. 餐飲成本控制的流程

圖 4-6 是餐飲成本控制的流程示意圖。

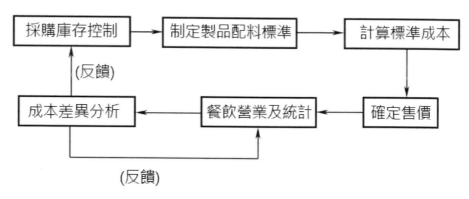

圖 4-6 餐飲成本控制流程示意圖

四、財務分析

財務分析的目的是分析原因、總結經驗、挖掘潛力、改善管理，提高飯店的經濟效益。

財務分析的方法有很多，如比較分析法、因素分析法、差額分析法、動態分析法、本—量—利分析法等，在此僅介紹本—量—利分析法。

本—量—利分析，是成本—業務量—利潤分析的簡稱，其主要內容是進行保本點的計算和分析。

進行本—量—利分析，一般是運用數學計算方法或圖解方法求出保本點，然後在保本點的基礎上計算實現目標利潤所需達到的銷售數量，作為實現目標成本、目標利潤的重要手段。

1. 保本點

所謂保本點，是指飯店經營既無虧損又無盈利時，應取得的營業收入的數量界限。

在進行保本點分析時，首先需要將成本按照其與銷售量的關係分為固定成本與變動成本。固定成本一般保持不變，變動成本總額卻會隨銷售量的增減而變動。飯店所獲得的營業收入扣去變動成本後的餘額，要先用來補償固定成本，餘額與固定成本相等的點即為保本點。

例如，某飯店日固定費用 13000 元，出租單位客房的變動費用為 20 元，客房出租價格為 150 元，該飯店共有客房 300 間，則盈虧臨界狀況可用下表表示：

表 4-2 盈虧臨界點計算表

客房出租數	變動費用	固定費用	總費用	收入	盈虧狀況
1	20	13 000	13 020	150	虧損
20	400	13 000	13 400	3 000	虧損
50	1 000	13 000	14 000	7 500	虧損
100	2 000	13 000	15 000	15 000	盈虧臨界點 (保本點)

2. 保本點的計算

在進行保本點分析時，要明確邊際貢獻這一概念。邊際貢獻是指每增加一個單位銷售量所得到的銷售收入扣除單位變動成本後的餘額。邊際貢獻首先要用來補償固定成本，其餘額才能為飯店提供利潤。當邊際貢獻正好與固定成本相等時，飯店經營活動就處於保本狀態。如飯店平均房價為 150 元，每間房的變動費用為 30 元，則邊際貢獻為 120 元（150 元 -30 元）。

保本點分析法一般公式為：

$$保本點銷售量(額) = \frac{固定成本}{邊際貢獻} = \frac{固定成本}{單位售價 - 單位變動成本}$$

▊第四節 飯店內部資訊及其管理

在飯店內部，管理分多個層次。在各個管理層、各部門之間以及部門內部都存在各種需要管理的資訊及資訊的傳遞。從總體來看，這些資訊都包含在人、財、物三個方面。財務資訊前面已作過介紹，這一節我們主要對人事（人）、設備（物）管理的資訊流程進行一些簡要的流程分析。

一、人事資訊管理

（一）資訊流程

飯店內部的人事資訊管理可用圖 4-7 表示。

（二）人事管理

人事變動在飯店中是比較普遍的，尤其是現在，飯店競爭日益激烈，有的飯店一套團隊全部跳槽，沒有一套好的人事管理政策、激勵措施，飯店經營是無法留住人才的。在市場競爭中要使飯店立於不敗之地，必須建立一套合理的人事管理制度。當然，正常情況下，飯店每年進 10%、出 10% 的人員是屬於正常的。

人事管理中除了正常的考核、獎罰、升遷外，要做好三方面的人事工作。

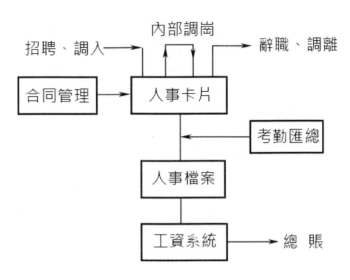

圖 4-7 飯店人事管理流程圖

1. 培訓

飯店基本操作員工進入飯店，必須做好上崗前的培訓，包括入店教育、員工守則、崗位職責、基本技能等，使得員工從一開始就能體驗到飯店的正規化管理要求。

2. 換崗

目前飯店業已開始出現一種新的管理動向，就是在飯店內部打破過去從事一個崗位，就只能幹一種活的觀念，在員工中進行崗位輪換。一方面可以激發員工的積極性，使員工有一種新鮮感；另一方面可以使員工掌握多種技能，更多體會和適應不同崗位的需求，增進互相理解。

3. 合約管理

合約是目前飯店聘用員工比較普遍的形式，合約管理也成為人事管理中的一個重要內容。如何有效地與員工簽訂工作合約、續簽合約、中止合約、跟蹤合約的執行情況及發生違約情況的處理等，顯得越來越重要。

（三）工資管理

不同地區、不同星級、不同效益的飯店在人員工資分配上有很大的差別，做法上也不盡相同，但越來越趨於一致的是：人員工資與飯店效益相聯繫。

定崗、定編在飯店業是起步比較早的，也是比較規範化的。但在核算人員工作量、壓縮多餘人員方面比較國外還是有很大差距，而且這也是飯店人事工作中的一個難點。我們常說控制飯店成本，除了要控制飯店餐飲成本和管理成本，另外一個很重要的方面就是要控制飯店的人力成本。

二、設備管理

飯店設備是指飯店擁有的各種機械、機器、裝置、車輛、船舶等，這些設備由飯店工程部統一管理，負責對所有設備的檔案、維修、維護、運行進行全面管理。具體飯店工程部管理的飯店設施、設備包括如下一些內容：

（1）設施。即建築、裝潢和家產，如飯店建築物的外牆、屋頂、花園、水池、道路；室內裝飾、裝潢（天花板、地毯、牆布、瓷磚、地磚、花崗石、大理石、門窗、隔斷、窗簾軌）、室內家具等。

（2）設備，即飯店的所有機械、電氣設備及各類系統，如輸配電系統、上下水系統、空調系統、冷凍系統、通風系統、電腦系統、消防系統、音像系統、電話、電傳、Internet 互聯網等通信系統，電梯、自動扶梯及升降機、廚房設備、洗衣房設備、璇宮轉台裝置、各類清掃清洗設備，健身、娛樂設備、管理用設備和辦公設備、防雷設備、工程施工設備等。

飯店設備的分類，一般是根據分類目錄進行，包括機械設備和動力設備兩大項，共十大類設備。一個現代化的飯店，設施、設備投資已占總造價的 1/3 還多，另外，飯店對設備的依賴程度也日益劇增，一旦設備出了故障，服務就要受到影響，幾乎無法由人來代替。所以飯店設備管理的好壞，直接關係到飯店的經營效益，關係到對客服務的質量。我們必須認識到，硬體不足，是無法用軟體來補償的，不能設想大熱天飯店空調系統出了故障，靠服務人員的殷勤、笑容就能讓客人滿意。

（一）設備管理流程

飯店設備管理的流程如圖 4-8 所示。

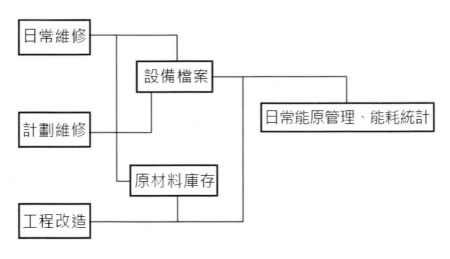

圖 4-8 飯店設備管理流程圖

（二）設備管理內容

1. 建立健全設備管理制度

全套的管理制度應該從選擇購買、使用、維護維修、改造更新到封存、報廢處理的全過程來進行考慮，需要包括的內容有很多，如設備的維護保養、合理使用制度；設備的修理管理制度；設備的更新改造管理制度；設備的檔案管理制度等。

針對飯店設備管理的實際，在維修處理上，要區分日常維修和預防性計劃維修並分別制定相應制度與管理程序。

2. 掌握飯店設備管理方法

設備管理的方法是建立飯店設備的技術檔案，做好分類編號工作。這是彙集和積累設備運行狀態的最基本工作，可以提供分析、研究設備在使用期的改進措施，探索管理和檢修的規律，增加對設備的認識和瞭解，提高維修和管理水平。設備檔案不僅是飯店的史料，也是管理者的重要資產。

3. 持之以恆地做好設備檔案登記和保管工作

設備檔案需要含有以下內容：

（1）設備出廠合格證的檢驗單。（2）設備安裝質量檢驗單及試車記錄。（3）設備運行數據記錄。（4）事故報告及事故處理記錄。（5）設備維護、保養記錄、修理內容、更換部件的名稱。（6）設備檢查的記錄表。（7）設備拆裝和修理的現場照片。（8）設備改進和改裝的記錄。（9）其他有關的技術資料。

設備建檔是一個長期的過程，因為資料在不斷地更新和充實，需要按實際情況，不斷清理、更新檔案內容，以防止檔案成為「老皇曆」。

4. 合理使用飯店設施和設備

除了正常的維護保養之外，合理使用和適時修理設備也很重要，其核心就是管好、用好、修好，使設備發揮最佳效益。

（三）飯店設備運行管理

飯店設備的運行管理，一要抓安全，二要抓節能。

飯店設備種類繁多，有許多設備，如變壓器、高低壓配電，均屬高壓電設備，鍋爐、分氣缸、集水器，均屬於高壓容器設備，煤氣系統屬於可燃、可爆的設備系統。這些設備如管理不當，均會發生觸電傷人、爆炸、燃燒等危險事故。另外，如電梯的維修，技工要上轎廂頂，屬高空作業。因此，飯店工程設備管理，首先要抓安全，在使用管理中防止設備和人員的傷害。

這些設備的運行，如空調系統、冷熱水系統、配變電系統，均消耗大量能源，怎樣科學合理地運行這些設備，將直接影響飯店的能源消耗，影響飯店的營運成本。加強設備的運行管理，特別是透過管理降低能耗，定能提高飯店的經濟效益。

思考與練習

1. 前台預訂所需的客人資訊主要有哪些？

2. 請設計一套工資處理的資訊流程體系，並闡述其合理性。

3. 資訊傳遞工具對飯店資訊管理影響程度怎樣？

4. 試根據設備管理的內容，規劃一個飯店設備管理的資訊處理流程。

第 5 章 飯店資訊系統的功能需求分析

▌第一節 飯店電腦前台系統的功能需求

前台是直接面向客人服務的各相關部門,其服務質量好壞、效率高低,直接關係著客人的服務感受,同時前台各部門還承擔著接受客人的資訊反饋的工作。對飯店做好內部的經營管理,特別是總台的接待管理,把握總台接待的服務質量,是前台系統最基本的服務要求。前台系統的服務質量反映了飯店的整體服務質量,而電腦系統介入飯店前台管理,則大大改進了手工服務的種種不足,這也是由前台的特點所決定的。

飯店前台管理資訊系統與一般生產性企業的 MIS 不同,它具有:

(1) 時效性非常強,客人多點消費,一次性結帳,隨時都要有客人準確的消費資訊。

(2) 人員資訊流中不僅有員工,更多的是客人流。

(3) 飯店客房作為一種特殊商品,具有不可貯存性,必須及時銷售出去,這也更需要實時地把握客房狀態(況)。

因此要設計一套很好的飯店前台管理資訊系統並非一件易事。成功的關鍵就在於對前台系統的功能需求分析上。

一、前台系統的主要功能構成

飯店電腦前台系統的主要功能如表 5-1 所示。

表 5-1 前台系統的主要功能

電腦功能模塊	飯店部門
1　預訂系統	訂房部、銷售部
2　接待系統	總台接待
問詢系統	接待、商務中心、總機、房內用膳
3　結賬模塊	總台結賬處

電腦功能功能模塊	飯店部門
4　夜間稽核系統	夜審部
5　客房管理模塊	客房部
6　收銀點模塊	餐飲部、康樂部、商務中心、洗衣房
7　電話計費和PMS	結賬、客房、問詢、總機、商務中心
8　總經理查詢模塊	總經理、副總經理

二、功能需求分析

（一）預訂功能需求

　　飯店的客人有散客和團體兩大類，因此，預訂分為散客預訂和團體預訂，其主要目的是提高飯店的開房率，為客人預留房間，並提供良好的服務。

　　手工操作做預訂是一件很困難的事情，因為客人需要的房間類型在所預訂期內是否有，需要很長時間才能查找確定。要保證其準確性就更不容易，大量的文字檔案需要人工進行統計，如果飯店有 300 間房，8 種房型，每天的工作量可想而知。所以手工的預訂一般只做到 3 個月以內，而採用電腦進行預訂則可以達到 3 年。團體預訂相對散客預訂要複雜得多，不僅有團隊總帳號，設置團隊總付項目，還要有客人分帳號，其餘消費個人自付。如果是會議團隊，客人的抵、離店日期、房型、房價會有所不同，必須考慮周全。

　　預訂中會存在為客人預分房的工作（未做預分房的客人由接待處直接分房），考慮客人的不同需要，預分房的功能一定要適應各種需要（可手工，可自動）。

　　具體說來，預訂功能需求主要有以下幾方面。

　　（1）散客預訂。

　　　散客預訂單的輸入、修改、取消及查詢。

　　　根據客史檔案預訂。這對回頭客人非常有效，也有利於客史檔案發揮作用。

　　（2）團隊預訂。

　　　團隊主單輸入、修改、刪除。

　　　團隊預留房分配、顯示。

　　　團隊付款方式代碼定義、顯示。

　　　團隊房價代碼定義、顯示。

　　　團隊成員批預訂。

　　　團隊成員資訊批修改或快速修改。

　　　團隊成員預訂、修改、刪除和查詢。

　　（3）房類清單（Type Inventory）顯示。

　　（4）可用房表顯示。

　　（5）旅行社資訊管理。

　　（6）飯店工作帳（House Account）。它主要用來處理飯店內部如電話費用、招待特殊客人的費用等入帳問題。

　　（7）預訂報表。

● 預抵客人報表 / 所有預訂客人列表。

● 預抵團隊報表 / 所有預訂團隊列表。

● 出租率預測報表。

● 客人來源報表。

● 團隊預訂安排。

（8）預分房（團隊可手工，可自動）。

（9）客人資訊操作。

● 預訂拷貝（Copy）：除帳號外，完全拷貝一個客人資訊，在此基礎上可作適當的修改，適用於有類似資訊的預訂和接待操作。

● 預訂複製（Duplicate）：除帳號外，完全複製幾份客人資訊，適用於一客人預訂多個房間的情況。

● 共享（Share，又稱拼房）：共享客人預訂或接待。系統應使最多 6 個合法客人共享（包括散客和團體成員），又能解除客人之間共享關係。

● 留言（Message）：記錄有關預訂客人的留言。

● 記事（Flag）：記錄服務員關於該客人的交接班情況。

● 備註（Remark）：記錄有關該客人的其他資訊。

● 日誌（Log File）：顯示對該客人資訊所作的修改情況，以便跟蹤對此客人的操作過程。

（二）接待功能需求（Reception 或 Check-in）

接待系統的目標就是以最快的速度為客人開房。如果客人已預訂，則其相關資訊已存放在電腦中，飯店方面可在客人到達之前準備好各種服務，如 VIP 的鮮花、水果等的擺放，把應到客人列表、各種客人的特殊要求列表等傳遞到相關服務部門。客人到達後，接待員只須直接在預訂單上補充客人資訊就可以了，如客人護照（身份證）號碼、來源等。

而 Walk-in（未經預訂）的客人需要輸入的內容就非常多，客人的全部資訊都要在接待時輸入，所以不少飯店為了不讓客人等候時間過長，明確規定接待客人不得超過 3 分鐘。我們設計前台系統時要能夠提供充分保證。

接待人員在工作任務上也具有預訂的職責，這在境外的飯店很普遍。而接待系統同時也應該具有預訂的全部功能。

接待功能需求具體有：

（1）預訂功能。與前面預訂功能相同。

（2）散客登記。

● 已預訂散客登記，包括預訂多個房間的客人接待，共享客人接待，提前到達接待。接待完後，可對客人資訊進行修改。

● 在住客人資訊修改。

● 無預訂客人直接登記。

● 建議客人去另一飯店。一個客人已預訂，但飯店已經沒多餘的空房間而介紹他到另一飯店時，系統仍保留他的預訂資訊，並記錄他新的聯繫資訊，以備他重新返回和查詢。

● 刪除超時預訂。如果飯店客房比較緊張，可以提前刪除超時的預訂（一般到夜間稽核時自動刪除）。

● 在住客人資訊查詢。

● 到期客人續住。該功能自動把今天以前該離開的散客的離日改成明天。

● 根據客史檔案登記。這對常客入住很有用，因為客史檔案系統記錄有他的每次入住資訊，本次入住只要對原資訊作少量的修改即可。

（3）團隊登記。

● 團隊自動登記。系統自動登記一個已預訂的團隊（團隊成員也必須先預訂），對尚未分房的成員可手工分房或系統自動分房。

● 按預留房批登記。系統根據今天的預留房數減去今天已分配房數作為可以入住的房數，並根據每房需開的帳號數自動產生帳號，以後就可批量地修改每個成員的姓名、到日、離日、房號等資訊。

● 團隊成員資訊快速修改。所有預計今天到達的預訂成員自動登記，再進行批修改各個成員的資訊。

● 團隊主單資訊修改。用來修改已登記的團隊資訊。

● 已預訂成員登記。

● 無預訂成員登記。

● 團隊預留分配（每日或每週預留房）及顯示。

● 無預訂團隊成員登記。

● 在店成員資訊修改、查詢。

● 返回團隊重新入住。處理一個團隊暫時結帳退房一段時間後，又重新返回飯店入住的情況，此時只須更換一個團隊帳號，對成員重新分配房間，再作些小的修改後即可快速入住。

（4）客人應收、應付帳主單的建立、修改和刪除。

（5）國內國際直撥電話（IDD/DDD）的直接開通和關閉。

（6）旅行社和協議公司等介紹單位的有關資訊的輸入和處理。

（7）房類清單、可用房表、當前排房表的顯示和影印。

（8）客人留言、記事、備註的輸入、修改、顯示、影印和傳送。

（9）職員留言。用於操作員之間的留言處理，包括輸入、修改、顯示、影印、刪除等功能。每當該職員登錄系統時，會自動顯示相應的留言。

（10）修改房間狀態。

（11）處理客人的各種優惠（長包房、協議單位、貴賓卡、領導簽字等）。

（12）住店人員資訊報公安局戶籍界面。

（13）VIP 客人管理。

（14）客史檔案。客史檔案用於保存客人或團隊結帳後其平衡數為零的主單資訊和帳務資訊，這是市場預測和決策的主要基礎之一。另外，保存這些客人資訊，有利於常客尤其是重要客人的重新登記和預訂，這不僅可減少操作員的數據輸入量，而且可減少客人的麻煩，提高服務質量。由於客史檔

案系統每次對常客的入住進行累計統計，因此可根據他對飯店所作的貢獻作出一定的銷售政策。客史檔案功能大體有：

歷史檔案備份。由於歷史檔案通常十分龐大，因此有必要定期把不常用的數據備份出去。

歷史檔案查詢。包括聯機數據和備份數據查詢，可查詢客人、團體的主單資訊和帳務資訊。

制定入檔策略。系統並不要求每一客人結帳後都進入檔案，入檔客人的類別可由飯店自己控制。對個別客人，預訂操作員也可控制其進入。

歷史檔案輸入、修改、合併、刪除。

（15）黑名單。

黑名單用於記錄在飯店有不良行為的客人（如逃帳、賣淫等）以及像通緝犯等特殊人物的資訊，其中逃帳客人由帳務員控制，在夜間稽核時自動轉入，其他資訊要求操作員鍵盤輸入。每當一客人預訂或接待時，系統若發現在黑名單中有同名者，就提醒操作員注意和處理。具體功能有：

黑名單的建立、修改和刪除。

黑名單查詢。可按帳號、房號、姓名、國籍、到達日期、組合查詢等多種方式查詢。

定義黑名單類別。飯店可定義、修改、刪除除「逃帳」外的一切類別。

（16）社會資訊查詢和編輯。包括火車、飛機、汽車、商店、飯店、公園等多種資訊。

（17）各種接待報表。

● 當日抵店客人報表，包括散客和團隊成員。

● 當日預訂、接待的客人報表。

● 在住客人報表。

● 到達、在住、離開報表，可影印某天的客人流量情況。

● 報表生成器。可靈活選擇輸出字段、標題、按哪個字段排序、按什麼條件輸出客人資訊。

● 團隊成員卡片影印，以卡片形式影印團隊成員名單。

● 按班號影印散客登記報表。

● 房類清單影印。

● 可用房表影印，當前可售房間表影印。

● 當日 VIP 接待報表。

● 影印當前回頭客報表。

● 特殊要求報表。

● 員工工作情況統計表。

（三）結帳功能需求

前台結帳系統與前台接待系統一樣，直接面向對客服務設計，其主要功能是處理客人帳務，有的飯店還進行應收帳款的管理工作。具體功能需求有：

（1）客帳輸入、調整和沖帳。

（2）各種付款方式（現金、支票、信用卡、報財務帳、轉應收帳、折扣、消費券等）的處理。

（3）客人結帳退房，影印明細帳單、彙總帳單或混合發票等。

（4）部分結帳功能，即只結清部分款項但不退房。

（5）臨時掛帳處理，即只退房不結帳。

（6）分時間段結帳，可分時間段影印客人帳單。

（7）提前結帳處理。

（8）逃帳處理和追回逃帳處理。

（9）事後優惠處理。

（10）預訂金及押金處理。

（11）團體自動結帳及團體成員私人帳處理。

（12）定義團體成員付款代碼。

（13）定義客人之間自動轉帳關係。

（14）處理客人之間的事後轉帳、全轉帳及部分轉帳。

（15）影印催帳單、服務員輸帳報表、交接班報表。

（16）外幣兌換系統。

（17）應收帳務管理。如定金輸入、費用輸入、轉帳、部分結帳、清戶結帳等。

（18）各種帳務報表。查帳報表、將離開客人報表、成員私人帳報表、特殊要求報表等。

（19）長包房及往來帳戶的帳務細目的清理和壓縮。

（四）夜間稽核功能需求

手工操作的飯店能夠真正實施夜間稽核工作的很少，但是在飯店的先進管理體制中，夜間稽核是控制飯店經營的一個核心部分。在飯店電腦管理中，地位也相當重要，它和預訂、接待、帳務四部分組成最基本的前台電腦管理系統，主要功能有：

（1）交接班：分為總台交接班和非總台交接班兩部分，並提供查帳報表功能。

（2）飯店帳務處理：將飯店中未用電腦管理的各營業點的營業數據輸入到飯店專用帳戶中。

（3）過房租：每天一次地將在住客人的帳目加上當天的房租費用進行預審，並進行過帳處理。在實過房租以前，先提供預審房租功能，影印預審報表以供查對。

（4）日營業報表：將當天的收入分類統計，類似的報表還有當班收入報表等。

（5）夜間處理：對全系統的各類資料庫進行更新維護，並為各種報表準備數據。

（6）每日數據的備份：數據備份主要是增加系統對經營數據的可靠性。

（7）影印夜間稽核報表：提供各類經營的稽核報表。

（五）客房管理功能需求

客房管理的最主要任務是修改客房狀態，提供房間是否空閒、出租、干淨、臟房等資訊，以便於預訂接待員和總台接待分配房間。一般飯店均透過客房中心電腦修改房態，總台根據客房的狀態開展銷售。如果配備先進的電話交換機系統，也可直接由查房人員透過房間電話修改。

客房管理的功能需求主要如下：

（1）修改客房狀態。在電腦管理房態過程中，採用總台與客房部共同維護房態的方式，總台控制客房的占用與否，客房部更改其清潔、臟、待修等情況，同時還要根據進入房間時看到的房間占用與否的狀態資訊與總台進行核對。對於大多數飯店的客房管理，在淡季時往往關閉一些樓層，房態更改為待修房，以節省能源和人力。

（2）輸入所有房內發生的費用，如洗衣費、物品賠償費、小酒吧（Minibar）費用等。

（3）拾遺物品管理。

（4）客房歷史查詢。

（5）與前台核對房態。

（6）客房維修與維修史。

（7）客房部內部管理。

（8）影印有關客房部報表，如預計抵 / 離客人報表、實際抵 / 離客人報表、特殊要求報表、VIP 客人報表、回頭客報表、輸帳員報表、催帳單、當前排房表等。

（六）收銀點系統功能需求

收銀點在飯店中有很多，雖然不同地點有不同的收銀項目，但其基本功能大致相同。飯店經營中的各收銀點應具備以下的功能需求：

（1）收銀項目的設置。

（2）不同付款方式的收取費用（現金結帳、記帳、記應收帳等）及折扣等。

（3）統計收銀員個人、班次業務情況。

（4）營業彙總報表。

但在餐飲模組或收銀中會增加一部分管理功能，如客史管理、暢銷滯銷菜統計、標準食譜、菜類管理等。

（七）電話計費及 PMS 控制

飯店的電話計費涉及到每個客房，是客人住店的主要通信消費內容。客人的電話消費一般要求自動計入客人的消費帳戶，因此電話自動計費系統的基本功能需求為：

（1）靈活處理各種費率及計費參數，如基本話費、附加費、服務費、手續費、最短計費時間等。

（2）能按郵電總局和地方政府規定，處理雙休日、節假日、半價時間等長話、地網、農話、市話、對方付費、移動網、資訊台等不同種類電話的計費。

（3）計費方法能按客房、寫字樓、長包房、飯店內部等使用者的性質計算不同的話費。

（4）人工轉接長途電話的計費。

（5）直撥電話等級控制（開關管理），鬚根據具體的程控機而定。

（6）查詢流水帳。

（7）查詢客人資訊。

（8）各種話費報表。

在此基礎上，如果飯店電話程控交換機具有 PMS（Property Management System，物業管理系統）功能，透過程控機與電腦的通訊，還可以在電話機上實現以下的功能：

（1）客房狀態修改：服務員打掃好房間後，在電話機上鍵入相應的編號和密碼後，電腦自動接收數據並修改資料庫資訊。傳統方法是：查房人員記入查房表，彙總到客房中心，由客房中心人員輸入電腦，這樣，對客房出售的實時性無法保證。

（2）飲料房間記帳：服務員查房後，在電話機上鍵入客人消費的飲料編碼和密碼後，電腦自動接收數據並記入客人帳戶。

（3）叫醒服務：叫醒服務不僅可由話務員輸入，也可由總台服務員處理。

（4）留言服務：一旦在總台電腦輸入了留言，客人的電話能點亮留言燈或每隔一定時間振鈴，以提醒賓客。

（5）數字話機顯示客人資訊：話務員一接到客房電話，其數字話機同時顯示該客人的英文姓名、房號等資訊，以便於更好地為客人服務。

（八）總經理查詢功能需求

總經理是飯店經營管理的核心人員，是管理決策的主要決策人，為了更好地對飯店經營進行管理，總經理必須對飯店經營狀況進行隨時隨地的查詢，瞭解飯店的經營情況。因此，總經理查詢必須有以下的功能需求：

（1）查詢各種預訂、接待資訊。

（2）查詢各種營業情況和財務資訊。

（3）查詢各種商品的庫存情況。

（4）查詢各種操作員工作情況。

（5）查詢飯店的客房、餐廳、康樂、會議室使用情況和各種社會資訊。

（6）查詢飯店人事、工資資訊。

（7）查詢飯店客源市場。

（8）查詢飯店經營完成情況以及與去年的同期比較。

（九）公關銷售功能需求

公關銷售是飯店經營的核心部門，每年的經營計劃和銷售操作都有公關銷售部門去完成。因此，公關銷售最基本的功能需求應包括：

（1）房間預訂、會議室預訂和餐飲預訂。

（2）住客檔案管理。

（3）客人黑名單管理。

（4）貴賓卡管理。

（5）客源市場分析和預測。

（6）銷售人員、銷售部門業績統計。

（7）客人資訊、社會資訊、客房使用情況、可用房類等資訊查詢。

（十）維護系統功能需求

任何一個資訊系統都必須有維護子系統，用於對資訊系統的環境和具體功能進行適應性的維護和設置。因此，維護系統基本應包括以下功能：

（1）系統初始化：初始化整個系統，用於系統安裝時使用。

（2）使用情況：查閱操作員錯誤關機，監視系統的運行情況。

（3）系統代碼：維護各種代碼，如國家代碼、地區代碼、住店理由、優惠原因、換房理由、費用代碼、付款方式、計費參數等。

（4）客房配置：增、刪、改房間資訊、房價資訊、房類資訊等。

（5）職員維護：定義、修改、顯示、刪除操作員的各種資訊。

（6）參數設置：用於配置管理系統的參數。

（7）數據備份：服務器到服務器數據備份，服務器到硬盤數據備份，稽核數據備份。

（8）系統維護：當系統出故障時，用於修復整個系統，以維護其完整性和一致性。

▌第二節 飯店電腦後台系統的功能需求

飯店的後台系統以帳務處理（總帳、應收帳、應付帳、銀行現金日記帳）為中心，附以採購、庫存、商場、固定資產、人事工資等處理模組。

在電腦化管理的後台管理中，應該只需要將會計憑證輸入電腦並審核過帳後，就可以隨時取得帳務處理結果資料和報表，中間過程全部由電腦自動完成，從根本上改變了財務工作的枯燥、煩瑣的狀況，大大減輕了財務人員的勞動強度，並使他們的工作重點從大量的核算轉到對帳務的審計。

後台系統在總體的功能需求上要符合以下幾點：

（1）必須按照財政部的最新會計準則和新會計制度進行設計，財務處理必須規範。

（2）必須針對飯店業的實際，增加商場管理模組，採用多幣制記帳，各種報表符合飯店業的要求和規範。

（3）保密性、安全性、可靠性程度要高。財務是飯店的機密中心，各級人員應該有自己的權限和密碼，同時系統的容錯性、從故障中恢復的考慮要充分，以保證經營數據的安全。

（4）界面友好，簡單易學。

一、帳務處理功能需求

1. 建帳

（1）科目管理：建立、修改、刪除、查詢總帳科目代碼、科目名稱、科目屬性、科目級別。

（2）輸入、修改往來帳的單位代碼及名稱。

（3）輸入、修改各科目期初餘額、往來帳各單位的帳面金額。

2. 期初處理

（1）年初始化：結轉上年期末餘額為本年期初餘額。

（2）月初始化：結轉上月期末餘額為本月期初餘額。

3. 會計憑證錄入

（1）根據記帳憑證內容，輸入憑證日期、類別、摘要、借貸方科目代碼及金額。

（2）憑證按類編號：根據憑證的類別（現收、現付、轉帳、應收、應付）自動檢查科目代碼的合理性。

（3）自動檢查憑證的平衡關係，不平衡不能記帳。

（4）自動記錄輸入人員代碼。

4. 憑證其他管理

（1）憑證未作結算過帳，可以進行修改（刪除），當憑證過帳後，只能用紅字沖消，即留有痕跡的更正。

（2）憑證刪除後，此憑證號由系統保存，下次憑證錄入時可以重用，防止憑證缺號。

（3）不論是否過帳，憑證均可瀏覽、影印。

（4）提供憑證彙總功能，可顯示、影印憑證彙總表，並可按科目分級操作。

5. 憑證預結算

（1）未過帳憑證可不過帳而做預結算產生餘額，供校核查詢。

（2）餘額可分科目級查詢。

6. 憑證審核過帳

憑證內容經審核，確認無誤後登記過帳，產生餘額。

7. 輸入明細分類帳

對於應收、應付及各種日記帳可直接錄入。

8. 查詢功能

（1）兩年內所有機內憑證均能查詢。

（2）任一明細科目的帳目、發生額及餘額。

（3）總帳的帳目、發生額及餘額。

（4）現金日記帳、現金庫存數的隨時查詢。

（5）銀行日記帳及發生額、餘額。

（6）按報表代碼，查詢各月的資產負債表、損益表、財務狀況變動表、各費用表。

9. 報表處理功能

（1）報表格式、內容可由用戶自行定義。為方便用戶，可預先定義好財政部規定格式的各類規範報表，如資產負債表、損益表、利潤表、財務狀況變動表等。

（2）根據報表定義，自動或手工從帳上轉入數據，填入相應的報表項供查詢影印。

（3）根據需要，用戶可隨時增加新的報表，要靈活方便。可在各科目之間、報表項目之間任意加減運算，可乘除某一常數實現百分比分攤、各種比率運算。

10. 各種報表、帳簿輸出

(1) 可隨時影印各已定義的報表，可連續影印。

(2) 可隨時分段影印機內所有憑證。

(3) 可隨時影印兩年內帳簿，時間區間不限，可分三欄或多欄兩種格式。

(4) 可隨時影印各級科目餘額表、月科目彙總表。

11. 系統維護

(1) 可隨時增、刪、改各級操作人員密碼及權限。

(2) 隨時可進行系統備份、系統恢復。

二、固定資產管理功能需求

1. 固定資產卡片維護

增、刪、改固定資產卡片。卡片應包括固定資產用途類別（營業與非營業用、租出及其他）；使用類別（使用、未使用）和所屬類別、編號、名稱、規格、用途、原值、使用年限、使用部門等。

2. 選擇計提折舊的方法

根據上級主管部門的批准，可選用年限平均折舊法、分類法、工作時間法、產量法、餘額遞減法、年限總和折舊法等，折舊方法一旦選定後，自動產生折舊率，每月自動彙總折舊表。

3. 編制固定資產憑證

編制固定資產增加、減少、報廢、調出和內部調撥憑證，並可查看修改、刪除未登記過帳的憑證。

4. 月底自動轉帳

月底，根據經審核的憑證，可自動將本月計提的折舊額轉入相應科目。

5. 查詢、影印

查詢、影印所有固定資產卡片、固定資產彙總表、折舊表和記帳憑證。

三、採購管理功能需求

1. 建立基本參數

（1）倉庫編碼管理（增、刪、改、查詢、影印，以下同）。（2）部門編碼管理。（3）幣種編碼管理。（4）倉庫物類編碼管理。（5）計劃（年度、季度、月、周、日、臨時）類型代碼管理。（6）供應商代碼管理。

2. 採購文件管理

（1）倉庫物品編碼管理（與倉庫系統共享，在此只允許查詢）。（2）部門年領用計劃輸入。（3）採購計劃單輸入。（4）臨時採購單。（5）食品原料採購單。（6）供應商管理。（7）商品行情報價。

3. 訂單管理

（1）訂貨單管理（增、刪、改、查詢、影印）。（2）收貨單管理。（3）退貨單管理。（4）銷單管理（銷採購單、銷訂貨單）。

4. 查詢

（1）商品行情（可按供應商、商品名查詢當月或歷史數據）。（2）供應商。（3）各部門領用物品情況。（4）採購計劃。（5）訂貨情況。（6）庫存量。

5. 報表

（1）物品編碼表。（2）庫存超限額報告。（3）計劃執行報告（台帳）。（4）訂單履約表。（5）採購員採購分析表。（6）供應商供應統計表。

四、庫存管理功能需求

1. 建庫管理

（1）根據需要，自行增建新的倉庫。（2）對每個倉庫的物品按類管理，可分為大類、小類，類下以流水號方式編排，以便於分類處理，增、刪、改

類別編碼及名稱。（3）增、刪、改每個物品的代碼、名稱、單價、差價、庫存量、金額等。（4）根據需要分別採用移動平均法和先進先出法記帳。（5）調整品種、調整價格。

2. 日記帳處理

（1）輸入每天進出庫物品明細帳、統計餘額、日清月了。（2）控制在庫物品的數量和金額。（3）查詢某日進、出、餘情況。（4）查詢本年度以來各月倉庫進、出、餘額。（5）彙總查詢部門盤存表。（6）查詢某類物品某日某月的進、出、餘額。（7）差價處理。

3. 報表

（1）物品當月、某日盤存表。（2）部門當月、某日盤存表。（3）庫存上、下限報表。（4）物品某月進出庫明細表、結算表。（5）某月部門領料分布表。

五、商場管理功能需求

商場部分相應情況比較複雜，在此只能大致描述為：

（1）代銷、經銷客戶管理。

（2）代銷、經銷商品進、出、余帳目處理。

（3）按在庫、在櫃及代銷、經銷單位的交叉統計。

（4）提供各類查詢。

六、人事工資管理系統功能需求

1. 員工人事檔案的管理

（1）增、刪、改、查詢、影印員工的詳細檔案資訊。（2）人事卡片的形成。

2. 考勤管理

（1）病、事、休假。

（2）遲到、早退等。

3. 人員變動

（1）調離、辭職、內部調動。（2）應聘人員資料。

4. 培訓、考評及獎懲記錄

（1）員工參加培訓情況與培訓表現。（2）工作業績考核。（3）受獎勵與處分情況。

5. 工資管理

（1）人事管理相關的各項結果自動影響工資庫。（2）工資項目可以自由設置。（3）工資計算公式可靈活定義、修改。（4）任意設定部門、崗位編碼，並可隨時更改，各類彙總報表自動調整。（5）輸入工資管理中所需的各種表格，如工資單、簽名單、財務留存單、各類月及年彙總表。

第三節 飯店電腦資訊系統的設計原則

在功能需求分析的基礎上，飯店前台系統的設計、實現與一般的 MIS 的設計方法一樣，運用結構化程序設計技術，透過模組分解，把一個極複雜的前台系統劃分成幾個相對獨立的子系統的模組。這樣大大方便了分工編程、調試、工程組織和管理，同時也提高了 MIS 的可靠性和可維護性。

一、系統設計的一般原則

飯店管理資訊系統，是由飯店管理的實際決定的，其設計不僅要符合 MIS 的理論體系，又要考慮飯店行業的特殊性，我們在設計系統時必須時刻把握這一點。如飯店是每天 24 小時運行，可靠性要求非常高；飯店系統實時管理要求高，數據安全保護性能要好；飯店系統資訊集中管理，要求資訊傳遞效率要高。基於這些特點，在系統設計時，必須把握以下幾點原則。

（一）注重總體結構的合理性

總體結構的合理性是由系統結構和飯店規模相對決定的，飯店管理資訊系統的總體結構要清晰、合理，不能片面追求複雜的功能需求。系統設計時要圍繞實用、安全、可靠、高效的要求，去確定系統的總體結構。

　　為了保證系統安全可靠，我們經常在系統結構上，採用雙機備份或雙硬盤鏡像的方法，在網路平台的選取上，多數用 C/S（客戶機／服務器）的分散式處理結構，這已成為飯店資訊系統組織的一種新的發展趨勢。

　　新技術必然要以較高的代價去取得，而市場上不可能都是高星級的大飯店，更多的是中、小型的飯店，其投入在飯店電腦管理資訊系統上的代價不可能太大。在系統的設計結構上針對性要強，對大型飯店，服務器端就需要使用大型的資料庫管理系統，而中、小型飯店，尤其是小型飯店，就無此必要，相應飯店的投資就會減少，系統的競爭力就強。

　　（二）系統必須以結構化設計為基礎，採用模組式結構

　　這是對一個系統開發工作的基本要求，有利於系統自身的擴展，也有利於與其他系統的連接，其內容在前台系統功能需求分析中已經說明。

　　結構化程序設計要求以功能需求為中心，以模組分解為手段，採用從上至下或者從下至上的設計方法。在這個過程中，我們需要對基本資訊、流程、處理方法及應達到的實際效果進行詳細的分析、分解，以達到功能完備、界面美觀、操作方便、安全可靠。

　　在軟體模組分解時，應採取措施使各種修改所造成的影響儘可能侷限在少數幾個模組內部，即應該使資訊隱蔽，也就是在設計中應使得影響飯店的管理模式、機構設置、產品結構等各種可能變化的因素儘可能放在一個或幾個模組中，使得其他模組與這些模組無關，軟體以後修改時，只需對這些可以成為參數的模組進行更改，而對大量無關的模組沒有影響。

　　（三）系統設計必須注意區別不同的管理模式

　　飯店管理分為低層管理，主要指主管、領班及以下的督導工作；中層管理，主要侷限於部門一級；而高級管理則指總經理、董事會的決策管理工作。飯店電腦管理資訊系統目前主要還侷限在中、低級的管理，尤其是低級——具體實施業務操作的管理，其模式相應統一、規範，功能也比較成熟、差別很小。而對中、高級管理則欠缺很多，這主要由於中、高層的決策工作比較複雜，管理模式相對較多，差別很大。如何更好地研究管理模式中的差別與

共性，對決策管理方面的差異使用不同的參數，並加以開放，增強靈活性，建立一套自己的系統模式，的確不是一件容易的事情，但我們必須去實踐，相應的輔助總經理決策的專用系統問世並應用，而且銷量數以萬套計。

（四）系統設計必須考慮軟體的生命週期，必須注意產品的形象

以飯店業為目標市場的產品潛力很大，同時競爭相對也比較激烈。對於飯店電腦管理資訊系統的開發商來說，如果不能在這一市場上不斷推出新的產品，就會失去競爭力，以致被擠出市場。

軟體生命週期指的是軟體從定義、開發、使用、維護到消亡的過程，任何軟體系統都重複著這一循環。如何延長軟體系統的生命週期，這在初期設計時就必須考慮到。其根本途徑是不斷適應飯店發展的需要，不斷跟蹤新技術的發展，不斷改善自己的系統，定期推出新的版本（新版本要兼容舊版本），同時做好系統維護工作。這對我們的總體開發工作是一個目標性的指導方針。

另外，軟體產品絕對不是僅僅只有程序，還包含開發、使用、維護程序所需的所有文檔，如系統設計說明、操作使用說明書等，這些文檔本身就是產品的形象包裝。軟體開發商提供的系統應該是完備的，符合規範又具有鮮明特色的，因為其用戶是與國際接軌最為緊密的飯店業。

（五）系統設計必須提供全面的系統解決方案

新的星級飯店評定標準已經頒布，其中高新技術所占的分值比例較原標準有很大提高，飯店電腦系統已不再是一個簡單的 MIS 概念，其外延擴大程度不小，從結構化綜合布線、視音頻服務系統（VOD、電視查詢、購物、訂餐等）到客房內有電腦、傳真機設備等。這對系統的開發及系統供應商也提出了更高的要求，要想在市場上有競爭能力，要想拿出令飯店滿意的服務及資訊化產品，必須對此變化有一個全面的系統解決方案。

飯店管理資訊系統由於分前台系統和後台系統兩部分，系統在設計時除了遵循以上原則外，還必須根據前台系統和後台系統的特殊性，在設計時分別考慮其特點，必須遵循各自的設計原則。

二、飯店前台系統的設計原則

前台系統最基本的相對獨立的幾個功能模組為預訂、接待、帳務、夜審、收銀等，這幾個模組也是設計中難度最大的地方，其相關性較多，共享數據量大，解決了這裡的問題，其他模組就顯得非常簡單。在具體設計中要按照以下幾個原則。

（一）資料庫的設計

資料庫的設計是程序設計的基礎，好的資料庫設計要做到無數據冗餘，同時又要簡單。雖然不是所有的飯店管理資訊系統都是用資料庫管理系統來進行設計的，但在設計過程中都要以資料庫設計原理為指導。

前台系統的資料庫一般分為以下幾大類：

1. 主庫

用來記錄飯店客人的主要資訊。這些資料庫在運行過程中是動態變化的，包括客人主單、客人資訊、團隊主單、帳務資料庫、留言資料庫、記事資料庫、備註資料庫、職員留言資料庫、客史檔案、黑名單庫。整個飯店的業務基本上是針對這些資料庫展開的，所有這些庫都應儘量符闔第四範式（4NF），其關鍵字一般是客人帳號、團隊帳號或客史檔案號等。

2. 房務庫

反映各種房間資訊。其記錄個數相對穩定，而每個記錄內容又是動態變化的。主要包括以下兩種：

房型庫：房類清單庫。

房間庫：以具體房間為一條記錄。

3. 系統庫

用於記錄各種系統數據。應包括：

（1）系統設置庫：用來設置系統的環境。如飯店的名稱、樓座數、層數、房間號碼、服務費率、各庫查找路徑等。這些資訊在運行中一般不發生變化，只是在系統初始化時設置。

（2）系統庫：記錄當前的系統數據，當前營業日期，起始帳號，帳戶資訊指針、前夜審日等。

（3）錯誤庫：記錄系統檢測到的錯誤資訊，有利於錯誤更改及現場恢復。

（4）錯誤使用庫：存儲操作員誤操作的流程，有利於分析錯誤原因和監督員工的操作。

（5）日誌庫：記錄對客人重要資訊的更改情況，以便跟蹤對重要資訊的操作過程，明確操作人員的責任。

（6）運行狀態庫：記錄整個飯店管理系統當前各工作站的運行狀況，以利於系統管理員對整個系統進行監視。

（7）帳務指針庫：記錄到昨日夜間稽核時，各帳務資料庫的記錄數。這樣，本日稽核時只需對此指針以後的數據進行統計，就可以加快夜審的速度。

（8）索引資料庫：自動記錄系統使用的索引文件名稱和關鍵字段名稱。一旦發現索引故障，能自動修復而不影響系統的運行。

4. 系統代碼庫

存儲飯店系統的各種代碼。如特殊要求庫、付款方式代碼庫、國籍代碼庫、費用代碼庫、省市代碼庫、菜譜代碼庫、房類資料庫等。這些代碼只能透過系統維護來進行修改。

5. 輔助庫

主要用於輔助系統主庫和房務資料庫，有利於數據存取操作，如可用房資料庫、團隊預留房資料庫、團隊房價資料庫、團隊付款庫等。

6. 臨時庫

大部分臨時庫在夜審時使用，如報表數據準備時用的客人未到資料庫、刪除客人庫、預訂終止庫等。另外，還有大量的臨時庫用於螢幕的保存和恢復等工作。

一般情況下，前台系統的資料庫量非常大，全部堆放在一個目錄下不現實也不利於管理。相應地要放置在幾個目錄下，然後再建立若干子目錄，從而形成一個結構清晰的倒掛樹。具體庫的結構在此不詳細述說。

（二）並發性考慮

在前台系統的應用中，多個用戶同時訪問一個庫，是非常頻繁的事情。如果管理得不好，會造成系統死鎖，數據丟失，恢復困難，嚴重者會給飯店的業務帶來不可估量的後果。

當一個進程存取共享數據或臨界區，必須防止其他進程同時操作。臨界區可能是一個記錄，也可能是整個文件。一般的資料庫管理系統均提供了一套對臨界區獨占存取的基本函數，如加鎖記錄、加鎖文件、解鎖等函數。

為減少共享衝突，同時增進系統安全性，把可能需要經常獨占使用的資料庫分解成多個。如把帳務庫分成為庫 1、庫 2 至庫 99，其中資料庫名稱最後兩位為主單帳號的最後兩位。同樣地，可把系統日誌文件分成 10 個：日誌 0 至日誌 9，它決定於當前帳號的最後一位。

另外，對於死鎖的預防和恢復也要採取一定的策略。在死鎖的預防上可採取預先規定一個封鎖順序，所有的事務都必須按照這個順序對數據執行封鎖，如預訂、接待操作中，先透過房間記錄查詢（此項不加鎖），找到客人記錄加鎖後，再返回封鎖房間記錄並對其修改。死鎖是否存在，透過某種方法進行診斷，一旦診斷到死鎖，可透過熱鍵返回主菜單，執行維護功能恢復所執行的原功能。在無法預料操作順序時，可採取此辦法從死鎖中擺脫出來。一般大型的 DBMS 都具有自動診斷死鎖的功能，並能夠從死鎖中恢復。

（三）良好的用戶界面和易操作性

電腦用戶透過用戶界面向系統請求完成某項功能，也透過用戶界面來回答用戶請求或報告執行請求。因此，用戶界面是系統功能在用戶面前的體現，

也是系統為用戶提供使用系統的手段。友好界面必須具有：螢幕格式優美，合乎用戶操作習慣、操作簡單易學，用戶的操作隨時可以得到幫助。

1. 窗口技術

隨著 Windows 的普及和窗口技術的成熟應用，其美觀規範的界面設計使操作變得非常簡單，而基於 UNIX 的開發，界面也需要儘可能模擬窗口，使相關資訊在同一個螢幕的不同區域出現，便於操作員能對所需資訊作進一步比較和分析。

2. 菜單設計

菜單技術是目前普遍使用的一種用戶界面，它具有直觀性、通俗性，可減少誤操作等優點，所以深受廣大缺乏電腦專門知識用戶的歡迎。

設計一個性能優良的高質量菜單，要注意以下幾項原則：

（1）菜單畫面清晰、美觀、層次分明。菜單畫面猶如商品的外包裝，其外觀是很重要的。

（2）菜單項名言簡意賅，符合用戶的業務用語和習慣。

（3）操作簡單、方便、便於用戶學習與掌握。

（4）有一定的容錯能力和糾錯能力，具有較高的可靠性。

（5）系統反應迅速，不能使用戶等待過久。

（6）注意各級菜單的保密性，防止未經授權的用戶使用某些功能模組。

3. 熱鍵

使用熱鍵合理、統一，儘可能與國際流行軟體相一致

4. 螢幕設計

用戶主要是透過顯示螢幕來瞭解電腦系統的運行結果，也在螢幕的指定位置透過鍵盤向電腦發出操作命令，因此螢幕設計會直接影響到操作人員的

勞動強度和操作質量，從而影響整個系統的效率。在螢幕設計時，必須注意以下幾點：

（1）系統始終提供大量的提示資訊，可使用戶更好地瞭解整個系統當前的運行狀態，不應使用戶莫名其妙地等待。

（2）力求螢幕畫面清晰，有條理，整個過程中各幅畫面要求儘量一致，特徵風格上做到統一；力求整個畫面布局合理，保持整個畫面的勻稱；力求使得重要內容醒目，如採用反像顯示、閃爍等。

（3）採用全螢幕的填表方式輸入。這種方式同用戶手工操作相類似，可減少出錯率，出錯時也便於用戶直接修改。

（4）採用多窗口螢幕方式，使用戶在輸入某些項目時能同時在其他窗口中參閱與之有關的其他數據，這樣給用戶一個生動的輸入操作環境。

（四）安全性、可靠性設計

為了保證數據處理的安全可靠和正確有效，系統必須提供一套數據保護子系統，主要包括安全性、可靠性、完整性和並發控制等部分。

1. 安全性設計

數據的安全性是指數據文件不被非法地使用，為了保護數據，系統可採用以下辦法：

（1）禁止用戶中斷運行，系統關閉所有軟中斷。系統一旦運行，普通用戶就無法中途退出應用程序。

（2）用戶權限表。系統提供一權限表來標示用戶的名字和身份，可將它保存在一個資料庫中，當用戶註冊時進行識別，同時規定其合法操作權限。

（3）日誌文件設置。系統可使用多個日誌文件來監視數據文件的活動情況和操作情況。對於可疑的存取、對於重要數據和功能的操作及對數據的修改都要記錄在相應的日誌文件中。根據以上記錄和其他的相關數據，管理層可以跟蹤操作員的操作過程。

2. 可靠性設計

可靠性包括硬體可靠性和軟體可靠性。硬體可靠性主要是避免或減少機器的故障，如包括掉電、器件物理損壞等。可以透過雙線供電、雙機備份、安裝 UPS 選擇較好品牌的硬體設備來增強。而軟體可靠性則需要我們在系統設計過程中進行多方面考慮，如系統平台、開發工具的選取，功能上注意防止誤操作等造成的死機。在增強軟體可靠性時我們應該提供用戶自己能夠從死機中恢復，或者至少要做到用戶在軟體供應者的指導下從死機中恢復。

（五）適應性

系統應該面嚮應用、面向未來進行開發，因此必須能夠適應不同飯店的不同管理模式、不同機構設置、不同產品類型等，同時也必須能夠適應相關設備、相關係統的相連。要達到這些要求，在設計中我們要力求：

1. 儘可能多地開放系統參數

系統在設計中，與具體飯店相關的內容，應儘可能使用參數設置的方法。如軟體的功能模組與飯店的部門對應關係，可以透過對應參數的設置來實現，不同飯店可以透過不同的設置來進行組合。報表的實現也是一樣，表項可以設置成參數，哪個參數放在什麼位置完全由用戶自己安排，這樣系統才可能成為一個活產品，不會總是一副「老面孔」。甚至好的系統設計，連螢幕的色彩、螢幕安排等都作為參數，真正做到靈活、適應性強，並具有個性化。

2. 與飯店其他相關設備、設施、服務相連應儘可能預先留好餘地

程控電話交換機是飯店電腦管理資訊系統必須相連的一種設備，不同的飯店其交換機種類也不同，對常用的交換機我們應該設計好其界面程序，而不必臨場再應戰，對於其中 PMS 缺少的問題，也應該有相應的對策。

3. 及時更新

適應新技術發展的趨勢，易於硬體的換代、軟體的版本升級。

三、飯店後台系統的設計原則

飯店後台系統的設計遵循一般軟體的設計原則，無論基於何種平台，使用哪一種開發工具，都須按照軟體工程的「生命週期法」或「模型法」把開發過程分為不同的階段，運用軟體工程中成熟的分析、設計和編程技術來進行。然而後台系統牽涉的面非常廣，對系統的準確性、可靠性及安全性要求又非常的高，在具體實現中的確存在不少困難。

後台系統以帳務處理為中心，涉及會計核算（帳務處理、固定資產、材料倉庫、現金銀行、工資、採購等）、成本分析（財務狀況分析、成本分析、利潤分析等）、財務預算計劃等方面，因此在設計系統的過程中，需要緊緊抓住飯店與其他行業的不同之處，有重點，分步驟地進行開發設計。

（一）以財務核算為基礎的原則

在財務核算中，又以帳務處理為主導，在設計過程中需注意以下要點：

（1）會計科目的一級科目一般由財政部統一規定，二級以下的科目由飯店自己確定，電腦處理時，會計科目編碼就成為識別不同帳戶，按帳戶資訊進行分類、校核、合計及檢索的關鍵字。為了使會計資料口徑一致，便於財政和主管部門進行彙總和分析，編碼力求統一，同時要留有專門的窗口來進行會計科目的增加、刪除和修改。

（2）記帳憑證可採用統一的填制規範，以便於輸入和處理。如收款、付款和轉帳憑證可以採用同一格式，對於不同類型的憑證可加以一定的標示或代碼，以便電腦進行判斷。記帳憑證的數據在顯示螢幕上的輸入格式和記帳憑證的格式力求一致。

（3）會計摘要的寫法要儘量規範化，最好採用固定的寫法，也可以採用漢字詞組保存的方法，將常用而有規律的摘要編成漢字詞組保存起來，使用時將整個漢字詞組調出，以減少漢字的輸入時間。

（4）輸入記帳憑證資訊時，應考慮作為憑證文件保存，然後根據其內容，經過電腦處理就可以分別得到日記帳、明細分類帳和總帳，由於這幾個

帳都共享同一數據來源——記帳憑證，因此就避免了重複，不容易產生差錯，也省去了三本帳之間的核對。

（5）報表生成功能是整套軟體成功與否的關鍵。從宏觀來看，由於經濟體制和管理上的需要，財務報表的式樣在不斷變化，特別是年終決算報表，不僅是報表式樣的改變，連數量也有所增減。飯店內部管理上的報表，隨飯店實際情況的變化，也需要不斷進行調整。因此，系統在報表生成方面，應該有用戶自定義功能且應方便易用。

（6）帳務處理系統應該具備強制性的控制功能，如憑證輸入後應自動對憑證內容進行校驗，包括借貸平衡校驗、會計科目編碼校驗、日期校驗以及憑證編號的校驗等；新增會計科目餘額置零，刪除會計科目時餘額為零允許，否則禁止等等。

（二）以財務控制為重點的原則

飯店財務管理在很大程度上體現為控制：控制成本，控制費用。因此，一套飯店財務系統如果沒有成本分析子系統，其侷限性就很明顯。

成本分析子系統一般包括四個功能模組：

1. 財務狀況分析模組

（1）資金平衡關係分析

包括固定資產淨值與固定資金的平衡；定額流動資金的占用與來源的平衡；非定額流動資金中的發出商品項目與結算貸款項目的平衡；專項基金及其他資金的占用與其他來源的平衡。並能夠輸出資金平衡關係分析表。

（2）固定資金的分析

包括固定資產增減變動分析；固定資產再生產情況分析（磨損率、報廢率、更新率）；固定資產結構分析。能夠輸出分析表。

（3）流動資金分析

包括：①定額流動資金來源分析，自有及視同自有資金分析，借入流動資金分析。②定額流動資金占用分析。包括總的差異、儲備資金占用分析、生產資金占用分析、成品資金占用分析。③非定額流動資金的分析。包括發出商品與結算借款差異分析、應收款與應付款的分析、企業支付能力的分析。

（4）專項基金分析

包括基金來源分析；使用情況分析；來源與應用的適應程度分析。

（5）資金利用效果分析

包括：①固定資金利用效果分析；固定資產產值率；固定資金利潤率。②流動資金利用效果分析；流動資金周轉率（周轉次數、周轉天數）；流動資金利潤率；產值資金率。

2. 成本分析模組

（1）成本計劃完成情況分析。包括全部產品成本計劃完成情況分析；可比產品成本降低任務完成情況分析。（2）主要產品單位成本分析。

3. 利潤分析模組

功能包括利潤總額分析；利潤分配分析；利潤率分析；利潤預計完成情況分析。

4. 投資分析預測模組

即長期投資效益分析。

（三）以財務計劃預測為指導的原則

後台系統的設計，必須考慮財務計劃預測子系統的設計。飯店全年的經營計劃依賴於全年的財務計劃，一個財務計劃預測子系統包括以下幾個功能模組：

（1）財務計劃預測模組。具有實現資金預測和編制中短期資金計劃等功能。

（2）成本計劃預測模組。能實現成本預測等功能。

（3）工程預算模組。根據現行標準和價格，測算工程項目的各項費用，編制工程預算。

（4）投資項目可行性分析模組。用於投資、合資大型項目的可行性分析。

思考與練習

1. 前台系統設計的關鍵點在何處？

2. 試設計一個飯店預訂功能的需求功能框架圖。

3. 飯店管理資訊系統的設計應把握哪幾個原則？

4. 房態在電腦 MIS 中如何具體表示？如何設置？請提出你的處理方案。

5. 評價一套飯店 MIS 應該有哪些標準？能否量化？

第 6 章 飯店管理資訊系統的總體規劃

▌第一節 資訊系統規劃概述

任何事物都有產生、發展至消亡的變化過程，人們也習慣於將事物變化的這種客觀過程劃分為若干階段，問題由產生到解決再轉化為新的問題，可以看作是一個發展週期（也稱事物的生命週期）。與此相應便有美國人提出一種稱為 PDS 的三段式：P 是計劃（PLAN），D 是實施（DO），S 是評價（SEE）。無論是完成複雜的工程項目，還是完成一項比較複雜的工作，人們首先要制定計劃，然後再去實施，經過實施後加以評估，再做出新的調整（或二次開發）計劃，轉入又一輪的 PDS 循環。這種基本原理廣泛地滲透到人們對系統工程、軟體工程、MIS 工程（管理資訊系統工程）的研究中去，這裡讓我們首先對系統工程概念以及系統工程對系統規劃的研究做一個簡要介紹。

一、系統工程對系統規劃的研究

系統工程是 20 世紀中期才開始興起的一門邊緣應用科學。因此，專家們對於系統工程的具體定義仍然是說法不一，錢學森教授在 1978 年提出的定義：「系統工程是組織管理系統的規劃、研究、設計、製造、試驗和使用的科學方法，是一種對所有系統都具有普遍意義的科學方法。」如果需要更多地瞭解系統工程的理論，可以查看有關的專著，我們在這裡只是結合飯店管理資訊系統的建設和管理，對系統工程的定義做幾點非常簡單的討論。

（一）系統工程生命週期

可以明顯看出，在上述定義中滲透著對事物發展處理的階段性和相應的生命週期概念，即組織管理任何一種系統時，都可以將它劃分為規劃、研究、設計、製造、試驗、使用等不同階段，這些階段便組成了這種組織管理工作的生命週期：規劃──研究──設計──製造──試驗──使用。

（二）系統工程範疇

系統工程理論在系統科學範疇內屬於工程技術，目前它已被廣泛應用於社會生活的各個方面。例如近年來人們比較熟知的有：

軍事系統工程，研究軍事行動組織和指揮。

農業系統工程，研究農業生產組織和管理。

資訊系統工程，研究有關資訊的編碼、傳輸、存儲、檢索、顯示系統建設的組織和管理。

環境系統工程，研究保護環境質量、控制環境汙染工作的組織和管理。

航空系統工程，研究有關航空工程的研製開發的組織管理。

人口系統工程，研究老齡化、控制人口數量、提高人口素質工作的組織和管理。

以上各類系統工程的方法都可以分步驟加以說明，但是這些步驟的劃分並非是絕對一致的，可以根據不同的系統對像有所不同，例如有時把一個步驟分成幾步，有時則相反將幾步合併成一步。再例如，同樣是資訊系統工程，電腦工程公司自己研製一個資訊系統和根據用戶要求研製一個資訊系統，二者在系統工程描述上就必然存在著明顯的不同。

（三）系統工程的系統規劃

並非是系統工程的步驟劃分得越細越多越有益處，相反，有可能簡化時就應當簡化。不過，無論你如何簡化，系統工程的第一步總是要從系統規劃開始，也就是說，系統規劃是必不可少的起步工作，對於它的重要性決不可以有所輕視。只有進行好的規劃，並加上好的開發，才能得到一個優秀的系統。

我們可以將系統規劃再詳細劃分成若干階段，圖 6-1 便是在系統工程研究中對系統規劃的一種詳細描述，它大致分為六個階段：提出問題，初步調查和總體研究，確定目標，綜合分析提出方案，選擇最優方案，制定實施計劃。

在這種描述中顯然突出了兩個環節：選用適當模型來確定系統目標和結構；選用適當標準在多個方案中選優，透過多輪的循環選擇和分析，最終能獲取符合要求的最優方案。

二、軟體工程對項目規劃的研究

在建立一個飯店管理資訊系統時，核心任務是開發符合管理要求的軟體系統，所以我們在系統規劃的討論中，不僅要以系統工程的研究成果為基礎，而且要吸收軟體工程（即軟體系統工程）的研究成果，根據軟體的特殊性和規範，利用工程的方法，開發軟體系統。

20 世紀 60 年代後，電腦編程工具有了明顯的發展，促進了電腦在多種領域的應用，不再只是限於科學計算工作。但是，手工作坊式的軟體開發方法使得軟體的質量、成本和開發速度都無法滿足社會的需要，至 60 年代末期開始出現了軟體危機的種種跡象。與此同時，人們逐漸認識到，如果軟體開發只是作為發揮個人編程能力的智力活動是不行的，必須將個人開發的手工方式轉變成面向市場的工程化開發方式。在 1968 年的一次國際會議上，人們首次提出了「軟體工程」這個名詞，70 年代中期又提出了軟體生命期的概念，進入 80 年代後便提出了一系列軟體開發的工程化方法。進入 90 年代，基於軟體工程的項目規劃和管理已普遍使用，規劃成為軟體工程中的重要內容。

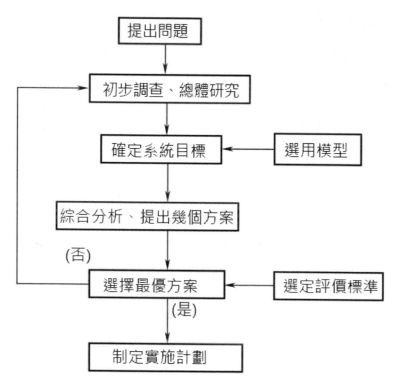

圖 6-1 系統工程中對系統規劃的一種描述

在軟體工程中，人們對軟體生命週期的描述和前面介紹的系統工程的描述很相似，一共經歷了六個階段：規劃──分析──設計──編碼──測試運行──維護。

我們也可以採用下面軟體生命週期的三階段過程描述。

在圖 6-2 的軟體生命週期中，三個階段的具體任務如下：

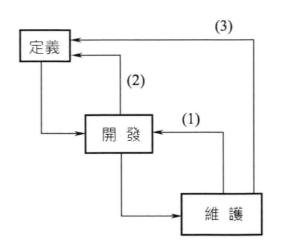

圖 6-2 軟體生命週期的三段式

（一）軟體定義階段

這一階段主要解決所要開發的軟體能做些什麼，它至少要包括軟體項目規劃和需求分析兩個步驟。

在項目規劃中，人們要確定軟體開發的總目標，給出所開發軟體的功能、技術性能（例如處理能力、輸入/輸出能力和響應時間）、可靠性、可擴充性、保密性、可維護性以及環境適應性等方面的設想，由軟體開發人員和用戶合作進行可行性分析，並對可利用資源、開發成本、開發效益和開發進度進行設計，制訂實施計劃並提供審批。

在需求分析中，人們要對軟體的需求進行詳細精確的定義，分析數據流，寫出功能說明書及用戶手冊初稿。

（二）軟體開發階段

這一階段主要解決要開發的軟體將怎樣工作。本階段要考慮軟體的總體結構、數據結構和程序結構，以及如何用編程工具來實現的問題。一般這個階段包括軟體設計、程序編制和軟體測試。

（三）軟體維護階段

這一階段主要解決軟體的使用。本階段涉及到對軟體使用中的故障排除，對開發中遺留的錯誤及時確認和修改，也涉及到為了更好適應環境和發揮軟體功能進行新的擴充或修改。其最終任務是確認系統的更新，圖 6-2 中的箭頭線（3）就表示轉入新一輪的系統開發（即系統更新）。

軟體的定義、開發、維護是一個基本順序過程，但是實踐中在前後兩個階段之間總是存在著必要的反覆調整。例如，當我們在軟體規劃中確定軟體功能、技術性能以及可靠性、可擴充性時，必然涉及到對於系統結構、基本數據結構、程序結構的設想。反之，當我們在軟體設計中完成了各種結構的設計，才有可能最終確定系統的保密性、可靠性、可擴充性的水平。

如上所述，我們正在討論的系統規劃（項目規劃），在軟體工程中是被當作其在第一階段（軟體定義）中的首要任務。因為有了規劃，才能確定系統的總目標，有了總目標，才能開展系統的需求分析，並進入開發的下一階段工作。

三、管理資訊系統工程對系統規劃的研究

建立一個飯店管理資訊系統，涉及到飯店經營中的多個環節和多個部門，同時這個資訊系統又是整個飯店經營體系（即飯店經營系統）中的一個中樞部分，涉及到電腦軟體、電腦硬體和經營管理組織。對於這樣複雜的任務，我們不能只限於前面對系統工程和軟體工程的簡單討論，需要確定具體的管理資訊系統工程方法。一般對於企業管理資訊系統工程，可以有下面的簡單描述，而圖 6-3 則是對其中的系統規劃環節的具體描述。

系統規劃 —— 系統分析 —— 系統設計 —— 系統實現 —— 系統維護

在圖 6-3 中，我們所要討論的系統規劃包括：初步調查、系統功能定義、可行性分析、制定實施計劃。

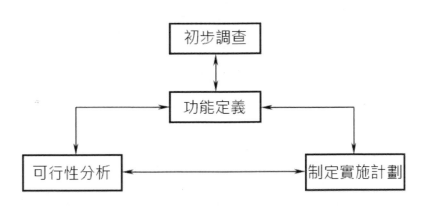

圖 6-3 管理資訊系統工程中對系統規劃的描述

　　討論至此我們已經可以看出，無論是系統工程、軟體工程還是管理資訊系統工程，作為它們的第一步工作都是系統規劃，只是對系統規劃（在軟體工程中稱為項目規劃）的具體定義相互略有些不同。簡單地講，系統工程的描述比較概括（並強調優化），軟體工程討論的對像在規模和工程難度上又相對較小，管理資訊系統工程恰在二者之間，對象的規模比較大而描述也比較細一些。

　　需要特別指出的是在管理資訊系統工程中，對於系統的調查工作、功能定義工作都需要進行兩輪循環。首先在規劃階段，人們要進行系統的初步調查和確定系統總體功能定義、總體結構及總體配置；而後在開發階段，人們還要再次進行細緻的工作，即再次完成系統詳細調查、詳細功能定義、詳細結構和具體配置。關於開發階段的工作我們將在下一章討論，下面先具體討論系統規劃中的初步調查。

▋第二節 系統初步調查

　　初步調查的任務是調查飯店經營的總貌以及對資訊的總需求，特別調查飯店的組織結構，業務數據處理的關鍵點以及飯店領導的設想和支持程度。這種調查的直接目的就是為了完成系統規劃中的後三步工作：系統功能定義、可行性分析和制定實施計劃。

一、初步調查的工作內容

初步調查是概要性的、總體性的，不是詳細的，只是調查一個概貌；調查是由主觀認識約定的、有限範圍的，有很強的目的性，就是要構造一個新的管理資訊系統的概貌。

初步調查可能有兩種不同的背景（起因）。一是需要研製和使用一個新的飯店管理資訊系統。這其中又包括不同情況：①飯店要自行設計開發新系統。②飯店要挑選一個電腦工程公司聯合進行新系統研製。③飯店要挑選一個電腦工程公司特別定做一個專用的飯店管理資訊系統。二是需要從已有的各種飯店管理資訊系統通用型商品中選購一個系統。

初步調查可能有兩種不同的基礎：（1）當前飯店經營中已存在管理資訊系統（MIS）。（2）當前飯店經營中並不存在管理資訊系統。這其中又包括：

①飯店經營中仍然採用手工方式進行資訊處理。②飯店經營中只是在個別工作崗位上採用了單台電腦進行資訊處理。

初步調查的最終目標還是為了要在飯店中建立一個新的管理資訊系統，因此要做好這種系統調查，就很有必要在調查之前，對飯店經營的管理系統以及經營活動中的資訊系統有些基本的認識和理解。

簡單而言，初步調查包括需求調查和概貌調查。需求調查是初步調查的核心任務，它直接關係到如何確定管理資訊系統的目標。系統是否具有一個合理的目標，最終決定著系統建設能否成功。概貌調查是一種總體性調查，可以分為如下三個步驟：調查並編制組織結構圖，瞭解部門分工；調查部門之間的業務關係，瞭解它們的相互協作；調查並大致摸清部門之間的資訊界面。

一般在飯店中都是總經理垂直領導的多層隸屬關係，各個部門都必須有其各自明確的組織結構、崗位職責以及相關的操作規程（或工作規程）。對於飯店的部門編制、崗位職責、工作規程，在一些飯店裡，尤其是在那些由飯店管理公司管理的飯店，我們可以很容易地找到比較完整的資料，例如已經整理成冊的飯店管理與服務規程。此時的概貌調查就比較方便，很快就可

以進入對各部門之間協作關係的分析，即把握飯店經營活動總體中各個部分之間的有機聯繫。可是在相當多的飯店中，相關的資料並不成冊，甚至找不到多少可以明確說明飯店各項業務的資料說明。此時，我們必須一步步地進行調查，首先要設法勾畫出飯店的組織結構圖，因為這種結構體現了飯店經營資訊流動的大環境（背景），進而我們還要大致瞭解各部門的工作任務和操作要求，最終我們要瞭解各部門之間的業務聯繫。因為進行飯店管理概貌調查的直接目的是要調查飯店的資訊系統，所以在分析各部門協作關係之後，需要儘可能地摸清各部門之間的資訊往來，以便進入對飯店資訊系統的整體調查。

二、初步調查的工作經驗

（一）充分認識用戶要求的缺陷

有經驗的系統規劃人員或系統設計人員都知道，當他們在飯店中對新 MIS 的未來使用者，如飯店總經理、部門經理及員工，進行 MIS 需求調查時，在這些使用者所提出的要求與將來對 MIS 的系統功能定義之間，不可避免地存在著相當大的差異，用戶要求帶有明顯的缺陷。

產生這種差異的原因大致有以下五點：

（1）使用者大多只能提出片面的局部的要求。一些人在經營管理中只對局部工作有所瞭解，他們對 MIS 提出的局部要求有著明顯的侷限性。作為飯店總經理，或許他參與調查工作的時間和精力很有限，或許他對飯店經營瞭解仍不夠深入，對各部門之間的細緻關係所知也並不夠多，往往他們也提不出既全面又比較準確的要求。

（2）使用者大多對電腦系統和 MIS 缺少瞭解，往往在提出對資訊系統的要求時很難科學地或比較準確地表達出來。

（3）一些使用者對系統的概念模糊，甚至可能對管理系統、資訊系統有錯誤理解，所提要求也可能很不合理，例如有些用戶對 MIS 「靈活性」提出近似無理的要求。

（4）常有一些使用者在主觀上對調查工作不重視。一些人以為參與或接受調查是本職工作之外的額外負擔，在調查中只限於簡單解答調查者的提問，並不認為自己在參與一項投資的研製工作，所提要求很可能質量不高，甚至沒有經過認真思考就隨意提出來了。

（5）很多使用者在客觀上投入到調查工作中的精力很有限，因為他們的工作壓力比較大，這也影響他們在需求調查中不能提出系統性和科學性更強的要求。

（二）充分認識調查的複雜性

由於用戶要求的先天性缺陷，由於用戶要求和系統定義之間的明顯差異，我們不可能設想：只是將使用者的各項要求簡單彙總，就可以幫助我們完成系統的總體規劃。在實踐中，往往使用者的諸多要求都不能構成一個有機整體，相互之間存在著許多重複、矛盾（不一致或對立）和疏漏。

為了完成系統規劃，我們至少在調查中要認真確認以下幾個方面：

1. 資訊要求和非資訊要求

在初步調查中，未來的飯店管理資訊系統的使用者常常是不區分資訊要求和非資訊要求，例如他們把對管理組織、人員、設備的要求和對資訊的要求混在一起提出來，其中有許多要求可以被認為和資訊處理沒有明顯關係，在調查中必須注意將這些要求去掉。

2. 可量化要求和模糊要求

用戶的要求也不都是可以數量化的，但是在管理資訊系統中電腦處理的資訊一般都只限於已經量化的資訊。儘管人們也在研究將模糊數學應用於管理決策過程，不過就目前飯店的資訊管理中尚不能找到這樣的實例，因此我們必須區分使用者所提要求中哪些要求是可以量化的，將它們考慮作為管理資訊系統處理的對象。對於那些非量化要求，也要注意它們很可能和管理資訊系統的使用相關，往往涉及一些配合 MIS 應用所需的對員工管理工作規程的特別要求。

3. 功能要求和技術性能要求

即使用戶所提的要求確實屬於對管理資訊系統的要求，我們對這些要求仍可以區分它是功能要求還是技術性能要求。根據實踐經驗可知，功能要求更加重要，直接涉及如何確定系統的目標和功能定義、結構定義，而技術性能要求則更多地影響到 MIS 將採用何種電腦硬體系統以及何種軟體工具，這些要求涉及管理資訊系統的資訊處理能力、輸入／輸出能力、響應時間、可靠性、可擴充性、保密性、可維護性、環境適應性等等各個方面。

4. 系統輸入要求和系統輸出要求

按照一般的講法，資訊系統主要涉及資訊的收集、存儲、加工、傳遞和顯示，但是從另一個角度也可以講，資訊系統主要涉及系統的資訊輸入、內部資訊結構及處理算法、系統的資訊輸出。其中在初步調查時，人們首先要摸清系統的輸入要求和系統的輸出要求。此二者既反映了用戶對系統的功能要求，又涉及對系統人機對話的具體要求，從使用者角度自然要受到人們的特別重視。從設計者角度，它們同樣是特別重要的，以資料庫設計為例，它們直接和資料庫外模式設計相關。在實踐中一些調查人還特別願意從調查系統的輸入和輸出入手，感覺這種做法就比較容易把握資訊系統的脈絡，尤其是調查經驗不多的調查人更容易產生這種想法。

5. 對資訊處理的順序、頻率和週期的要求

如前所述，我們可以認為資訊處理主要涉及五個方面，即資訊的收集、存儲、加工、傳遞和顯示。在這五個方面，不同資訊處理在相互間總是存在著一定的處理順序、一定的處理頻率和一定的處理週期。

（1）資訊處理順序是多種多樣的。

● 並行處理：兩項資訊處理可以分別進行，相互之間不必約定先後的順序。它們可以同時，也可以不同時。

● 順序處理：兩項資訊處理存在著先後次序，必須先進行某一項資訊處理之後，才可以進行另一項處理，否則將產生錯誤或混亂。

這種順序處理又可以區分不同的情況，例如：

連續處理：即在兩項資訊處理中先進行一項，接著再進行另一項。

前饋處理：即把早已完成的某項資訊處理結果拿來參與和控制當前的資訊處理。彙總處理，即在幾項資訊處理之後，再進行某一項綜合性資訊處理。

● 反覆處理：它是指在一定條件下，一項資訊處理中可能將返回到先前已經做過的另一項資訊處理中繼續工作。

對於經過一項資訊處理後無條件地返回到已經做過的另一項資訊處理，則應該視其為順序處理（連續處理），而不必視為反覆處理。這裡提到的反覆處理是指在特定條件下才發生的，條件不滿足時並不發生。需要明確一點：有時這種反覆處理也可能是多次的，即多次反覆。

● 分支處理：它是指在不同條件下，一項資訊處理將轉向不同的其他資訊處理過程。

（2）在企業管理中的資訊處理頻率大致可以分為兩種。

● 固定頻率，例如會計系統中常見的會計期末處理（大多一月一次）。

● 不固定頻率，例如資訊系統中的容錯處理或是對偶然發生的故障進行處理。顯然一些不固定頻率的資訊處理在調查中容易被忽視，因此更要特別注意。

（3）資訊處理週期應當是明確的。

任何事物都有其時間和空間要素，資訊處理也是如此，週期就體現出資訊處理的時空特徵，在飯店經營中資訊處理的週期大多是年、季、月、日。

如前所述，對於諸項資訊處理，我們不能迴避對它們的順序、頻率、週期進行調查和邏輯分析，由於這三者又會交叉聯繫在一起，因此這種調查分析和確認工作難度就比較大。以後在 MIS 的設計中人們還要進一步細化這種分析，在那裡同樣需要設計人員頗費苦心。

　　總之，上面討論的五個方面都需要我們在需求調查中認真對待，在某一個飯店的調查中，任何一個方面都有可能是很難確認的。更為複雜的是，在這五個方面相互之間仍會有著許多的交叉，這使得我們的調查工作更加複雜。

　　做好調查需要調查人具有一定的知識、經驗和能力，要成為一個出色的調查人員並不容易，首先需要理解一些基本原則。

三、明確調查的基本原則

（一）必須首先虛心謹慎地對待客觀存在的環境和對象

　　儘管未來的 MIS 的確是我們人為約定的系統，但是它所處環境和所要服務的對象都是客觀的，我們必須認真瞭解和研究客觀事物，認真調查第一手材料；儘管在初步調查中用戶所提要求有著很難避免的缺陷，但是用戶對系統有著長時間的感受，也是將來對新系統的評價權威，我們必須認真向使用者進行調查，這些都是做好需求調查的首要原則。調查人特別要注意避免主觀上造成調查的片面性，決不可以輕視用戶的要求或是以自己的主觀設想代替對用戶的瞭解。

（二）明確認識到用戶的客觀要求不能等同於科學的系統定義

　　這是需求調查工作原則的另一方面，與前一方面是相反相成（對立統一）的。我們對於調查工作的複雜性必須有充分認識，只是虛心並不能搞好調查，還需要努力發揮我們的經驗和主觀能動性。

（三）注意從兩個方面把握初步調查的進度

　　一方面，調查是為了進行系統定義（功能定義、結構定義），系統定義又要考慮系統的可行性研究（例如系統的關鍵技術指標、系統的投資額度）。因此，在調查中我們就有必要對後面的工作（系統定義、可行性研究）有所考慮（預計），特別是對若干關鍵問題須有一定的預測分析，不能只是在大量調查後才開始有關的分析工作。利用對新系統的某些預測估計來指導當前的調查，這樣做會提高調查的效率和質量，也有助於把握調查的範圍及重點，從而更好地把握調查的進度。

另一方面，調查總是一個承前啟後的過程，只要不能進行後面的工作（系統定義），我們就不能結束調查，可以反覆地進行調查。應該注意的是要避免由於調查質量不高，在大量進行了後面的工作之後再次返工重新調查。這類似於作戰指揮，調查類似於戰前準備要做得足夠充分（要慢），而作戰進攻要猛（要快），即調查之後的工作要抓緊進度。我們在調查過程中須把握一個原則：質量比進度更重要。

在初步調查中，需求調查是核心任務，但是大量的工作是概貌調查，它包括對飯店目前的整個經營管理體系的概貌調查、對飯店經營管理活動中資訊處理的概貌調查，如果飯店目前已經擁有一個 MIS，在概貌調查中還要對這個將要被棄用的系統進行調查。

四、調查方法

（一）可以採用多種調查方式

1. 直接調查方式

向飯店各個部門的員工進行面對面的調查，可以是口頭的調查，也可以是書面的調查。一般要事先擬好調查提綱，列出需要調查的項目或問題。

2. 間接調查方式

收集飯店各個部門在經營中的管理規程以及報表、單據，對它們進行理解、歸納、分析。

3. 類比調查方式

以一個已有的飯店體系或已有的飯店資訊系統（或飯店管理資訊系統）為參照，對應著向飯店各個部門進行調查，主要瞭解調查對象和參照系統有什麼差異，透過明確這些差異來完成新系統的構想。

有經驗的調查人員，一方面對參照系統比較熟悉，甚至頭腦中已有多個參照系統，另一方面，他們能夠將不同的調查方式很好地綜合使用，因此他們的工作水平就可以更高一些。

（二）注意調查要點

無論我們使用何種調查方式，都需要講究調查方法。在調查工作中人們可以總結出各種行之有效的方法，不同的人會偏愛不同的方法，但是人們都很重視兩個關鍵性的工作要點：

1. 有準備的提問是調查工作的核心

無論是口頭調查還是書面調查，能否在調查之前充分準備好所提的問題，這一點特別重要。如果提出的問題不得要領，很難摸清實情和事物的內在規律；如果提出的各個問題相互關係本來就不清楚，那麼調查結果也必然是混亂的。

被調查的飯店情況不一，被調查的員工水平不一，因此，多麼有經驗的調查人員也需要認真準備調查提綱。但是，一般富有調查經驗的人，經過認真準備之後能夠明確：應該問哪些問題，先問什麼問題，再問什麼問題，對哪幾個關鍵問題需要儘量得到確切的回答。缺少經驗的人當然需要更加用心來準備他的調查提綱。

無論何人對調查提問做精心準備都是值得的，反之，任何一個準備不充分的調查人既不會有好的工作效率，也不會有好的工作質量。

2. 每次調查後的及時總結是必不可少的

儘管做過比較充分的準備，但是調查的進程往往都是不可預計的。有經驗的調查人或許能在現場靈活地調整提問的計劃，但是更重要的是要把握時機而適時停止這一次提問，經過分析，整理出新的調查問題，再次進行調查。

有經驗的人善於及時總結，既能把握原來的初衷（例如類比調查中原有的參照模式），又能調整原有的提綱來進行新的調查。缺少經驗的人更要努力去透過及時總結這一關，要煞費苦心盡全力來分析整理，由於他們不善於經過總結來理清情況，往往會轉而寄希望於再次找被調查人問一問或許能有所明確，結果又常常是缺少充分準備而問得愈多，感覺就愈加混亂，調查進度就越來越慢。

　　無論何人，如果沒有做好前一次調查提問的及時總結，就不能開始下一次調查。

五、調查經驗

　　20 世紀 60 年代從美國有一種說法：在 100 人中間可以培養出 10 位編制電腦軟體的工程師，但是不一定可以培養出一位開發軟體的系統分析師。在研製飯店管理資訊系統的工作中，進行初步調查工作的負責人應該是這種系統分析師，其任務還包括完成系統的總體設計（系統定義），並指導各位電腦工程人員完成具體的系統開發建設。顯然，他必須具有相應的決策、組織和設計能力，不是隨便一個人就可以勝任這項工作。

　　能力總是來自知識和經驗的結晶，下面稍稍討論一下初步調查的工作經驗。

（一）提高調查工作效率

　　有經驗的調查人一般都要將三種調查方式結合起來，例如以類比調查作為基礎，先進行間接調查，再進行直接調查，其用意在於儘量少占用各部門管理人員的時間，儘量得到調查工作的較高效率。

　　一方面如前所述，調查要足夠充分（要慢），不能急於求成，調查質量重於進度；另一方面，調查最忌諱「拖」，必須儘量地避免調查階段時間過長。這是因為：

　　（1）被調查人都有自己的職責，一些人的本崗位工作壓力比較大，他們不可能有很多的時間和精力參加初步調查工作。

　　（2）初步調查時間過長，被調查人容易反感，一旦他們對調查人產生看法，例如認為調查人沒有經驗，或是認為調查人對飯店經營十分外行，他們參加調查工作的熱情便會大大降低，此時就很難保證調查的進度和質量。

（二）把握一般的調查過程

　　一般在研製管理資訊系統時進行初步調查的過程大致如下：

1. 分部門調查

摸清部門分工以及它們之間的資訊界面，再回到各部門瞭解各自處理的資訊對象。

2. 確認最重要的資訊

包括：基礎資訊內容、各部門對它們的需求（輸出要求）、它們的來源及演變（即輸入要求和加工過程）、電腦處理的條件（例如它們在各部門活動中的統一規範化程度）。總之要抓住重點資訊完成細緻的確認工作。

3. 總結出用戶對新 MIS 的要求與願望

無論調查人水平如何，至少都需要經過上述過程，對每一項工作都不可有所缺欠，而且在每一項工作後都要有相應的文字成果。一些調查者對飯店 MIS 比較熟悉，初步調查的工作經驗也比較多，但是仍然不可以「偷工減料」。對事物的普遍性規律瞭解比較多的人，在進行具體對象調查時可能有兩種態度：一種態度是更加注意和更加有效地確認對象的特殊性，另一種態度是不自覺地忽視了對象的特殊性，在某種程度或某些方面以普遍性代替了特殊性。如果在調查工作中持後一種態度，其初步調查結果便會帶有一些缺陷，這些基礎性的缺陷被帶入到以後的開發工作中，最終可能對系統建設要造成讓人不能迴避的嚴重問題。

第三節 系統功能定義

在初步調查取得一定結果之後，人們要著手進行系統功能定義，針對調查中得到的種種需求，完成系統總體功能的概要設計。很多時候人們談到「設計」都是在指對一個既定的對象進行構想，在這裡我們要完成其概要設計的 MIS 實際上還沒有定型，系統的邊界將要在我們的概要設計中來確定，因此使用「定義」來說明這種設計就更加貼切。

系統功能定義的基礎是初步調查中由用戶那裡得到的種種功能需求，在前面的一章已經詳細討論過，但是系統的功能定義並不等於這些需求的簡單組合。用戶對新的 MIS 提出功能要求時，他們並沒有充分考慮各項需求自身

的科學性，也沒有考慮整個系統的組成，而我們在進行系統功能定義時，必須考慮定義的科學性。在初步調查中我們就在不斷地歸納整理用戶的各種需求，現在需要理清各種用戶需求之間的聯繫，並逐步將它們組合成一個有機整體。

用戶的各種需求之間存在著不同的聯繫或關係：例如因果聯繫，即滿足某項需求之後另一項需求自然可以滿足；再如矛盾關係，即充分照顧到某項需求之後就不可能充分照顧到另一項需求，它們之間此長彼消；某項需求和另一項需求之間也可能毫無聯繫，也可能明顯地受其影響，甚至可能是一種支配關係或條件關係，例如較好地滿足了某項需求才有可能比較好地滿足另一項需求。

利用初步調查的成果，我們可以逐步進行以下工作。

一、理解用戶的主要需求，定義最小系統

大多數飯店管理人員對 MIS 功能上的主要需求認為是參與接待、分房、結帳和會計電算化，我們也可以將它們稱為基本要求。上一章我們已介紹過系統的功能需求，本節我們僅從理解用戶的主要需求，來討論如何定義最小系統。

（一）接待功能需求

利用電腦能夠實現快速的接待、登記，包括散客接待和團隊接待等。電腦必須區分接待的客人是長包客戶、回頭客人還是剛結帳走的客人。對輸入的客人資訊可以修改、維護和查詢。

（二）分房功能需求

在使用電腦系統之前，飯店為客人分房開帳時並不輕鬆，要提高分房開帳的工作效率並非易事。為了避免由於分房的差錯給客人帶來困擾、給飯店帶來直接的經濟損失或聲譽方面的損害，人們曾想出很多辦法，使用客房狀況控制架和索引卡，有關的房價也要貼在牆上，儘管如此，實踐中差錯仍時有發生。當飯店使用電腦系統時，首先想到的是用它來解決住客的分房開帳。

　　無論我們使用何種軟體工具，飯店 MIS 都必須解決好多個部門共同控制房間狀態的可靠性，保持房態資訊庫的安全。此外，房態查詢必須方便，因為飯店接待部人員對房態查詢的效率如何是非常看重的。

　　（三）結帳功能需求

　　由於客帳的處理量大，性質特殊，它直接影響飯店的收入，又涉及到現金管理，所以對於飯店管理人員而言，每個環節都要嚴格控制起來。對於客人而言，他們最關心的是飯店的收費是否清楚合理，結帳的手續是否簡便省時。總之，既要嚴格手續又要簡便處理，二者相互矛盾但又要統一起來。在飯店裡要實現這樣的目標，只有一方面依靠對員工的培訓，另一方面依靠不斷發展的新型設備。

　　當飯店帳務部使用電腦系統為客人結帳時，首先要求能提供準確無誤的帳單，其次要求能高效率完成結帳手續，而轉帳、入帳的時效性和準確性則是客帳帳單結算的質量保證。

　　（四）會計電算化功能需求

　　會計帳務處理涉及多種會計資訊，如憑證、日記帳、分類帳、工作底表和財務報表。它又涉及到各個會計資訊的處理環節，包括入帳、過帳、計算餘額、期末調整、期末結帳、種種小計、總計以及憑證報表的影印、查詢。

　　電腦系統是一種高效的資訊處理工具，使用它來完成會計帳務的自動處理，不僅不困難，而且恰能突出表現出它的優勢。例如圖 6-4 所表述的會計帳務處理過程中的大量過帳、對帳和製表工作，如果由電腦系統來自動處理，顯然是既快又準，不會有任何差錯。

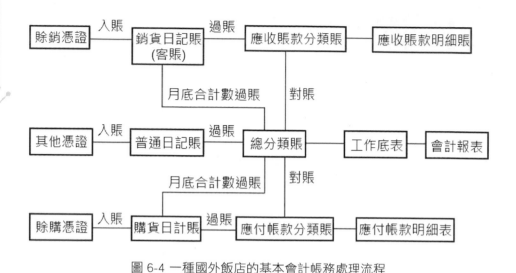

圖 6-4 一種國外飯店的基本會計帳務處理流程

由於會計電算化具有明顯的優勢，所以許多飯店的財務部都很樂於使用它。

（五）最小系統的功能定義

在本書前面的章節裡，我們討論過飯店對電腦系統的需求，因此在這裡我們不做更多的重複。上面簡單討論的這 3 種基本功能便可作為飯店資訊系統的最小系統功能。按照行業內的習慣，又可將其分為兩個子系統：最小前台系統和最小後台系統。

最小前台系統的功能包括接待、分房、結帳功能，它一般涉及預訂功能、接待功能、客帳的審核功能（飯店裡多為夜間審核）、結帳功能和有關的日處理、報表影印、資訊查詢及系統維護功能。

最小後台系統就是一個基本會計帳務系統，以飯店系統為例，它一般要涉及應收帳管理、應付帳管理、總帳管理和財務報告影印功能。

作為飯店前台系統，在最小前台系統的基礎上存在有兩種功能擴展。一種功能擴展是增加更多的資訊採集和控制功能，另一種擴展是增加更多的資訊分析（預測）和管理決策功能。

作為飯店後台系統，在最小後台系統的基礎上可以增加一些專項會計管理，如固定資產、工資、庫存、銀行對帳。在飯店資訊系統中大多還要以職能部門為單位，設立人事管理、總經理（辦）子系統。國外的飯店往往重視庫存和採購控制、餐飲分析和成本控制以及為財務管理人員提供編寫多種類型財務報告的服務功能。

二、理解用戶的強烈需求，著手建立系統的功能評價體系

（一）滿足前廳分帳、挑帳和調帳要求

在本章第一節我們曾討論過，相對於一般的應收帳款處理，飯店前廳處理客人消費帳的工作比較複雜，例如一些客人需要分單結帳。客人在店消費期間，飯店對他的帳單處理（例如限額、減免項目、消費折扣）也可能發生變化，因此常常需要挑出某些滿足特定條件的消費帳進行調整。由於飯店的客人帳戶自身就是多種多樣的，如個人帳戶、團隊客人的集體帳戶（團主帳戶）、長期客戶的合約帳戶（公司帳戶）以及某些特別帳戶（例如不住店而有其他消費的帳戶），再加上對於分帳、挑帳、調帳的各種要求，用戶對前廳結帳處理既要求準確及時，又要求靈活，需要我們認真對待，科學設計。

（二）滿足會計人員印製現行的單據、表格的嚴格要求

對於 MIS 印製會計報表的功能要求，飯店財務部往往是非常嚴格的，甚至在格式上也不能允許有一絲的不如意，足以達到苛刻的程度。對於財務部的這種要求，一般只能照辦，如果我們抱有讓他們有所鬆動的企圖，例如希望可以經過總經理對他們做一些說服工作或是取得折衷的意見，最終還是不能如願。

（三）理解各個職位對 MIS 操作的方便程度、工作速度的期望

人人都知道電腦是高性能的現代工具，因此人們對操作電腦的方便程度以及使用電腦之後的工作速度，自然抱有很高的期望值，這是可以理解的。但是，我們也必須注意用戶可能對 MIS 使用存在著某些誤區。例如有人對飯店使用 MIS 就必須講究資訊的規範化不理解，以為如此更不方便或多此一舉。再如 MIS 的工作速度和使用它的環境（人員素質、管理規程、物理條件

等等）密切相關，因此對 MIS 的某些無條件的期望是不合適的，也難以滿足。不過，對於用戶的這種往往很強烈的切身需求，雖然不可以百分之百地簡單接受，但是我們還是應該充分理解，在進行系統功能定義中給予重視。

（四）理解用戶對運行故障的普遍擔心

由於飯店經營活動晝夜不停，這是它和其他企業顯著的不同所在，因此 MIS 一旦在飯店投入運行之後也不可中斷工作，為此必須有及時解決系統故障的多種保證，這些故障包括動力故障、硬體故障、軟體故障和電腦病毒感染。

建立及時解決系統故障的多種保證，既要依靠 MIS 運行後其維護子系統發揮作用，更要依靠從系統定義開始的認真努力，功能定義、結構定義、系統配置及可行性研究都要考慮這個特別受到用戶注意的問題。

（五）著手建立系統的功能評價體系

從進行系統功能定義時，我們就應該開始對日後人們將如何評價系統功能有所考慮，此後在可行性研究中還要確認技術性能指標，在制定實施計劃中要確認項目如何驗收。在這些工作中不僅要涉及系統的基本功能，而且要特別留意用戶對系統功能的那些強烈要求，因為有關係統建設的可行性報告必須取得用戶的認可，項目最終也是由用戶來驗收。

三、注意某些被用戶忽視的需求，考慮系統增效

例如電話收費功能，它包括兩項功能：電話自動計費和電話費自動入帳。目前飯店中使用的程控電話設備一般都可以附加有自動計費功能，人們透過設計專用界面（硬體和軟體界面），又可以將電話計費資訊自動傳送到飯店 MIS 的客人帳戶中去，由前廳的帳務處控制起來。由於住店客人的通信開銷越來越大，所以這種電話收費子系統的經濟效益非常明顯，凡是安裝使用了這種子系統的飯店都取得了很好的效益。在進行 MIS 功能定義時，無論用戶是否有此要求，我們都可以考慮定義此項功能。

再如客人資料功能，它包括在客人結帳時自動保留客人的消費資料，在客人入住時可以查看客人資料，以便給客人確定合適的信用限額及優惠價格。如果飯店的市場行銷水平不高，飯店經理對客人資料庫可能還缺少明顯需求，但是當前飯店業的市場開發已經開始成為管理工作的重點，許多飯店總經理也對此越來越重視，當然很歡迎電腦能夠提供客人資料。既然飯店 MIS 中已經記錄了客人的結帳資訊，因此建立客人資料庫是有基礎的，即便用戶沒有明確這樣的需求，我們也可以考慮定義此項功能。

特別是系統的資訊維護功能，它涉及 MIS 未來使用中的正常資訊維護，如定期的資訊維護、定人的資訊維護、代碼資訊和資訊系統的基礎資訊的維護。用戶對及時解決系統故障有著強烈要求，因此他們對系統硬體的保護措施比較重視，對電腦工程公司的售後服務更加重視，但是對於 MIS 使用中的正常資訊維護工作卻很少考慮，實際上他們對於定人的資訊維護和代碼資訊、基礎資訊的維護，往往都沒有提出明確的要求。

任何一個資訊系統中，定期的資訊維護都是必不可少的，在飯店資訊系統中也是如此。在飯店系統中這種定期的資訊維護功能大致涉及到三個方面。

第一，在前台系統中對於大量的客帳資訊，每一天都必須完成必要的帳務審核、日營業統計和每日的數據整理（結束當日工作，過渡到下一個工作日）。

第二，在後台系統中，每個會計期末要進行帳務的期末處理，對其他財務資訊和營業資訊都要按月、季、年不同週期進行統計處理和數據整理。

第三，對於特殊資訊也應有特定的定期數據維護。例如對飯店客房的遠期動態資訊的維護，即不斷刪除過時資訊，整理保留適當的額定資訊。再如對客人歷史檔案資訊的維護，因為我們不可能無限地貯存客人歷史資料，必須在適當的時間進行整理。一般應考慮不斷地刪選，即對於較近期的客人史料保持比較詳細的保留，而對於一定時間以遠的客人史料進行刪選壓縮，例如適量保留那些重要客人的史料，只保留具有一定消費額水平的客人資料。

定人的資訊維護功能涉及到對各個崗位工作人員在資訊系統中的登記編號、密碼以及使用權限進行維護。當然在每個電腦多用戶系統中都必須具備一定的用戶管理功能，這通常由系統管理員負責，這種用戶管理功能涉及各用戶的用戶名、組別、文件讀寫執行的權限以及相應密碼的無條件維護。在飯店中一般都是由電腦房的工作人員負責擔任系統管理員。應該注意的是，飯店員工換崗後，對應崗位的電腦操作所用的登記號碼、密碼都應及時變更。即使沒有換崗，相隔一定時間也可以考慮變更各站點用戶的登記號及密碼。這種管理方法有益於加強飯店財務管理和資訊管理的安全性。

代碼資訊的維護也是不可缺少的。為了資訊管理操作中的簡便，更為了資訊的規範化，從而保證資訊管理的可靠性，在飯店資訊系統中和其他企業 MIS 一樣總要使用一些基礎代碼，即將一些常用資訊代碼化。在飯店資訊系統中往往使用很多種代碼，例如房間等級代碼、房間種類特徵代碼、帳戶代碼、帳項代碼、客人國別代碼、各種證件代碼（護照、簽證、證件）、信用代碼。對於上述這些代碼資訊庫都要進行必要的維護。

對於一些基礎資訊也要提供必要的維護，例如供客人查詢的電話、交通、娛樂、飯店服務資訊以及涉及飯店的基本數據（如客房、員工、部門、電腦站點的安排）。雖然基礎資訊不是每日在變化，維護量不大，但正因如此，有時就被忽視了。實際上基礎資訊維護是任何資訊管理中都不可缺少的一環。

良好的資訊系統應該具有很強的系統維護功能，既要求在維護過程中操作靈活方便，還要求層層「設卡」，具有很好的安全性。在資訊系統的日常使用中應該將一些維護工作制度化，在資訊系統的設計中又可以預先將一些維護功能開發成能夠自動地批量執行。

用戶在調查中對許多維護要求不大注意，但是這絲毫也不表明它們並不重要，我們在進行系統功能定義時決不能忽視它們，而且應該明確認識到：它們是任何一個資訊系統功能中必不可少的一部分。

▍第四節 可行性研究和制定實施計劃

可行性研究和制定實施計劃這兩項工作既是系統規劃任務的完成，又是對下一階段的開發工作提供指導和約束。

人所共知，在任何一筆較大數額的投資之前，投資方都需要進行投資項目的可行性研究，這種研究將作為確定投資規模、確定具體項目方案的依據，也將作為投資方籌集資金的依據。由於飯店管理資訊系統的投資建設使用資金較多，任務複雜，必須進行系統的整體工程開發，因此這項工作也應該是在透過可行性研究之後再行展開。

一般投資項目的可行性研究要包括以下六個步驟：明確研究的範圍和目標；收集整理足夠的資料；進行市場或工程的可行性分析；進行財務可行性分析；提供可行性研究報告及其他報告；討論和審批報告。

在飯店企業經營的各種投資項目中，飯店 MIS 屬於比較小的項目，因此在這一節討論飯店 MIS 建設的可行性研究時，我們也可以將相關問題簡化，例如將可行性研究工作只劃成三個步驟：可行性分析；撰寫可行性研究報告；討論及審批可行性報告。

在整個系統規劃階段，由於收集材料的工作主要是在初步調查中進行，明確研究的範圍、目標則主要是在系統功能定義中進行，因此，現在所要討論的飯店 MIS 可行性分析便是在前面工作的基礎之上開展的，它可以從三個方面來進行，即分析系統的使用可行性、技術可行性和投資可行性。

一、使用方面的可行性

（一）是否需要使用 MIS

目前在旅遊涉外星級飯店的經營中，人們普遍需要使用電腦來輔助經營管理，除了個別飯店之外，似乎不必要對飯店管理資訊系統再討論它是否需要使用的問題。但是，對於管理資訊系統定義的某一項或某一些具體功能，飯店的各個部門有可能會有不同的看法，仍然有必要分析一些具體崗位對這

些功能的需求究竟如何，特別是一些關鍵部門和關鍵人物的需求如何，分析各部門相關崗位使用 MIS 的可行性。

（二）是否願意使用 MIS

一般地講，今天在全社會電腦應用已經取得了相當成績，人們對電腦也已經有了相當的瞭解，不歡迎在自己從事的管理工作中使用電腦的人幾乎是沒有了。但是，仍然有人因為不同的緣故對電腦系統的使用可能會有不同的好惡，尤其是常會有某個具體部門對電腦系統的某些具體功能持反對態度，例如擔心使用電腦系統（或使用它的某些功能）後自身素質不適應、系統一旦出現故障更麻煩、降低自己崗位的重要性、增加自己的責任負擔，甚至由於同事具有更多的電腦知識，因而擔心在使用電腦系統後使自己處於不利的競爭地位。但一般來說，飯店的員工是無權選擇是否願意使用 MIS 系統。主要分析飯店總經理的意願和飯店關鍵崗位管理人的意願。

（三）在日常管理中是否能夠操作和配合 MIS 的運行

這方面的分析既要考慮操作人的實際情況，還要考慮環境情況，特別是經營活動中的特殊情況，例如在飯店前廳的電腦操作中要始終處於和客人面對面的狀態，再如要考慮諸如在接待團隊客人時需要快速登記和安排大批客人的特別情況。尤其是要充分考慮在經營活動中是否能夠向電腦系統輸入準確的資訊，如果不能確保資訊輸入完全合乎要求，管理資訊系統的工作結果就不可能讓人滿意。這裡所指的「準確的資訊」，既涉及資訊輸入是否滿足規範化要求，也涉及資訊輸入是否能夠做到及時而令人滿意。

（四）是否能夠認定對 MIS 的使用要求

這裡是分析我們是否可以確認，對於管理資訊系統在概念上確實從各個方面，包括設計方和使用方的各個部門，已經可以取得全體都能認可的一致意見，它標誌著概要設計的基本成功。

（五）是否具有現場實現的可行性

　　這裡是分析我們是否可以確認，在經營活動的現場確實可以將管理資訊系統建立並應用，此時涉及對系統現場安裝、調試、維護的可行條件進行分析，它也涉及對實施計劃的初步設想和估計。

二、技術方面的可行性

（一）技術性能指標是否已經明確

　　這是人們首先要考慮的問題，它涉及具體資訊處理的技術性能（例如資訊處理能力、輸入／輸出能力和響應時間）、可靠性、可擴充性、保密性、可維護性以及環境適應性等等許多方面。但是我們必須明確一點：MIS 性能並不等於是電腦系統的性能，用戶對 MIS 的性能評價更不限於對電腦系統的性能要求，這種評價更加直接地來源於用戶親身的感受，涉及的因素非常廣泛。

　　以資訊處理的速度為例，電腦處理資訊的速度快慢首先是和電腦主機的工作頻率相關，但是只要電腦其他部分的工作頻率上不去，用戶也得不到高速的資訊處理；即便電腦整體硬體的工作頻率很高，但是只要選用的軟體工具和軟體環境有缺陷，仍可能使得用戶得不到高速的資訊處理；即便整個電腦系統的工作效率很高，但是如果飯店 MIS 自身設計有缺陷，用戶仍然難以得到高速的資訊處理；即便 MIS 的設計可以保證資訊處理的效率，但是如果在 MIS 的運行管理中存在某些缺陷，同樣可能使得用戶得不到高速的資訊處理，因為 MIS 的效率離不開系統運行環境（包括人員和物理環境）對其的制約。

　　其他對於 MIS 的各種性能評價，諸如資訊處理的容量、可靠性、保密性等等，無一不是如此。目前存在有一些誤區，例如美國人最早對電腦歸納的性能特點是：快速性、容量大、精度高、通用性，顯然這是指單台電腦的特點。時至今天，人們在企業中大量使用 MIS，最為看重的是系統的資訊共享功能，甚至國際互聯網 Internet 已經更多地被人們所應用，但是仍然有人將單台電腦的優點作為電腦系統的優點來討論，甚至將單台電腦的性能指標（如字長、

時鐘頻率、外設配置、軟體配置）作為電腦系統（甚至是 MIS）的基本性能指標對待，這顯然是一個很大的誤區。

MIS 用戶關心的是資訊系統的性能和使用 MIS 後整個管理系統的性能，當我們對飯店 MIS 確認技術性能指標時要注意用戶的立場，各方要達到一定的共識。實踐經驗表明，大家要取得這種共識也並不困難。

（二）技術性能指標是否可以滿足

這個問題涉及的方面比較多，如電腦系統的選型、MIS 的定義和配置、管理系統為 MIS 提供的條件等等，但是要得到一個技術性能指標被各方面都能認可的 MIS 並不是難事，如果出現欲滿足已定的系統性能指標有困難的情況，人們將會考慮重新修改這些指標，用戶往往對此也並不為難。

在電腦系統選型中，人們比較重視的一個環節是選擇 MIS 軟體開發的平台。目前，在飯店 MIS 中應用較多的軟體平台是採用多用戶的資料庫加一些高級語言程序（如 C 語言）的組合，尚沒有人使用更高級的系統開發工具（如 MIS 專用開發語言）。這些多用戶資料庫工具包括多用戶 FoxBase、Informix、 Unify、 Oracle、 Sybase 等等。

資料庫系統在資訊管理中應用非常廣泛，它採用 DBMS（資料庫管理系統）工具對用戶的資訊（數據）進行有效的管理，便於用戶實現資訊貯存、檢索、製表和維護。多用戶資料庫與個人電腦上運行的單用戶資料庫相比較，在功能上又有自己的特點。簡言之，多用戶資料庫面向多用戶應用，在用戶管理上有很多優勢；它又是在多用戶的操作系統環境之中，所以多用戶資料庫結合它的環境又可以為用戶提供很有益的功能。其主要特點介紹如下：

1. 提高了數據管理的安全性和數據的共享性

多用戶資料庫的安全性有多層的保障，如：

（1）進入多用戶系統時，要輸入指定的用戶名和保密密碼才能進入，並有可能去執行預定的程序，如果輸入的用戶名或密碼不合格，則不得進入。

（2）在進入多用戶資料庫時，例如進入 Unify 資料庫，還要輸入指定的標號（ID 號）和保密密碼，才能進入庫操作。同樣，輸入值不符合預定值，便不能進入。

（3）系統管理員在用戶管理中可以為每個用戶規定好他對各有關程序和數據文件的讀、寫、執行的權利，使用人不可超權操作。

（4）多用戶資料庫的 DBMS 都具有多個用戶程序同時讀寫資料庫的控制能力，使用戶既能同時上機操作，又不會使數據文件受到損害。

（5）有的多用戶資料庫（如 Informix），具有跟蹤資料庫操作的數據管理功能，一旦數據文件受到破壞，利用此功能可以很快地恢復。

由於多用戶資料庫得到多種的安全保障，又充分提供多用戶同時操作同一資料庫的功能，不加限制，所以使數據的共享性提高，用戶可以毫無困難地共享資料庫中的資訊。

2. 資料庫內部操作功能更強

關係資料庫內部最主要的關係操作是數據的選擇、投影和連接。在單用戶資料庫中直接完成這些操作的能力很差，在多用戶資料庫中可以很方便地採用直接運算。在同時打開多個關係上，多用戶資料庫也有它的優越性。

3. 多用戶資料庫的檢索速度更快

很多的多用戶資料庫都採用了各種檢索技術，如 Unify、Informix 的檢索均比單用戶資料庫的速度快，尤其是數據量大的時候，差別更明顯。

4. 多用戶資料庫提供了與其他軟體工具的界面，便於綜合開發

多用戶資料庫大多配有 C、COBOL 等語言的界面，例如 Informix 的數據操作程序中可以直接調用 C 函數，在 C 程序中也可以嵌入 Informix 的數據操作命令。

5. 多用戶資料庫提供很多開發工具，尤其是用戶界面的編輯生成工具

以 Oracle 為例，可以提供：

（1）應用生成器（Application Generator）。

（2）報表書寫包（Report Writer）。

（3）彩色圖形包（Color Graphics）。

（4）文檔管理（Document Preparation）。

再如 Informix，僅是在涉及人機對話中的數據操作上，它就提供了多種很方便的工具。如：

（1）Dbmenu 可以執行為用戶定義的多級菜單。

（2）Enter2 全螢幕菜單顯示的數據讀寫操作工具。

（3）Formbuild 為用戶的全螢幕顯示方式的數據操作編輯人機對話界面。

（4）Perform 調用執行 Formbuild 建成的人機對話界面。

（5）Aceprep 編寫數據輸出影印的報表。

（6）Acego 影印 Aceprep 編寫的報表。

總之，這些工具使多用戶資料庫的開發更簡易，更快，因此由它們構成飯店 MIS 開發的軟體平台，使得系統開發的重點只在數據結構和程序結構的定義，而不再是編程，同時也使得 MIS 的性能指標不難得以確認和保證。

三、投資方面的可行性

任何項目在投資之前都需要分析它究竟需要多少資金，能否解決這樣的資金需求，投入這些資金又能取得怎樣的效益，最終將如何收回投資並取得更多的收益。

（一）投資預算的估計

首先要考慮項目投資所需資金的預算，為此我們需要全面估計資金的開支，既考慮電腦硬體投資，又考慮軟體投資；既考慮購買設備所需投資，又考慮現場安裝設備所需投資；既考慮研製建設系統的費用，又考慮運行維護

系統的費用；既考慮物資耗費，又考慮所用人工費用。人們有時會對其中一部分開銷考慮得比較充分，而對另一些考慮較少，因此在分析中需要留意避免產生片面性。

其次我們需要分析飯店能否完成籌資任務以滿足上述投資預算，此時還需要考慮到籌資工作自身將要發生的成本開銷。

（二）投入產出比、投資回收期和投資效益期的估計

在分析項目投資的經濟效益時，人們常要討論項目的投入產出比、投資回收期和項目收益期。不過在進行飯店管理資訊系統的投資分析中，由於 MIS 的使用收益大多反映在整個管理系統的運轉效益上，即人們常講的管理總體效益上，所以一般不去直接計算使用新 MIS 的投入產出比和投資回收期、投資效益期，只是定性討論項目效益和大概估計一下 MIS 的使用期。

在定性討論中也可以討論一些具體的效益對比，此時也只是將它們作為一些示例說明，並不適宜由此測算 MIS 的效益。我們建立新的飯店 MIS，只是使資訊系統或整個經營管理工作的某些環節增加了資訊處理能力，它的效益主要表現在適應了飯店提高經營管理水平的需要，反映在飯店科學管理的整體效益之中，因此一般對 MIS 效益並不進行具體的量化分析，這項可行性分析的工作量自然也不需很大。

綜上所述，在進行飯店 MIS 可行性分析時，技術可行性或投資可行性的分析工作並不是難點。在許多飯店中經常是這樣的情況，即人們進行管理資訊系統建設時，所需資金往往都不構成多麼大的障礙，技術性能指標也往往不必過於苛求，允許有比較大的調整幅度，因此投資方面和技術方面的可行性分析比較容易就可以透過，而使用方面的可行性必須進行細緻的分析，如果對它有所輕視或省力，由此產生了有缺陷的分析結果，就可能會影響所制定的實施計劃的科學性，也可能會影響日後系統所取得的效益。許多實例都告訴我們，對使用方面的可行性分析給予充分重視是非常必要的。

由於軟體產品通常都是面向社會上廣大用戶的通用型產品，所以在軟體工程的可行性研究中，人們還需要分析軟體項目的社會可行性，這項分析包

括：該項目的開發及銷售是否涉及版權或技術專利權等法律問題，該項目的
推廣應用對社會的各種影響如何，社會對它們的承受能力如何。對於在一個
飯店中建設一個 MIS 這樣的任務，可不必專門討論項目的社會可行性，則只
需注重分析它的使用可行性。如果作為飯店 MIS 工程公司開發飯店 MIS 的
通用產品，自然也需要分析項目的社會可行性。

四、可行性報告

可行性分析的直接目標就是完成可行性研究報告，從分析、完成報告到
審批報告，整個工作是一個收集資訊、綜合分析、判斷決策的複雜過程，對
於飯店投資方而言，這個最終的結果報告將作為其決策投資以及確認有關項
目計劃和項目經濟合約的依據。

（一）可行性報告內容

可行性研究報告的內容和格式並沒有統一標準，但必須說明分析的過程
和內容，最終提供分析的結論，下面簡要介紹可行性報告的內容和格式。

這種報告至少要包括這樣一些內容，如研究工作情況；研究後的主要結
論；作為結論依據的具體分析方法、過程、結果和解釋；作為分析基礎的各
項數據。

可行性報告的內容可能很多，但報告的篇幅終是有限，因此撰寫報告要
兼顧全面客觀和充分揭示兩個方面，在格式上可以有各種靈活處理，例如將
最重要的部分提取出來組成一份摘要，再如在主報告之外附加一定的單項補
充報告。

在現代企業管理中很重視決策環境的變動性，也可以講是很重視風險的
變化及潛在的風險。例如對特別重要的因素，一般要考慮最高（或理想的）、
最低（或不理想的）和中等水平的三種情況。在企業現代管理方法中的敏感
性分析方法，就是要在多種變動因素中找出一些最關鍵的因素。高水平的可
行性研究可以充分揭示出這些關鍵因素變動的各種可能及其後果，所以在可
行性報告或報告的附件中也常常列出一些假設。

　　具體談到建設飯店 MIS 的可行性報告，其內容可以包括初步調查的成果、系統定義的成果、可行性分析資料和項目實施計劃的初步方案，例如對飯店經營管理系統的簡述、資訊需求簡述、資訊系統目標簡述、系統定義簡述、三種可行性分析和實施計劃的草案。

　　至於如何進行可行性報告的內容編排和格式安排，由於研究報告是供決策人參考的資訊報告，所以在你撰寫報告之前最好能參考企業內以往使用過的可行性報告，這樣你寫出的報告可能更容易讓決策人滿意，因為每個決策人都有自己的閱讀習慣。

　　（二）可行性報告的討論

　　可行性報告的討論是可行性研究中非常重要的一環。一方面，這個報告實際上正是在多次討論中才得以逐步完成；另一方面，報告的討論過程是必不可少的系統設計方、使用方取得一致意見的過程。起草可行性報告的主力一般還是系統的設計方，所以必須透過討論使報告真正得到系統未來使用者的認可，這關係到項目最終的成敗。因為可行性報告所起的重要作用貫穿了項目的每一個環節：從選定方案、投資、籌資、工程開發實施直到使用後的管理，所以報告的討論不能走形式。

　　很多書本對可行性研究的內容涉及很多，而對這種研究的質量保證談的較少，類似的情況也發生在諸如開發規劃的討論中。其實，無論規劃還是可行性研究，都是比較複雜的資訊綜合研究，要保證研究的質量是有難度的，同時也不容忽視。

　　首先，對於重要的投資項目決策，人們經常委託真正的第三方來負責完成可行性研究報告，這是保證可行性研究質量的基本方法。所謂第三方是指報告人既不是項目投資人，也不是項目建設管理人或信貸人。具體在飯店管理資訊系統建設項目的可行性分析中，一般沒有這種第三方介入，於是飯店電腦職能部門（該部門在許多飯店中被稱為電腦部）的主要負責人常常扮演著特殊角色，因為他們既可以和飯店管理人員方便地溝通，又可以和電腦應用系統的設計人有許多共同語言，在系統建設過程中，往往由他們造成推動交流、甚至是影響決策的關鍵作用。

其次，報告中的任何一個結論都要考慮到事物的兩個方面。對於利潤和風險、內部和外部、功能和故障、收益和支出、樂觀估計和悲觀估計、穩定和變動、現狀和未來都不能只言其一。

此外，報告必須以足夠的資料數據作為基礎。

最後一點，報告人必須是具有經驗的專家。事物複雜，分析方法多樣，專家既有知識又有經驗，只有他們才可以劃清問題界限，選擇恰當的方法，提供較高質量的研究結果。如前所述，飯店電腦管理職能部門負責人的工作水平、特別是他們對系統建設的理解程度如何是很要緊的。

無論是開發規劃，還是具體投資項目的可行性研究，儘管它們的失誤常會造成很大的影響，前面的失誤常有可能在以後的工作過程中不斷膨脹，但是在實踐中人們卻很少提出：由於可行性研究的質量不高造成投資不良後，應如何受到懲罰？研究者的失誤有時要在提出報告的幾年之後才顯現出來，即便是如此，我們也不能以「後人才能評說」為理由，放鬆對可行性研究質量的追求，反而應該更加留心可行性研究的質量保證。

五、可行性研究和系統功能定義、制定實施計劃的關係

可行性報告一般要包括系統功能定義的成果和項目實施計劃的初步方案，因此它們之間存在著密切關係，其中的系統功能定義處於整個系統規劃工作的中心，正是依靠它為可行性研究提供了重要基礎。

從道理上講，可行性報告的討論結果並不一定都是對該項目的肯定，即認為項目可行，這個報告的討論結論仍然具有兩種可能：項目可行或不可行。人們提出可行性報告自然是打算進行該項目的開發，也就是以為它是可行的，現在之所以對報告進行討論，目的恰在於判斷它是不是有疑問，即判斷它在某種程度上或某些局部上是不是並不可行。

一般在飯店 MIS 項目的可行性報告的討論中，不大會出現對項目全面否定的結果，常有可能出現的情況是對某些方面的某個局部提出質疑或否定，此時往往要調整系統定義及實施計劃以求得問題的解決。例如在人們判斷系統的某些功能定義不妥時，就將重新調整對系統的功能定義，而這種調整也

可能會影響到實施計劃需要相應調整；再如當人們判斷系統的成本過高時，就將調整系統的配置或降低性能指標，也可能進一步波及項目實施計劃作相應調整。人們在具體工作中，在系統功能定義、可行性研究、制定實施計劃這三者之間，總是多次反覆和調整。

一方面，整個系統規劃中的四項工作彼此之間都要相互的交叉反覆；另一方面，這四項工作最終完成的時間仍然有其先後的順序，即依序結束初步調查、系統功能定義、可行性研究、制定實施計劃。例如，沒有形成對實施計劃的初步方案，就不可能做出工程的初步預算，投資可行性的分析便無從談起，但是最終只有在可行性研究透過之後，我們才可以最終敲定項目的工作計劃以及有關的經濟合約並啟動工程的實施，所以可行性研究結束在先，制定實施計劃的工作結束在後。

六、制定實施計劃

有關管理資訊系統建設項目實施的工程計劃在內容上大致可以包括五個方面：工程進度、工程組織、工程基礎條件、工程驗收、工程成本費用。

（一）工程進度計劃

1. 工程進度的安排可以採用進程時間表的形式來表達

表 6-1 就是一個電腦工程公司為購買其產品的用戶建立飯店 MIS 的進度計劃，它選自 AUTOMATED 公司系統產品的用戶建議書。

表 6-1 工程進度時間表

項目	進　　程	所需時間
1	合同簽訂後預定HP9000主機	1個月
2	提供系統參數	5~8天
3	香港工程師進行現場調查及商討系統參數	3~5天
4	安排培訓及安裝工作時間表	3天
5	主機在香港安裝、測試	14天
6	硬體到本地	10天
7	系統硬體安裝	2天
8	培訓	14天
9	系統安裝	10天

項目	進　　程	所需時間
10	數據轉換	2天
11	解決遺留問題	5天

2. 利用進程圖的形式表達對項目工作進度的安排

圖 6-5 是另一個電腦系統工程公司的項目工程計劃示例。

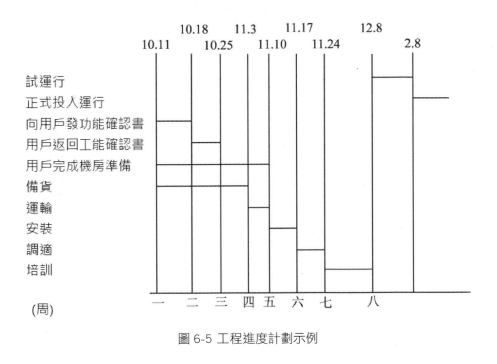

圖 6-5 工程進度計劃示例

3. 工程進度

　　如果是面向飯店進行完整的系統設計和開發，涉及系統規劃、系統設計（包括軟體編程）和系統實施的整個過程，其工程所需的時間一般不可能只有數月之短，如果將系統規劃的工作時間計算在內，整個開發工作用時少則一年，一般都在一年以上。前面兩例都是飯店購買電腦工程公司的通用型MIS後，由公司提供的以安裝和培訓為主的項目計劃，因此可以用時短一些，其中一例的實施時間是 3 個月，另一例的工程實施時間是 4 個月，舉出這兩個例子只是要說明計劃的不同表達方法。實踐經驗告訴我們，一個新設計的飯店 MIS 必須經過不斷調試，花費 2～3 年的時間才可能成熟。

　　（二）工程組織計劃

　　飯店 MIS 建設的工程組織計劃主要需滿足工程進度計劃中所涉及的各項工作的人員安排和協調性工作安排，在此時需要我們注意把握幾個要點：

　　1. 組織計劃要考慮全面

因為飯店管理資訊系統的工程涉及許多部門、許多崗位，並不只是電腦管理職能部門的員工參與這項工作；飯店管理資訊系統的建設、使用及其管理，也不只是涉及一般員工、部門負責人，必須有飯店管理的最高層決策人參加進來。如果在計劃中考慮並不全面，將來在項目進行中勢必會有人臨時被安排參與進來，他們對項目缺少瞭解，此時工程的進度又必須如期執行，不可能為新人的進入提供許多準備時間，因此會由此而遇到很大的困難。如果在計劃中沒有考慮飯店經營的高層決策人參與，由於工程中必然有相當多的問題需要在各個部門之間協調，或是需要對現行一些管理工作有所調整，屆時將不得不臨時確定決策人並要求他即時作出準確的決策，往往很難如願。

2. 組織計劃要適度明確

特別是關鍵人物需要明確。經驗表明，往往有人在計劃中只是將組織工作落實到部門一級，沒有落實到具體人，結果在工程開始後很容易遇到麻煩。此外，在計劃中還要考慮到參加人的具體參與程度，例如其在工程中擔負的具體任務、安排其為此所需占用的工作時間、對其原來的工作負擔有何調整。

3. 對較早就已明確的參與人要在系統規劃階段就注意溝通

如果在制定實施計劃時才確認的參與人，需要瞭解他們對此項目瞭解的程度，加強溝通並分析他們對項目的立場態度，為以後的工程實施做好準備。

4. 對項目開發中要涉及到的部門之間的各種協調，各部門中不同崗位、不同班次之間的協調，應該有所預見並考慮明確出相應的協調負責人。

（三）工程基礎條件計劃

首先要明確項目的設備基礎要求，其中包括：飯店 MIS 所需的電腦網路系統（或電腦多用戶系統）、開發飯店 MIS 專用軟體所需的電腦軟體平台、MIS 使用現場所需的環境和供電線路，特別是安裝電腦系統的中心機房的各項設施條件。

其次要確認開發飯店 MIS 所需的資料、數據、標準化規範。

最終要明確以上所有要求的解決途徑和保障。

（四）工程驗收計劃

在制定工程驗收計劃時，我們對工程驗收日期和驗收標準不能有絲毫的含糊。

實踐經驗告訴我們，在制定實施計劃的過程中，如果由於某些原因很難明確工程的驗收日期，這預示著我們很可能要陷入工程的麻煩甚至失敗之中。對於工程驗收，我們必須要認真計劃出它的日期，為此又必須先確定好驗收的標準，驗收日期的預定和以後將這個日期兌現，它們都取決於驗收標準如何，例如所規定的項目試用期的長短。基於上述原因，在初步調查、系統定義以及可行性研究的各個過程中，有經驗的人們始終都在不斷地思考著這個很關鍵的問題：如何確認項目驗收標準。

（五）工程成本費用計劃

工程的成本費用與工程進度、工程的人力投入以及工程的基礎投入都有直接關係，如前所述，這些費用既包括一次性投入，又包括經常性投入，要避免只重視前者而忽視後者，此外還需要注意工程中不可預見費用的發生，或稱不可抵抗因素的開銷。

實際工作中，對於計劃的各項內容，例如工程的進度、指標、費用、驗收的安排，都有可能需要留有餘地，或是註上一句說明：如遇特殊情況將做適度調整。

至此我們可以明確地認識到，在整個系統規劃的過程中，最為重要的任務是初步調查和系統功能定義，我們在本章的討論中對這兩項工作安排了很大的篇幅，在實際工作中它們的難度也是比較大的。如果我們對初步調查、系統定義做得較好，後面的可行性研究和實施計劃的制定工作就可以比較順手，如果初步調查和系統定義的工作質量較高，可行性報告及實施計劃也容易得到較高的質量，這裡體現出「水到渠成」的規律。

▌第五節 系統規劃方法

我們已經討論了系統規劃的四個環節：初步調查、系統功能定義、可行性分析、制定實施計劃，對各個環節的討論都比較具體地涉及了它們各自的原則、方法、經驗等等，不過就管理資訊系統的系統規劃總體來看，根據不同的工程特點或不同的總體指導思想，又有人將實踐中的系統規劃方法總結劃分為不同的技術類型。下面介紹幾種常用的系統規劃方法。

一、企業系統規劃法

企業系統規劃法（Business System Planning，BSP）是由 IBM 公司提出的完成企業資訊系統規劃的一種結構化工程方法。

（一）企業系統規劃法的研究步驟

（1）爭取管理者的支持。

（2）研究準備。

（3）確定業務過程。

（4）確定數據分類。

（5）分析當前系統支持。

（6）確定管理層的觀點。

（7）發現問題並做出結論。

（8）確定資訊結構。

（9）確定優先開發的結構。

（10）評價資訊資源管理。

（11）提出建議和行動計劃。

（12）報告最終結果。

（二）對企業系統規劃法的簡單理解

　　依據企業系統規劃法，我們也可以簡單地使用下面的圖 6-6 來表示，即在系統規劃中先自上而下地識別企業管理目標、企業管理過程、企業資訊流程，確定基礎的資訊結構和優先級別，再自下而上地規劃企業 MIS 的總體功能結構、性能指標及優先級、可行性分析和工程計劃。

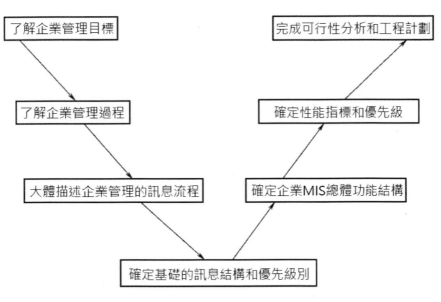

圖 6-6 BSP 的方法步驟

二、關鍵成功因素法

　　關鍵成功因素法（Critical Success Factors，CSF）是在完成系統規劃時特別關注在系統活動中絕對不能出錯的指標或資訊，即那些影響全局的關鍵所在，這些指標和資訊也必然是企業領導人特別關心的。這種規劃方法包括：瞭解企業的總體目標、識別所有成功因素、確定關鍵成功因素、識別性能指標和標準、確定基礎資訊結構（定義數據字典）。CSF 規劃方法步驟見圖 6-7。

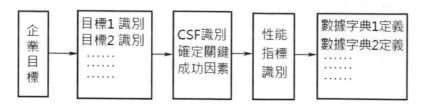

圖 6-7 CSF 的方法步驟

三、策略目標集轉化法

策略目標集轉化法（Strategy Set Transformation，SST）是將企業管理目標所組成的資訊集合轉變為企業管理資訊系統的目標集合，其中企業管理目標資訊集合包括：企業的使命、目標、策略和其他策略性的變量（如管理的複雜程度、改革任務、條件約束等等），企業管理資訊系統的目標集合則包括系統目標、系統邊界約束、外部聯結、系統開發策略等等。SST 規劃方法步驟見圖 6-8。

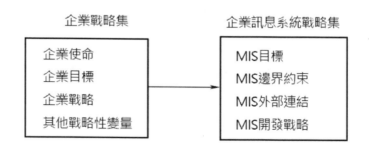

圖 6-8 SST 的方法步驟

四、飯店 MIS 規劃方法討論

（一）系統策略規劃方法討論

就管理資訊系統的系統規劃總體來看，根據不同的工程特點或不同的總體指導思想，人們將系統規劃方法總結劃分為不同的技術類型，並且越分越細，企業系統規劃法、關鍵成功因素法和策略目標集轉化法只不過是其中被

最多議論的三種方法，而其他方法還有很多。簡單考慮，我們可以將眾多方法大致分為兩類。

1. 側重企業資訊需求的規劃方法

例如：業務資訊分析和集成法、業務系統計劃法、業務資訊控制研究法、連續流動法、關鍵成功因素法、目的和手段分析法等等。

實際上，這一類系統規劃方法都是借助軟體工程中的系統分析方法，就應用範圍而言，是將軟體工程的系統分析思想擴大應用到企業管理資訊系統的總體規劃，就應用時間而言，又是將這些思想提前應用到企業管理資訊系統的系統規劃階段，原本系統分析是在系統規劃之後的更小範圍但是更加細緻的分析工作。例如 IBM 公司提出的企業系統規劃法，它所體現的「自上而下」的識別和「自下而上」的規劃，這些都是軟體工程中的系統分析方法的重要部分。如果進一步考察，無論是企業系統規劃法，還是關鍵成功因素法，它們最終也都在體現著軟體工程中的資料庫分析設計原理。

2. 側重業務策略聯繫的規劃方法

如：策略目標集轉化法（又稱策略集合轉化法）、Method/1 法等等。

實際上，這一類方法比較注意和重視企業資訊系統從屬並服務於企業大系統的觀念，而根據這種思路，人們很容易傾向於在管理資訊系統的系統規劃過程中去實現某種流程的再造，甚至是系統的再造，以便提高資訊系統為企業總策略服務的效果。

（二）流程再造和系統再造討論

所謂企業流程再造是在新系統開發的系統規劃中，重新檢查每一項作業活動，找出並去掉不具有價值增值的作業活動，將那些具有價值增值的作業活動重新組合，優化過程，縮短週期。所謂「再造（Reengineering）」的概念，強調打破舊有的管理程序，對整個體系實現某種大的改革。當前隨著企業經營的集團化和國際化，經營活動的規模越來越大，活動的流程越來越複雜，由此，流程再造和系統再造就越來越受到大企業的重視。

系統再造始於系統改進，大規模改進便構成了系統的重組。流程改進的方法包括 ECRS 四項：E（Eliminate）取消不必要的環節；C（Combine）合併一些必要環節；R（Rearrange）對一些必要環節重排順序；S（Simplify）對一些必要環節進行簡化。系統改進可以從考察表 6-2 所列的六個問題開始。

表 6-2 系統改進考察事項

問　　題	結　　論	措　　施
目的：為什麼有該工作、是否必要、為什麼？	說明工作必要性	取消不必要的環節
內容：做什麼、有必要嗎？	確定工作內容	
時間：何時做、必須這時做嗎？	確定工作時間	改進一些必要的環節
地點：何處做、必須此地做嗎？	確定工作地點	
人員：由誰做、別人能否做得更好？	確定工作責任	
方法：怎樣做、有無更好的方法？	確定工作方法程序	

企業流程再造（Business Process Reengineering，BPR）原是由美國麻省理工學院電腦方面的教授 Michael Hammer 博士在 1990 年發表於《哈佛商業評論》的《再造不是自動化，而是重新開始》一文中最先提出的，1993 年他又和 James Champy 合著《再造公司——管理革命的宣言》一書，由資訊流程的改革提升到管理或經營業務流程改革的高度，並引發了全球範圍的 BPR 研究熱潮。很顯然，系統規劃中的策略目標集轉化法就比較適應這種流程再造和系統再造的需要，因為它特別強調在資訊系統開發中滿足系統新的需求。

（三）飯店 MIS 規劃的特殊性

1. 各家飯店建設資訊系統的原則一般就是所謂的「自動化」

所謂「自動化」是指開發資訊系統、應用資訊技術，只是為了提高工作效率，並不改變原來的工作過程和目標結構，而 Michael Hammer 博士提出的新理論，「再造不是自動化，而是重新開始」正是主張改變現有的系統流程和體系結構。但是，當我們觀察目前飯店行業的實際情況時，不難發現，各家飯店建設資訊系統的原則一般就是所謂的「自動化」。其原因大致有二：

（1）這種「自動化」方案有利於提高開發的可行性，減小開發工作的阻力和難度。

任何一飯店在它沒有使用電腦系統之前，也就是處於手工處理資訊的階段，此時，飯店的各個部門都有定形的記錄、報表和傳送流程，這種手工方式管理的資訊流保證著飯店的正常運營，這實際上就存在著一個非自動化的資訊系統。因此，人們在討論企業管理軟體的開發設計時，很早就取得了一個共識：既然在企業管理中，人們對資訊的保留以及資訊的輸入、輸出格式都已有了確定的方案，即對檔案、帳簿、單據、報表、計劃都有明確的規定，所以在設計管理軟體時一般都是優先考慮原有資訊報表的要求，滿足管理人員的習慣要求。

（2）依靠原有系統的可靠性，這種「自動化」方案的可靠性也能有所保障，有利於減小開發工作難度。

例如飯店 MIS 的後台系統，我們應該採用已有的人工帳務系統作為內核，不要另行設計帳務系統，因為人工系統的結構清晰，又符合電腦軟體設計中的 Parnas 資訊隱蔽原則，可以大大提高軟體的可靠性。

儘管電腦工作可靠，但是它在會計電算化中不僅一本帳也不減少，而且每一次試算平衡（所謂的對帳）也都照舊去做。實際上，只要電腦軟體已經成熟，在其最初計算後的重複平衡試算是不會再發生錯誤的。這樣說來這些平衡檢查可以省掉。不僅如此，電腦存儲和檢索查找資訊的功能很強，所以不必像人工記帳中那樣，將很多資訊都要重複地記在各個帳頁上，對於電腦存儲來講，這是一種浪費，人們稱之為冗餘存儲。曾有人提出是否可以簡化呢？最終人們沒有這樣做。鑒於財務會計制度的變動不是小事，鑒於會計們希望保持自己已經掌握的核算體系，也鑒於人們希望對電腦的任何差錯都可以發現，目前各企業中使用電腦財務處理的系統都是依照原有人工處理過程，不做簡化和省略。

依據軟體工程中的 Parnas 資訊隱蔽原則，主張在系統開發中要預計到各種可能發生的意外，在軟體設計中要考慮到對錯誤出現的檢查和糾正。例如：預計到硬體可能出現意外故障，所以接近硬體的軟體模組應該對硬體的

行為進行檢查，及時發現硬體的錯誤；預計到操作人員可能產生失誤或故意發生錯誤，涉及人機對話的模組應該對輸入數據進行合理性檢查，辨認非法或越權的操作要求，同時要為操作人提供必要的提示和糾正錯誤的手段；預計到軟體自身也會有錯誤發生，所以模組之間要加強檢查。系統應該能夠發現資訊處理中的異常情況，並能處理這些異常，這就是要求軟體具有一定的容錯或糾錯能力。

在人工處理的會計帳務系統中，就充分體現出 Parnas 的設計原則。例如在飯店會計系統中安排了各個帳簿內部的借貸平衡檢查、帳簿之間的對帳檢查、編制會計報表中的計算平衡檢查，還安排了客帳的夜間審核以及銀行的對帳調節。

會計系統作為一個成功的資訊系統，其結構清晰，可靠性高，是一個設計很科學的資訊系統，包含了多少會計師的長期實踐經驗的成果，並非一日之功。當我們設計一個自動化的資訊系統時，要實現 Parnas 設計原則也並不容易，因此在會計電算化實踐中，人們並不特別追求對原有會計資訊流程進行改革。

（3）在實際的飯店業經營管理中，相當多的飯店還是透過從電腦工程公司那裡選購產品來獲得 MIS，因為目前市場上確有成熟的飯店 MIS 產品可供選購。

當然飯店要選購一個適用的系統，並且解決好投入使用過程中所要解決的各種問題，以最終得到一個成功的 MIS。在選購飯店 MIS 系統時要把握以下幾項原則：

第一，選購飯店 MIS 首先要考慮系統的成熟程度。

一般而言，一種可以被視為已經成熟的飯店 MIS，它至少已在飯店中實際運行過 3 年以上。這種系統往往已經擁有了不止一個的用戶，同時，提供這種系統的電腦工程公司往往也已經擁有了多年的專業服務經驗。不過事物總是複雜的，我們在考察一個飯店 MIS 的成熟程度時，也需要注意一些特殊情況。例如，有的公司開業頭幾年，公司內部人員並不穩定，很多人都缺少

成熟的經驗；有的飯店 MIS 雖然已經擁有多家用戶，但是它剛剛做過大的修改（更新版本），此時的系統成熟程度都須要重新評價。

重視所購系統的成熟程度很有必要。在現實中由於種種原因，例如熟人關係或是價格非常優惠，有的飯店管理者便將自己的 MIS 委託給一般的電腦應用的開發者（電腦公司、高等院校、研究單位），結果由於開發者缺少對飯店經營和飯店資訊處理的理解，致使開發時間拖長，過程反覆，在系統試運行的調試中對飯店的經營管理造成很多干擾，得不償失。

總之，選購飯店 MIS 的首要原則還是要找專業公司，買成熟系統。

第二，選購飯店 MIS 要注重系統的可靠性和適用性。

系統可靠性是用戶對飯店 MIS 最重要的要求，而一般成熟系統的可靠性都比較高，因為它已經在一段時間內經受了實際應用的考驗。我們在選購系統時只需要再注意前面提到的一些特殊情況（如版本更新），即不要忽略事物的變化就可以了。但是要確認飯店 MIS 的適用性，仍然不是隨便就可以解決好的。一般可以從各種成熟系統的用戶中尋找和自己的經營規模、企業機制、管理模式和規範相仿的飯店，到那裡去具體考察各個環節的資訊流程以及報表格式等等，總之對系統的適用性不可以掉以輕心。

一般來講，想要保證飯店電腦系統硬體部分的可靠性就必須把握住購物的質量，目前電腦硬體的質量大體和售價成正比，所以購買硬體時不能貪便宜。

有的飯店為了進一步提高 MIS 的可靠性，在硬體上採用雙機保障系統設計，例如有的飯店在使用 MIS 飯店系統時安裝兩台 IBM AS/400 主機，成本當然很高，但是可靠性又有了提高。

一般來講，成熟系統的軟體已經接受過實際的考驗，其自身質量還是有保證的，所以影響飯店 MIS 軟體部分可靠性的關鍵問題往往是軟體維護工作的質量如何。無論是新公司的產品或是老公司的新產品，對它們的自身質量以及維護工作質量都需要先打一個問號，認真調查再做結論。即便對老公司的老產品，也要注意當前該公司維護力量的真實狀況。

至於談到飯店 MIS 的適用性，我們需要特別注意，在飯店所購用的飯店 MIS 模式和飯店運營管理的模式之間，要求二者絕對相符是不現實的。任何一個 MIS 投入到一個新的飯店勢必要有調整，但是這種調整只應該是很有限的，因為飯店的資訊管理比較複雜（尤其是飯店獨特的前台系統），一方面飯店 MIS 運行後不允許出問題，另一方面，任何新調整改動過的電腦軟體都難免帶有錯誤，即便是不大的改動，更令人不安的問題在於人們又很難測試檢查出這種軟體錯誤。因此，在美國推進飯店 MIS 的過程中，飯店電腦系統專家 M.L. 卡薩瓦納就曾經強調指出：「安裝電腦系統無疑需要飯店管理者改革飯店的組織結構以適應電腦系統，而不能倒過來做。」

基於上述原因，有的飯店出於對資訊系統適用性的考慮，在選購系統時只是有選擇地購買 MIS 的部分產品，不適用的部分不買，也有的飯店對已購買的系統中不適用的部分功能棄之不用，即買而不用。總之人們要努力減少或避免電腦軟體的改動。

第三，在討論飯店 MIS 的適用性時，我們當然不能忘記一點：無論是系統硬體還是軟體，其性能水平更高並不等於在飯店中就更加適用。飯店 MIS 的適用性主要取決於 MIS 和整個飯店經營管理體系的相互關係如何。

2. 在單體飯店經營中一般並不考慮流程再造和系統再造

從現代企業管理理論來看，任何一個飯店的經營規模都不是很大，所謂「流程再造」或「系統再造」的需求並不明顯。即便是飯店集團化經營之後，或許在集團管理層次有所不同，但是其所管理的每一個飯店內部，在開發資訊系統時一般也不會考慮流程再造和系統再造。最明顯的例子便是當集團接管某一家飯店時，不管這一家飯店原來的資訊系統如何，都會被放棄不用，新的管理者不會考慮系統改造，也就談不到所謂的「再造」，必定是重新投資建設一個和該集團在其他飯店中已經實際使用的 MIS 一樣的系統。

本章所討論的系統規劃工作是涉及全局的工作，需要人們建立大局觀，培養把握全局的工作能力，但是這種全局性的工作既屬於「面」上的，又是很實際的。所以在本章的結尾，我們特別提醒對系統規劃各階段都應該注意具體的工作方法、原則、經驗、關鍵環節，並且不斷總結自己的實踐。簡單

而論，若要想做好資訊系統的系統規劃工作，我們必須注意：在初步調查、系統功能定義的工作中，最需要的是能力和經驗；在可行性研究、制定實施計劃的工作中，最需要的是細緻和認真；對系統及 MIS 掌握正確的理解，則是系統規劃階段各項工作中最重要的基礎。

思考與練習

1. 無論系統工程、軟體工程還是管理資訊系統工程，作為它們的第一步工作為什麼都是系統規劃？如何理解系統規劃的重要性？

2. 系統調查可以採用哪些調查方法？你認為類比調查方式有哪些優點和弱點？

3. 如何理解系統功能定義的任務？

4. 我們討論的飯店 MIS 的最小系統包括哪些基本功能？

5. 撰寫可行性報告應遵循哪些原則？

第 7 章 飯店管理資訊系統的開發

▌第一節 系統開發的方法和過程

　　飯店管理資訊系統是一個十分龐大的資訊系統，開發工作又是細緻而複雜的工作，必須遵循系統工程的理論和方法，認真對待開發過程中的每一環節，認真分析它的階段特點、掌握它的規律。系統開發方法有多種形式，目前主要採用的形式有生命週期法、原型法、面向對象法和電腦輔助開發方法等。運用合適的系統開發方法，是開發人員必須考慮的因素。在選定了開發方法以後，還必須在開發過程中能控制工程的進度和質量，在不同的環節上運用不同的控制手段，保證系統開發的順利完成。本節僅介紹在管理資訊系統開發中經常採用的最基本方法，即生命週期法和原型法。

一、生命週期法

　　按照系統工程的觀點，把管理資訊系統作為一種軟體產品，任何一種產品都存在一個使用的生命週期。管理資訊系統的生命週期，始於建立管理資訊系統項目任務的提出，經歷可行性分析、系統調查與分析、系統設計、系統實施、測試和交付用戶運行及維護等一系列過程。經過較長時間的使用，隨著科學技術和生產經營及管理的發展，人們對資訊的需求也在不斷地變化，原有的管理資訊系統已不再適應新時代的管理要求，無法滿足企業管理的資訊需求，應及時採用新的系統，原有系統消亡，從而被新的管理系統軟體所取代。整個過程體現了軟體的誕生、成熟到最後消亡的歷史過程，故稱為生命週期。

　　生命週期法被認為是目前最經典的管理資訊系統的開發方法，強調項目的管理，它的基本思想方法是：

　　● 具有明顯區別的階段性，嚴格區分工作階段，上一個階段結束，應準備詳盡的文檔，作為下一階段的工作的基礎，階段之間按文檔驗收交接。

● 採用從上向下的分析方法，將任務逐層分解成具體的功能模組，注重系統的結構性。

● 具有嚴格的系統驗收檢驗手續。

● 特別強調系統的調查研究和系統分析。

● 組織嚴密，工作任務清晰。

（一）生命週期法的三個階段

通常，在描述生命週期法時，多數分為三個階段，即系統分析、系統設計和系統實施（有的劃分更為細緻，分為 5 ～ 6 個階段），如圖 7-1 所示。

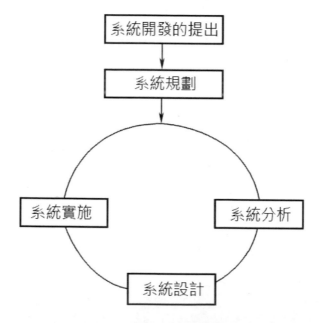

圖 7-1 生命週期法的三個開發階段

每個階段都有不同的任務要求。第一階段是系統的基礎，在綜合調查研究的基礎上進行全面的系統性分析，決定系統的邏輯模型，明確係統能做些什麼。系統分析報告透過之後，就開始對系統進行邏輯設計和物理設計，即進入系統開發的第二個階段。

　　第二階段是工作的重點，在系統分析的基礎上建立物理模型，即要知道系統是如何實現既定功能的，明確如何幹的問題。對系統進行整體設計（系統設計），制定系統及子系統的結構，並進行詳細設計。按照系統的設計規程，編制系統設計文檔和工作手冊。

　　第三階段是系統實現的問題，對系統進行程序設計的編程並提交給用戶試用。程序員按照設計要求編寫和調試程序，並做一系列測試工作，交付給用戶運行測試。整個系統在移交給用戶之前要準備完整的技術檔案，以便用戶和研製人員對系統進一步完善，也為系統最後評審做準備。

　　系統經過大量細緻的調試和模擬運行之後，所出現的問題均已基本解決，雙方可以確認正式使用新系統，取代原系統。為了使系統能夠正常地運行，在運行和維護的初期階段，開發人員需要親臨現場，對使用人員進行指導和培訓，幫助解決操作上不規範的問題。最後需要由專家小組對新系統進行評價，對系統中不完善之處應積極妥善地解決，至此一個系統開發過程就完成了。

　　（二）階段性任務要求

　　1. 系統分析階段

　　系統分析是系統開發的最初階段，這個階段的工作深入與否，直接影響到將來系統的設計質量、經濟性和運行效率，因此，必須給予高度重視。實踐表明，許多管理資訊系統的失敗的原因往往與忽視或沒有做好系統分析有直接關係。

　　系統分析主要是對研究對象進行詳細調查，在調查的基礎上給出系統模型。上一章已講述過初步調查，其主要任務是進行可行性研究，在調查的基礎上編寫可行性研究報告。而系統分析中的詳細調查其主要任務是給出系統的初步模型。調查時可採取多種方法，如：對單位的業務處理進行跟蹤調查、開座談會、跟班作業，考察業務具體流程、發放調查表、整理數據流向和規模、收集單位使用的報表和帳冊等。

在詳細調查的基礎上進行系統業務流程的分析，轉換成資訊流程；分析各個部門和環節的資訊需求；報表和報表分析；對數據分析，給出數據名稱、類型、長度和精度等內容。透過詳細調查，最終得出系統的初步模型。詳細調查將在下一節內容中介紹。

2. 系統設計階段

結構化的系統設計採用「從上到下」法。該方法強調由全面到局部、由長遠到近期、由上到下、由粗到細的研製一種合理的資訊流的模型出發，設計出適合於業務處理資訊流的資訊系統。子系統透過業務處理的過程 / 數據分析確定，而且儘可能地要求每個局部優化在全局優化的指導下進行。

「從上到下」法的優點是：對整個計劃來說，它是一種邏輯性很強的方法，因為這種方法從整體上考慮，並仔細地協調和計劃。缺點是：對於大型的管理資訊系統，開發週期較長，而且往往難以確定這樣大規模的詳細設計方案，因為它需要從企業的目標開始，一直分解到具體的子系統和各個模組，並受系統分析員素質的制約。

系統設計的主要任務如下：

（1）系統總體結構設計。（2）子系統設計。（3）模組功能設計。（4）代碼體系設計。（5）資料庫設計。（6）提出初步模型。（7）系統開發規程設計。

3. 系統實施階段

實施階段主要分為三個子階段：

（1）程序設計。（2）系統測試。（3）系統試運行。

程序設計採用模組化設計方式。所謂模組，是將任務分解成一個個基本的功能單元，並具有輸入 / 輸出、內部數據、處理邏輯和調用和被調用等屬性。模組，也可以獨立運行，這樣便於編程和調試，一旦出現問題，可限制在模組的內部，對於其他模組和系統運行影響不大。目前，這種設計方法在管理資訊系統中得到廣泛的應用。

程序設計是根據系統分析員提出的程序設計任務書完成的，該任務書明確指明程序的任務要求、輸入／輸出、界面參數等具體事項。

系統測試或調試的主要任務是檢查系統內存在的問題，首先經過程序員的自檢，然後經過系統的聯機測試。測試有多種方法，如系統的連接測試，考察系統內部通道是否暢通；系統的功能測試，透過「黑箱法」檢驗系統從輸入到輸出的功能是否達到目標要求。交付測試，將系統交付用戶，進行現場測試，透過大量的實際數據考核系統的運行指標。在內部測試時由於採用少量的模擬數據，有的問題不容易暴露出來；有些問題，例如數據的完整性和數據輸入順序，程序員在自檢時不會發現，交付給用戶時，則會明顯暴露。測試的過程也是系統不斷改進、不斷完善的過程，同時要根據用戶的意見對系統做局部性調整、補充。

經過測試之後，系統可以正式交付用戶試運行。試運行時，如果存在舊系統，則兩套系統並行運行一段時間，以考察系統的穩定性和可靠性。

系統轉換是當系統正式投入使用，需要將舊系統的數據移植到新系統，以保持數據處理的連續性。

在系統實施期間要準備交付給用戶的文檔，如各種技術文件、使用說明書、安裝說明書、操作指南、維護指南和用戶使用意見等。

有的系統要透過專家進行評審，需要準備參加評審的資料，並透過專家評估。至此，一個管理資訊系統的開發就完成了，可以投入正式使用。

（三）生命週期法的優缺點

1. 優點

生命週期法強調項目管理，注重管理策略和開發策略兩個部分。在管理策略部分強調系統開發的規劃、進度安排、評估、監控和反饋；在系統開發策略中強調系統結構、分階段進行、充分利用開發者的實際經驗、系統的標準化管理。

生命週期法有嚴密的組織機構和形式，人員分工明確，有系統分析員、設計員、程序員和測試員及用戶參與人員。各種人員工作職責不同、任務明確、服從統一的領導，即由項目負責人統一協調開發。

採用由上向下的設計方法，系統性強，總體結構和層次都十分清晰。各種文檔資料齊全，編寫規範，便於標準化管理。

由於生命週期法從總體上、全局上展開開發工作，根據總體目標制定方法和步驟，特別適合於開發大型的、複雜的管理資訊系統。

2. 缺點

生命週期法把系統分析報告作為系統設計和實施的依據，也作為系統驗收的唯一依據，以一種一成不變的模式開發，不能適應電腦技術和管理模式的變化的需要，尤其是現在管理因素變化較大，這種方法應變性較差的缺點就暴露無遺了。

在系統開發的初期，用戶對電腦管理的知識和資訊需求概念十分缺乏，很難配合系統分析人員的規劃開發工作；而系統分析員對管理業務流程知之甚少，在系統模型和功能需求方面帶有個人的主觀性，很難對系統分析作出準確的描述。

開發週期過長也是該方法的主要缺點，而用戶要求能夠在最短時間內可以投入使用，而且用戶只是在開發的後期參與系統的測試工作，對系統的改進意見不容易被接受和採納，雙方在溝通協調方面極易出現分歧和矛盾。

二、原型法

針對生命週期法存在的問題，尤其是出現面向對象、可視化編程軟體等開發工具以後，人們又提出了原型法。這種方法基本思想是：對系統功能需求做簡單快速分析後，利用先進的開發工具，盡快地建立一個原始模型系統，並提交給用戶評價、試用、徵求用戶的意見，在使用過程中不斷進行修改和完善，直至用戶滿意為止。如果開始建立的原型與實際相差甚遠，則拋棄之，重新建立一個模型。

原型法的工作流程如圖 7-2 所示。

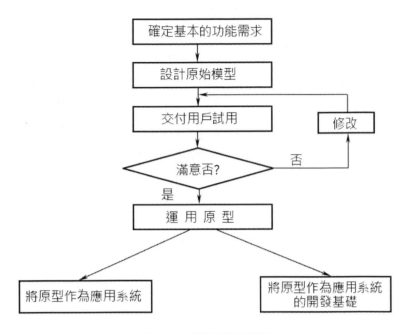

圖 7-2 原型法設計流程

（一）原型法的提出

原型法的提出具有一定的歷史背景。在早期電腦的應用範圍比較狹小，運用生命週期法可以比較清楚地描述用戶的功能需求。管理資訊系統的應用範圍就比較廣闊，主要應用在工作流程比較清晰的地方，如財務、倉庫、設備管理上，用戶對其工作比較瞭解，可以描述清楚其功能的需求，而其他的管理流程其功能需求就不一定能描述清楚。管理資訊系統的應用是用電腦處理過程代替手工操作，開始時用戶和開發人員對其功能需求可以很簡單、明確地瞭解，利用原型法向用戶提供一個設計比較簡單的系統方案。但是，隨著電腦應用的普及，管理的深度和廣度不斷擴大，甚至涉及到用戶都比較陌生的領域，採用生命週期法，則遇到很大的困難，另外還有如下制約因素：

● 電腦硬體價格不斷下降，性能不斷提高，軟體費用超過了硬體的費用。由於採用生命週期法開發週期長、涉及面很寬、投入的人力很多、手續複雜，造成設計成本居高不下，而用戶要求降低軟體開發費用。

● 隨著市場競爭的日益加劇，要求企業的經營模式靈活多變，管理模式經常發生相應的調整，經營的產品向著批量小、多品種的方向發展。這就要求管理資訊系統的開發縮短設計週期，以適應這種管理模式的變化，並要有足夠的靈活性適應經營管理的變化。採用生命週期法，從一開始就制定一個框架，以後所有工作都圍繞其進行和展開的，若在開發期間發生變化，很難實現有效的調整。

● 按照生命週期法，必須做到所有的用戶需求都是事先可知的，但是事實上恰恰相反，由於用戶人員的電腦知識和業務素質的限制，用戶在初始階段，對於電腦管理什麼，如何管理並不十分理解，不可能要求用戶有非常詳盡的功能需求清單，只是注重最後能得出什麼結果，許多要求和功能是系統分析人員幫助加上去的，所以並非所有的功能需求都可以事先定義。當系統提交給用戶使用時，用戶逐漸對其性能有所瞭解，這時，往往要求提出很多改進意見，有些則是結構上的改變，這也是系統分析人員始料不及的，如果採用生命週期法，這種結構性的改變是不能容忍的，勢必造成開發人員和用戶的分歧、對立。

● 採用生命週期法時，在設計階段和主要的測試階段，開發人員基本上沒有與用戶溝通，用戶只是在開始分析階段，介紹系統的功能需求和工作流程，最後再在試運行期間參與進來，這時用戶的意見，只能作為參考，不可能做結構性變動，即用戶的意見不能得到有效貫徹，會造成用戶對系統的牴觸情緒。

（二）原型法的理論依據

原型法是針對生命週期法的種種問題而提出來的，其基本理由如下：

1. 功能需求定義的要求

並非所有功能需求都是事先定義的，用戶的電腦知識缺乏和開發人員的專業管理知識較少是事先定義所有功能需求的主要障礙。用戶只有在接觸一個具體的系統之後，才能瞭解自己的要求，指出系統存在的問題和缺點。開發人員也只有不斷地瞭解用戶，才能徹底地清楚用戶要求什麼，才能準確地瞭解業務的流程，有許多業務處理過程不是一次、兩次調查就能瞭解全面的。

2. 用戶和開發人員溝通的要求

用戶和開發人員需要溝通，讓用戶儘早看到一個模型，針對這個模型提出意見，不管這個模型是否有效，透過這個模型逐步瞭解用戶的功能需求。原型法為用戶提供一個生動的實際模型，讓用戶品頭論足，在不斷修改中得到完善。與用戶的溝透過程，是雙方提高的過程，開發人員應促使用戶提高系統的管理功能和層次，真正達到滿足管理和輔助決策支持的要求。

3. 先進的系統開發工具

電腦軟體技術發展很快，目前許多高級語言都可以充當建造工具，如VB、VC、Delphi、PowerBuilder 等電腦語言和面向資料庫編程語言，這些語言具有面向對象、可視化的特點，使開發人員能夠快速、便捷地建立系統模型和程序界面，針對用戶的意見也能夠非常方便地修改。

4. 系統存在反覆修改的要求

反覆修改是不可避免的。即使採用生命週期法，也需要不斷進行修改。任何軟體都不可能十全十美，都要進行修改，但是採用生命週期法，做大的修改，比較困難，甚至難以接受。採用原型法，可以不斷根據用戶意見修改，不僅可以做局部的修改，還可以做結構性的修改。

5. 由下向上系統設計的要求

原型法是一種由下向上的設計方法，在制定大體框架的基礎上，先實現部分功能，然後根據需要逐步擴展，添加和完善系統功能。由於採用模組化設計方式，可以保證這些模組的功能準確性，從而避免功能不能達到要求的危險。

（三）原型法的優缺點

1. 優點

原型法的優點是大大縮短了系統開發週期、降低了軟體的開發成本；用戶與開發人員始終處於良好合作的狀態，用戶意見得到及時的貫徹和實施；用戶最後得到的產品就是其最滿意的系統；在開發期間，因管理模式的變化，可以很靈活地予以調整。

2. 缺點

原型法比較適合於中小型系統的開發，對於大型系統的開發，做普遍的、大面積的反覆修改不太現實；反覆修改，工作比較繁重；在系統分析上，因為對系統總體把握不夠，造成結構性變化，會影響許多方面，容易出現隱患。

三、生命週期法和原型法的結合

在開發管理資訊系統時，採用生命週期法，還是原型法，一直是管理資訊系統理論界爭論的焦點，堅持生命週期法的人們認為原型法沒有從系統的角度考慮，是一種倒退；而堅持原型法的人們認為，生命週期法過於理想化，是完美主義。

實際上，這兩種方法都有一定優點，也有侷限性，適用的範圍也有所不同。生命週期法側重於項目管理和控制，對於大型的、專業的軟體公司，是必須的。對於大型軟體沒有相應的管理辦法和措施，將造成項目的失控、人力和資源的浪費。原型法側重於項目實現的過程，對於一些小型的、簡單的項目，無需投入較多的人力，憑藉開發人員對項目的理解和經驗，也能夠很好地完成。我們大多數軟體開發人員實際上更樂於採用原型法，在很多情況下，在僅僅拿到用戶提供的一些報表和用戶基本要求的情況下，往往憑藉本人經驗，先進行程序設計，再逐步完善。在這裡開發人員的素質和經驗是決定因素，要求對系統的總體結構和資料庫結構有比較好的把握程度，可以用一句話形容：什麼都可以改，資料庫結構不能動。

將生命週期法和原型法結合起來是很好的方法，可以相互取長補短，造成互補的作用和功效。這樣，既可以使項目得到良好控制和監督，又可以加快項目的開發進度，縮短開發週期。具體結合的方法很多，關鍵是選擇一個合適的「切入」點。筆者認為系統分析可以採用生命週期法，運用生命週期法許多成功的分析方法和工具，進行系統的調查研究，在將系統設計和系統實施的程序設計結合起來，利用原型法分步實施，系統實施中測試工作和系統試運行仍然採用生命週期法。這樣，既綜合了兩方面的優點，又彌補兩者的不足，如圖 7-3 所示。

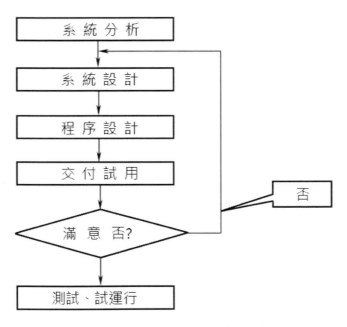

圖 7-3 生命週期法和原型法結合示意圖

這種結合不是兩種方法簡單的合併使用，而是系統開發設計上觀念的改變，首先它強調了以客戶為中心，以人為本的一種開發原則，依然以總體目標為系統的出發點，當研究的對象需求尚處於一種不明朗、模糊的情況下，運用原型法進行系統概述設計，制定一個用戶可以接觸到的實際模型，讓用戶根據這個模型加深對系統瞭解和認識，逐步提出需求，再根據用戶要求進行設計，逐漸完善。

這裡系統分析的作用仍然是非常重要的，尤其當用戶管理比較混亂時，必須透過分析制定一個框架，不僅為項目確定設計的目標，也為企業制定管理規範，幫助它提高管理水平，這樣才能使企業順利地實現電腦的資訊化管理。

由於系統設計和程序編碼設計的結合，實際上就是儘早地進入實施階段，並要求用戶參與系統開發的全過程，與用戶良好的溝通，容易彌合雙方的分歧，在一些關鍵問題上達到共識。這裡，總體結構設計和資料庫設計是程序編碼的前提，儘可能做到資料庫結構設計合理，在以後的工作中少變動。

系統的測試和試運行的過程隨之簡化和縮短，系統提交給用戶使用的過程實質上就是一種實際檢驗，再透過專業人員的測試，便於檢驗系統的隱患和缺陷，即 Bug。

對於各種文檔的編寫工作也可以適當簡化，尤其是系統設計的文檔，沒有必要準備非常齊全，必要的技術文檔如資料庫結構文檔、模組結構文檔和系統測試數據文檔等保存完備就可以了。

第二節 系統詳細調查

飯店管理資訊系統的調查工作是開發工作的第一步，為後面開展的系統分析工作奠定一個切實可行的基礎，幫助建立一個系統模型。實際的調查工作分為初步調查和詳細調查兩個步驟。初步調查前面已介紹過了，這裡主要介紹詳細調查的內容。

一、系統調查的任務

初步調查的任務是對系統的可行性進行論證，從技術、資金、設備和時間等諸方面探討，以可行性報告形式提交給企業主管領導決策。

詳細調查是項目正式啟動之後所要完成的任務，即瞭解用戶的數據流程和資訊要求，對選定的對象進行詳細調查和分析、明確係統目標、提出初步模型和完成系統調查報告。主要有如下任務：

（一）管理業務流程的調查

管理資訊系統需要遵循現有的管理業務程序和規範，因此在調查時需要按照原有的管理資訊的流動過程（當然，當前管理模式如果不合理，系統分析員可以有義務幫助企業設計一個合理的管理模式，提高管理水平），逐個地調查所有環節的處理任務、處理內容、處理順序和對處理時間的要求，弄清各個環節需要的資訊、資訊來源、經由去向、處理方法、計算方法，提供資訊的時間和資訊形態（報表、螢幕顯示）等等。

（二）報表分配和生成的調查

每個企業都有各種不同的報表要求，如會計的資產負債表、損益表、飯店客房使用情況彙總表、來店旅客日報表、離店旅客日報表、訂房預報表等等，這些報表透過管理資訊系統統計之後而生成的。對於這種報表，需要分析清楚由哪些數據構成，出自何方、生成方式和方法。

原始單據，如飯店客房和餐廳物資部門的材料採購發票、入庫單和出庫單，個人和團體客房登記表、各種服務性、交通收費單據，這種報表是管理所需要的原始數據。對於這些報表，要分析每種報表可以構成哪些數據，這些數據與哪些部門產生聯繫，數據的最終流向何處、如何處理等。

報表是系統調查的第一手資料，透過對報表的分析，可以確定系統所需要的數據的形式、數據類型、值的大小及範圍，進而幫助系統分析員確定資料庫的結構，建立系統的輸入 / 輸出的模式。

（三）系統運行環境的調查

運行環境包括在企業內部的組織結構、人員配備及分工；現有電腦網路狀況、操作系統和軟體配置情況以及操作人員的基本素質；企業管理狀況和資訊化程度等方面的調查。

另外，還需要調查系統與外部的聯繫，哪些數據是輸出到企業外部的。

（四）編制系統調查報告

根據調查結果彙總成調查報告，它是調查工作的總結，又是下一步分析工作的基礎。

二、系統調查中採用的方法

在調查中通常採用如下方法：

（一）調查表

根據系統所要瞭解的情況，設計調查表，以問答方式，具有很強的針對性，被調查對象選擇或填寫答案。調查表收回後，根據答案進行彙總。調查對象較多時，可以比較客觀地反映需要瞭解的情況。

（二）跟蹤調查

跟蹤調查是最常用的調查方法，即實際體驗各個環節的業務處理活動，實地瞭解業務流程情況，對每項業務的處理方式、業務走向跟蹤調查，這種調查最為真實和可靠。

（三）開座談會

針對具體的資訊需求召開不同規模的座談會，召集有關人員參加，聽取用戶的意見，這對於瞭解一些比較關鍵的技術問題和涉及到多個部門的數據流程非常有效。

（四）直接訪問有關人員

對於調查工作的疑點和不清晰的問題，可以直接訪問有關人員，瞭解他們對問題的看法和處理方式，從中得到詳細資料，此種方法針對性強、目的明確，效果很好。

▌第三節 系統的分析與設計

系統分析是開發過程中使系統設計合理、優化的重要步驟。這個階段的工作深入與否，直接影響到將來系統的設計質量和經濟性，因此，必須給予

高度重視。實踐表明，許多管理資訊系統的失敗原因往往與忽視或沒有做好系統分析有直接關係。

　　系統分析工作就是在系統調查的基礎上，將收集到的資料進行整理、提煉，用數據和資訊流的方式描述系統的結構，以及達到系統目標所採用的技術手段。

一、系統分析的任務

　　在調查工作中是掌握管理業務流程，是客觀事物的一種描述，分析工作的首要任務就是將其進行從客觀事物實體到資訊的轉換，即用資訊流描述研究的內容，以便進行管理資訊系統的實現。

　　在實際工作中，系統調查和系統分析沒有非常明顯的界限，將它們完全獨立開來對待，是非常機械的和不切實際的。

　　（一）業務流程的分析

　　為了實現管理資訊系統的系統化分析，還要對當前管理業務流程進一步調查研究和分析，從現有的業務流程中將資訊流提取出來，有效的方法是繪製業務流程圖，用圖形方式描述業務資訊的流程，並按資訊化管理要求優化當前的業務流程，在此基礎上對各種數據的屬性和各項處理功能進行詳細的分析。圖7-4是客人入住接待的示意流程圖。

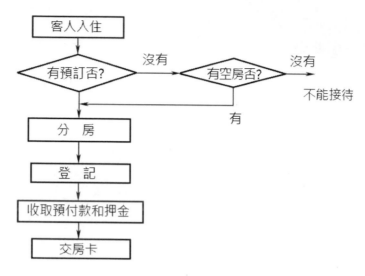

圖 7-4 客人入住接待流程圖

（二）數據分析

數據分析的任務是徹底瞭解數據流程圖中出現的各種數據的屬性，數據的存貯情況和對數據查詢的要求，予以定量的描述和分析。數據流程圖透過業務流程圖分析後得出。

1. 數據屬性的分析

數據是用屬性的名和屬性的值描述事物某方面的特徵。一個事物的特徵可能是多方面的，需要用多個屬性的名和其相應的值來描述。例如，某客房，其屬性名 / 屬性值有：客房類型 / 普通客房丙，床位數 /2，房價 /100 元等。

為了反映所有客房的特徵，將各種客房的屬性名和屬性值彙總起來，形成一個二維表格，如表 7 -1 所示。表中每一行代表一個實體，每一列代表一個屬性，表中每一項為屬性值。

表 7-1 反映飯店客房特徵的二維表

客房類型	床位數	房價
普通客房甲	2	150
普通客房乙	2	120
普通客房丙	2	100
普通客房丁	4	70
……	…	…

對數據還應分析：

● 數據項的類型：如是字母，還是數字，或其他的類型。

● 數據項值的範圍：如房價 50～500 元美元，100～300 美元等。

● 數據屬性值的意義：如普通客房甲為一等雙人單間客房，普通客房丁為四人雙間套房。

● 數據項的字長：如房價最大長度為 3 位。

關於數據還需瞭解，該數據與其他數據之間的邏輯關係，數據的業務發生量，數據的重要程度和保密要求等等。

2. 數據查詢要求的分析

在調查中，需瞭解用戶經常透過何種方式查詢數據，以及可能提出的各種查詢要求。為了有的放矢地組織數據的存儲，採取高效率的檢索技術，系統分析員應將用戶經常提出的問題列出查詢清單，例如：「今天來了多少客人？」，「今天會議有哪些？」，「某某客人來自哪個國家？」等等。用戶的查詢需求，是設計管理資訊系統查詢功能的依據。

數據分析的結果是資料庫設計的依據。

二、系統分析的方法

在分析工作中通常採用的方法如下：

（一）結構化方法

所謂結構化就是將系統逐漸分解，首先分解成多個子系統，每個子系統繼續分解，最後分解到具體的功能模組。每個模組的功能相對獨立，可以單獨設計和調試，模組與模組之間近似獨立，干擾較少。所以，結構化設計又稱為模組化設計。

在調查的基礎上，根據業務處理的資訊需求分析，將整個系統首先分解成幾個業務處理比較獨立的部分，即子系統。具體分解根據系統規模而定，大型系統可以按業務處理部門分解，小型系統可以按功能劃分。如飯店管理資訊系統，可分為接待、預訂、客房、收銀、餐飲、夜審等子系統。一般小型系統分為輸入、影印、處理、查詢和維護等子系統。

透過模組和模組之間的數據交換需要，描述系統的資訊流動方向和加工處理功能。

（二）數據抽象

所謂數據抽象就是將管理業務的特徵用數據方式進行描述。每種業務都用一組數據表示，每個數據賦予名稱，用唯一的一組數據區別每筆業務處理的數據。具體表現形式就是對數據屬性進行分析。

（三）繪製數據流程圖

數據流程圖用圖形符號表示數據的流動和處理的過程，流程圖的特點是簡單明瞭，顯見易懂，是用戶和開發人員分析交流的常用工具。圖中的符號也比較簡單，僅有處理邏輯框、數據存儲、外部實體和數據流向四種圖符。流程圖也可以繼續細分，每個部分還能繼續分解成若干個步驟和處理過程。因此，數據流程圖是由上至下、由粗到細、逐步分解的層次結構圖，也是系統詳細設計中模組結構設計的依據。

（四）合併和分解

1. 數據合併

對某些具有相似意義的同類數據進行合併，將複雜的數據進行分解，目的是使數據規範化，便於電腦資訊處理。

在帳務系統中憑證種類很多，如：銀行收、付款憑證；現金收、付款憑證；轉帳憑證等。如果每種憑證都使用一組數據定義，系統將十分煩瑣，因此我們統一用「記帳憑證」描述，簡化了數據結構。如果需要，可以在螢幕上設計出各種憑證格式，但是在電腦內部採用統一的數據格式處理。這種方式就是合併。

2. 處理過程合併

在手工帳務處理中，憑證記帳要寫入日記帳、明細帳和總帳。採用管理資訊系統中的帳務處理，在內部可以只記入明細帳，所需要的日記帳和總帳都可以從明細帳中導出，這樣減少了數據重複存放的冗餘現象，這體現了處理過程的合併。實際上，處理過程合併是以數據合併為基礎的。

3. 數據分解

在數據加工過程中需要很多數據，在數據組織時，為了簡化組織形式，便於數據存取和檢索，往往將一部分數據分離出去，透過代碼保持數據和數據之間的關係。如客人入住登記單上保留「登記單號」和「姓名」，在實際的消費帳單上只記載客人的「登記單號」而不是姓名，透過登記單號保持兩組數據的一致性。這種分解方法，對於後面的資料庫設計是非常必要的。

（五）編制數據字典

對於每項業務處理需要的數據，必須編制完整的數據描述，即數據字典。它說明該組數據用途、組織形式、數據項的組成，以及數據項的數據類型、長度、取值範圍等。數據字典可以直接轉換成資料庫的數據表，並使程序設計員瞭解整個系統中數據組織的規則，按照數據字典意義設計應用程序。表7-2是數據字典的一個例子。

表 7-2 記帳憑證

數據源名稱:記賬憑證　　　　　　　　　　　　　　　　　　　編制人:XXX
數據表名稱:JZPZ　　　　　　　　　　　　　　　　　　　　　審核人:XXX

數據項名稱	說明	數據類型	長度	備註
PZRQ	錄入日期	日期型	自動	
PZH	憑證單號	字符型	5	
ZY	業務說明	字符型	20	
ZPH	支票號碼	字符型	6	
JSFS	銀行結算方式	字符型	2	非銀行業務為空
JFKM	借方科目編碼	字符型	11	
JFJE	借方發生金額	數值型	自動	兩位小數
DFKM	貸方科目編碼	字符型	11	
DFJE	貸方發生金額	數值型	自動	兩位小數
ZDR	制單人	字符型	8	
SHR	審核人	字符型	8	
JZR	記賬人	字符型	8	
FJZS	附件張數	數值型	自動	

三、系統設計步驟

　　系統設計的任務是為進一步實現系統分析階段提出的初步模型，詳細地確定系統的結構，制定系統實現的方案藍圖，為下一階段的系統實施做好充分的準備。

　　系統設計可以分為以下兩個階段：

　　（一）初步設計。初步設計包括：代碼設計、確定子系統和模組、編製程序流程圖、輸出文件格式設計、輸入文件格式設計等，同時包括系統的網路結構設計和網路通信方式設計等。

（二）詳細設計。內容包括模組控制結構圖設計、輸入 / 輸出格式和界面設計、資料庫結構和文件的詳細設計、模組設計和處理流程圖設計、代碼文件設計以及制訂程序設計規範和編寫程序設計說明書。

上述兩個階段是相互交錯反覆進行的過程，後者是前者的進一步具體化。

四、設計內容

（一）代碼設計

代碼是指代表事物名稱、屬性、狀態等的符號和記號。電腦透過事物的代碼來識別事物。所以為了記錄、通訊、處理和檢索數據，電腦處理必須代碼化，也用代碼來為數據分類提供一種縮寫的結構，作為數據的唯一標識。代碼可以用數字、字母和特殊符號等表示。

1. 代碼的功能

● 代碼為數據項、記錄或文件提供一個概要而不含糊的認定，便於數據的貯存和檢索。字符縮短之後，無論是記錄、記憶，還是存儲、檢索，都可以節省時間和空間。

● 使用代碼可以提高處理的效率和精度。編碼之後，排序、累計或按某一規定的算法進行統計分析，都十分方便。

2. 編碼的基本原則

● 標準化：採用國家和行業頒布的標準編碼體系。

● 唯一性：每一代碼所代表的數據項目必須是唯一的，否則，將產生模棱兩可的多義性現象，影響數據處理的準確性。

● 系統化：在整個系統內，代表同一數據項的代碼應當統一，前後協調一致。

● 代碼應等長：對於每一類的代碼，或同一級代碼應是等長的。

（二）子系統設計

一個大型的管理資訊系統，由若干個具體的功能組成，每個功能都有一定的服務對象，管理一定的事物，某些功能具有一定的共性，將這些具有共性的功能從邏輯上集中起來，就是一個子系統。這是「從下到上」的設計方法。這樣每增加一個功能，就向該子系統增加一項。

在系統的初步設計階段，根據「從上到下」的設計原則，將系統按用戶的業務處理功能分類，每一類為一個子系統。每個子系統包含若干個具體的模組功能。

對於複雜的系統，子系統可以嵌套子系統，即：某個子系統下面還可以按該子系統的不同功能向下細分為若干子系統。

如：某飯店管理系統可劃分為：查詢子系統；接待子系統；預訂子系統；結帳子系統；客房管理子系統；帳務管理子系統；員工管理子系統；系統維護子系統。

系統劃分成子系統之後，無論是程序設計，還是功能調試，都可以在子系統的範圍內進行，基本上互不干擾地各自相對獨立進行，不必在整個全部設計之後統一進行調試。這樣，在調試中出現問題，可以在比較小的範圍內解決，加快設計和調試速度，修改和擴充也比較容易，不至於牽一髮動全身，影響全局。每個子系統由多個功能組成，通常稱為「模組」，系統與子系統的關係很容易轉換成軟體的功能菜單。

（三）輸入 / 輸出設計

系統設計的過程與實施（程序）設計過程剛好相反，它並不是從輸入設計到輸出設計，而是從輸出設計到輸入設計。這是因為輸出表格直接與用戶相聯繫，設計的出發點應當是保證輸出表格方便地為用戶服務，正確地反映和組織用戶使用部門所需的有用資訊。

1. 輸出設計內容

輸出是將管理資訊系統中資料庫的內容，以各種不同的形式，反映給用戶，換言之，用戶是透過各個不同的側面獲得該系統所提供的和所需要的有

用資訊，輸出是資料庫內容的一種映射。輸出格式是用戶獲得數據的面板，而輸入格式是用戶向系統輸入數據的面板。

輸出設計的內容包括：

● 有關輸出資訊使用方面的內容，即使用者、使用目的、報告量等等；

● 輸出資訊的內容，即輸出數據項目、位數、數據類型（文字、數字）等等；

● 輸出設備，如影印機、螢幕顯示器或其他輸出介質。

設計輸出報告時應注意：

● 報告上應註明報告的名稱、標題、年月日和頁號等；

● 儘可能按照用戶原表格的形式，需要變動時應徵得用戶單位的允許；

● 表格內容簡單明瞭，重要內容醒目，使用代碼的地方恢復代碼的原有含義。

2. 輸入設計內容

輸入數據是系統處理數據來源的主要通路，因此它的正確性對於整個系統的質量的好壞是決定性的。輸入設計不當有可能使輸入數據發生錯誤，這時，即使計算和處理十分正確，也不可能得到可靠的輸出資訊。所以，輸入設計必須十分仔細，要千方百計堵塞一切可能出現錯誤的漏洞，當用戶輸入了錯誤的數據，系統應拒絕接受，並友好地給出提示資訊。對於某些必須輸入內容的選擇項，應強制用戶輸入數據，以防止空的數據項引發系統產生致命性錯誤。

● 輸入設備：通常使用電腦鍵盤，現在越來越多使用滑鼠器選擇性輸入，具有遠程通訊的企業使用遠程方式自動地獲得異地部門或單位的數據。

● 原始單據的格式設計：輸入設計的重要內容之一是設計好原始單據的格式，即使企業的原有單據很齊全，但不一定符合電腦處理的要求，因而需要重新設計和審查，使之與電腦處理的格式相一致。

● 簡化和減輕輸入操作：一般來講，輸入工作是最繁重的，簡化輸入工作是非常必要的。在 Windows 下的應用程序儘可能採用「單選按鈕」、「複選框」、「列表框」和數據窗口形式組織輸入數據。

● 對重要的數據要進行校驗，數據輸入後要在電腦內部核對後，再透過操作員檢驗，認可之後方能寫入資料庫中，邏輯上錯誤的數據系統會自動拒絕接受。如：會計憑證輸入時，貸方與借方數額不平的憑證，拒絕接受。

在管理資訊系統中，輸入／輸出的格式的設計都是十分重要的，工作非常繁瑣，需要進行大量的設計和調試工作。

3. 輸入／輸出界面設計

界面是用戶與電腦或系統交流的主要部分。用戶透過螢幕輸入界面向系統輸入數據，界面的質量對於用戶操作有很大影響，通常不是讓用戶原封不動地按照資料庫的要求和格式輸入所有的內容，界面是資料庫的一種映射，輸入的數據經過一定的格式轉換後寫入資料庫。方便用戶輸入是界面設計的原則，字段意義指示清楚、輸入內容簡要，排列整齊。對於重要的字段進行嚴格的控制輸入，保證內容正確性和合理性，不接受非法的輸入內容，並給出相應的提示。輸入後再做進一步校驗，確認正確後寫入資料庫。因此，輸入界面要求友好、容錯性強、符合用戶習慣。

輸出界面是將資料庫的內容呈現給用戶的面板，當資料庫的內容是某種精簡或壓縮的數據時，首先要經過變換，轉成用戶容易接受的形式。

一個系統的各個模組中的界面儘可能保持一致，操作方式一致。好的界面設計需要美工人員配合，螢幕布局合理，清楚整潔、具有藝術性，但不花哨，操作符合人體工程學的原理，減輕操作人員工作強度。

（四）資料庫設計

資料庫是管理資訊系統的核心，系統的一切工作都是圍繞著如何組織、處理資料庫而進行的。資料庫的設計對系統的經濟性、功能和效率都有很大的影響，因此設計時應認真考慮資料庫的功能和可靠性、安全性、經濟性。

1. 資料庫模型

目前都使用關係模型資料庫，這種模型資料庫是將數據組織看成為一個二維的關係表格，目前企業單位的各種報表都可以用這種關係資料庫表示，例如，客人登記表（如表 7-3 所示）。關係資料庫更容易描述客觀事物，廣為人們接受。

表 7-3 客人登記表

登記號	姓　名	性別	出生日期	民族	職務	住店日期	房間號	天數
010501	夏冠平	男	08/01/49	漢	經理	07/01/2002	1207	5
010509	李慶賢	男	10/08/56	漢	科長	07/01/2002	1207	5
010520	徐基林	男	01/06/65	漢	教師	07/02/2002	0906	4
010522	盧愚毅	男	05/06/60	朝鮮	工程師	07/02/2002	0906	7
010601	姜玉森	女	12/07/45	回	高工	07/02/2002	0722	10

關係模型應滿足以下條件：

● 表中不允許有重複的字段名。

● 表中每一列數據的類型必須相同。

● 表中行的次序和列的次序可以分別任意排列，且行或列排列的先後次序不影響表中的關係。

關係模型具有簡單明瞭、理論嚴謹等優點，是一種有實用價值的資料庫模型，在飯店管理系統中可採用 Oracle、MS SQL Server、Sybase、Informix 等大型資料庫，有的採用 DBase、FoxPro 和 Access 等小型桌面資料庫。大型資料庫具有獨立的資料庫管理系統，安全可靠，小型資料庫只是在早些系統中使用。

2. 設計內容

數據表的設計主要根據用戶的輸出要求和數據採集的現狀，考慮數據表的結構，根據數據的分類組織系統的數據表，通常將一些具有共性的數據組

織在一個可以共享的數據表中，如代碼與名稱的對照數據表，其他數據表中僅使用其代碼，這樣可以減少數據的冗餘。

數據表的結構設計是建立數據各個屬性的邏輯關係，以及屬性值的類型、取值範圍、長度和精度，即數據表字段的設計。表中每一行代表一組數據，稱為記錄。數據表是字段和記錄的集合。

表 7-3 的數據結構可用表 7-4 表示。表 7-3 中第一行的內容，對應於數據表的結構，根據內容的含義，可以定義數據表各個字段的名稱、數據類型、字段寬度和精度（如果有數值型字段時，須指定小數的精度），在 MSSQL 2000 資料庫中，表中填寫的客人資訊，以一行為一個記錄。

數據表設計的同時，還應當根據用戶查詢要求、系統處理、檢索與計算需要，考慮索引的設計。數據表的索引是以一個或多個字段建立的關鍵字，即 Key，作為記錄唯一可以識別的標誌。按照關鍵字排序，可以顯著提高記錄的查找速度。

表 7-4 建立的數據表可以按「登記號」字段建立主關鍵字索引、按照「姓名」、「住店日期」和「房間號」等字段建立輔助索引。

表 7-4 客人登記數據表結構示意表

字段名	字段類型	字段長度	小數位數
登記號	Char	6	
姓名	Char	8	
性別	Char	2	
出生日期	Datetime	8	
民族	Char	8	
職務	Char	10	
住店日期	Datetime	8	
房間號	Char	4	
天數	Int	4	

當系統存在多個有相互聯繫的數據表時，要考慮到數據表之間的關係，即關聯設計。如學生登記數據表 XS，存放學生檔案數據；學生成績數據表存放各科成績數據 CJ。XS 與 CJ 是一對多關係。兩個數據表都透過學號索引，按照學號建立關聯。在選取記錄時，透過表之間的關聯，可同時獲得兩個表中的記錄，這樣可以減少數據冗餘。

系統的整體設計時應考慮到在多個數據表存在相同意義和作用的字段，應當使之協調一致，不同數據表中同一數據的名稱、類型、值的範圍應當一致，否則造成程序設計的混亂，前後不能正常運行。

資料庫的設計要根據系統運行週期內的數據發生次數，以及備份的份數，估計系統硬體設備的存貯容量，取最大安全的經濟值。

由於管理資訊系統大多數運行在網路環境下，即同一個系統可能有多個用戶同時在使用，共享資料庫資源。因此存在資料庫競用的情況，所以應在系統設計時充分考慮到如何避免競用資料庫時，造成系統「死鎖」現象，規定資料庫調用順序和死鎖處理方式。

第四節 系統實施與維護

一、系統實施

系統實施階段在管理資訊系統的開發時間和人力投入上都占有相當大的比重，是系統的最後實現的關鍵步驟。該階段包括程序設計與調試、系統測試、項目管理、人員培訓、系統轉換和系統評價等方面內容。

（一）程序設計要求

系統設計之後，將整個系統劃分成一個個具體的功能模組，通常把各個模組和子系統分配給多個程序員同時進行設計，為了便於系統項目管理，縮短開發時間和費用，避免因人員變動，引起程序設計和系統的脫節，應當按照程序設計的標準化原則，制定程序設計實施細則，有如下要求：

● 所有程序員使用統一的語言編寫程序，例如：VB、 VC ＋ ＋、Delphi、 Power-Builder、VFP 等高級語言和面向資料庫的編程語言。

● 按照程序設計單的要求編寫程序，在程序中應有較大篇幅和內容用於註釋說明，說明程序的設計意圖，定義的變量的用途、意義和作用。對於公共變量的使用，指出原始數據和最終數據的變化情況。

● 對採用的算法要給出流程圖，並有詳細的說明，驗證其正確性。

● 全局變量、公共程序、過程及函數發生變化，要及時通知到每一個程序員。

● 程序設計應將正確性、可運行性放在首位，界面設計是第二位的，在保證正確運行的基礎上做界面修飾。程序要求簡潔，避免留有「電腦垃圾」，簡潔的程序有利於提高運行效率。

● 程序的整體設計風格應當是一致的，操作方式和界面相似。

（二）工作模式

工作模式取決於採用的資料庫和軟體運行方式。飯店管理資訊系統絕大多數運行於網路和 UNIX 環境下。早期系統，如 FoxBase 和 FoxPro 將程序和資料庫存放在服務器上，工作時將程序和資料庫從服務器上調入本地機內存中運行，網路傳輸流量很大。當管理資訊系統的操作系統採用 Windows 時，傳輸的數據更多，因為流量過大，形成網路「瓶頸」。

為了減少網路的壓力，大型資料庫管理系統採用客戶機／服務器工作模式，前台本地機運行應用程序，資料庫操作由位於網路服務器上的資料庫管理系統完成，甚至由服務器端的「存儲過程」執行批量的操作，大大提高了運行效率。由於應用程序不直接管理和操縱資料庫，當訪問資料庫時，發送需要服務器執行的命令，服務器執行命令之後，將結果返回給前台的應用程序，這樣可以大大減輕網路的負荷。

隨著 Internet 的發展，越來越多的飯店開展網上預訂的工作，客人使用瀏覽器就可以閱讀飯店的網站，在網頁上選擇客房類型，填寫客人資訊，輸

入預訂到達的日期等預訂資訊。實際上這也是一種管理資訊系統，只不過軟體形式和網路環境不同。利用網頁編寫的應用程序就是動態網頁＋資料庫。這種 Web 工作方式，又稱為瀏覽器／服務器（B/S）模式。今後，會有更多的管理資訊系統採用這種模式。

（三）結構化設計

1. 模組設計的結構化設計

模組設計的結構化設計是管理資訊系統開發中最重要的方法，根據系統模型將系統功能劃分成若干個子系統，將子系統細分成若干個功能模組，每個模組完成特定的功能。模組與模組關係如圖 7-5 所示，模組 A 與模組 B，C，D 之間呈層狀的上下級關係，模組 B，C，D 之間呈近似獨立的同級關係。

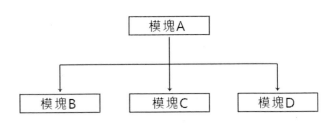

圖 7-5 模組關係示意圖

模組還可以帶有下級子模組，其畫法同圖 7-5。模組的組織結構便於建立應用程序的菜單與下級菜單和子菜單的關係。模組和模組之間的結構可用下述標準評價：

● 耦合度。它是描述模組之間依賴和影響的指標。模組之間，同級模組和上下級模組之間不會存在絕對的獨立，都是相互影響和依存的。我們用耦合度考核模組對其他模組傳遞的參數和公共數據時產生的影響。如全局變量的影響，依賴程度越大，耦合度越大。結構化設計要求耦合度保持比較小的範圍，儘可能少使用全局變量和公共數據。

● 聚合度。它是用以表示模組內部完成的功能的專一性。要求在一個模組中完成的功能比較專一，這樣各個處理步驟之間聯繫密切。具有高聚合度的程序，使用人員對模組比較容易理解，也便於維護人員進行維護。

● 模組的深度和寬度。深度指從上向下具有幾層模組，寬度指同級模組的個數。好的應用程序的深度一般不應當超過 3 層。當同級模組過多時，可以將部分模組從這一級中分離出去，移到另一個上級模組中去，呈現一種扁平化的模組結構。

2. 結構化程序設計

在程序設計時更要注重結構化，所慶幸的是，目前我們採用的高級語言和面向資料庫編程語言都是結構化的。程序中的功能都由一系列過程和函數實現，程序中採用的分支語句、循環語句都是結構化的。即使這樣，在程序設計時，仍然要以「一個入口一個出口」為原則，尤其是程序的結束部分。現在結構化語言做到了一個入口，即程序的起始部分和進入部分。出口是指程序的結束，或返回部分，在一大段的程序中，有多種條件選擇，可在不同位置根據不同的條件結束程序，往往會出現多個出口，這對於程序理解和維護都帶來一定的困難，因此要求在統一的位置結束程序或返回處理的結果，這就是一個出口的含義。

在某些高級語言中還保留無條件跳轉的命令，即 goto 語句。該語句將破壞程序的結構化，建議儘可能不使用該命令。

二、系統測試

任何一個管理資訊系統和應用程序，都要經過程序調試和系統測試。測試是系統開發的一個重要環節，目的是檢驗軟體的正確性，發現問題並加以排除。測試工作繁重而複雜，一般將整個測試過程分為程序調試、模組結構測試、系統測試和交驗測試等步驟。

（一）程序調試

每個程序員在編寫程序之後都會針對程序要求的功能,進行一系列測試。在編寫程序時會出現語法錯誤和邏輯錯誤。一般來說,語法錯誤比較容易發現,在編譯和運行時,系統會自動檢查並指出錯誤的位置和類型。難以發現的是邏輯上的錯誤,語法上不存在問題,但是,程序運行結果不是預期設想的。對於複雜程序應仔細核對程序流程,檢查數據流向是否正確,在程序中用設置斷點方式檢查中間結果,以檢查問題出現的位置。

程序調試工作主要透過數據進行,可使用正常數據和異常數據(錯誤)兩種:正常數據用於檢驗系統處理、計算、輸出等功能是否正確,應達到預期目的;異常數據主要用於考核系統抗錯誤的能力,系統對錯誤的數據應給出相應的判別,並指示如何糾正。系統抗錯誤的能力弱,運行時將出現不穩定現象,容易產生錯誤的結果,甚至造成系統癱瘓。

(二)模組結構測試

模組結構測試也稱為軟體的「分調」。應用程序是按功能分成模組的,一個模組可以有一個以上的程序組成,所以程序調試成功以後,要按功能將其包含的所有程序按其邏輯結構聯繫起來調試,對內部的局部數據結構、調用資料庫、主要邏輯路徑、輸入輸出界面參數和界面進行測試,目的是檢驗模組之間的調用和控制關係和數據處理功能、性能和質量,以證實其工作是否滿足設計要求。

目前,多數應用程序採用面向對象的、圖形化的編程語言,每個界面構成了一個最基本的模組,這種情況下的測試仍屬於程序級調試。

(三)系統測試

系統測試是由系統設計者和專門的測試小組進行,首先將所有子系統和模組裝配起來,在軟體集成環境下測試。有如下兩種測試方法:

1. 外部結構測試

外部結構測試是主控程序與調用程序間的測試,著眼於模組外部結構,暫不考慮內部的邏輯結構,針對軟體界面和功能測試,先將所有控制程序和各功能程序相連的界面(界面)「短路」,即暫不執行功能程序,使用測試

驅動程序生成測試數據，用直接送出的數據代替處理結果。這種測試的目的不是檢驗處理結果的正確性，而是檢驗內部的控制通道和參數傳遞的正確性。

2. 全面測試

全面測試又稱為「總調」或「系統測試」，全面瞭解子系統之間的內部邏輯結構，針對所有功能的路徑進行測試，主要是檢查系統的共享數據和通信數據是否正常。

總調是按照系統實際運行的方式進行測試，在測試過程中發現實際運行中可能會出現的問題，在測試中應安排一定數量的數據，通常稱為「模擬數據」，實現從輸入到輸出的全過程。

在網路環境下總調，應在多個工作站上同時進行，不僅應模擬同一個模組為多個用戶同時使用，還要制定詳盡的交叉測試表，同時在不同工作站上使用不同的模組。這是一項非常艱巨和繁重的工作。

關於系統測試，國外有些專門用於測試的軟體，可以根據程序的流程，自動進行測試，並能夠完成檢查所有的邏輯路徑，可以發現邏輯上錯誤和「死代碼」，即永遠不會被執行的程序。

（四）交驗測試

上述測試過程中基本上是在軟體設計單位的環境下進行的，在正式交付給用戶使用之前，必須在客戶的實際環境下做交驗測試，也是按照用戶的需求對軟體做全面的最終測試。

通常，交驗測試由用戶單位的人員進行，在測試之前應準備操作手冊、制定操作規程，對操作員進行培訓，熟悉軟體的操作方式和操作習慣，用模擬數據或實際數據進行測試。

系統透過測試並試運行，通常要經過 3～6 個月的試運行期考核，在此期間對系統中出現的問題進一步解決，完全穩定後可正式移交給用戶使用。有的項目需要組織專家對系統評定，方能正式投入使用。

在測試過程中，應作詳細的工作記錄，測試完成後寫出完整的技術文件。測試時，尤其要注意偶爾出現的問題和差錯，由於不經常發生，往往容易疏忽。經常性錯誤比較容易解決，偶然性錯誤比較隱蔽，很可能是正式投入使用時的關鍵性問題，應認真對待。記錄任何問題發生的條件和當時出現的狀態，對於以後更正工作和維護都是有很大的幫助，同時將測試資料記載下來，作為文檔保存，這對開始新一輪的設計，也是非常有價值的資料。

三、系統收尾工作

項目結束之前，要認真總結，寫出全面的書面技術文檔。保留技術文檔，目的是為了交流和以後軟體的升級。有些文檔需提交給用戶，或準備系統評審。書寫技術文件的工作往往被忽視，而在管理資訊系統的開發過程中，造成相當重要的作用，在程序設計人員之間可以進行交流，並在較長時間以後，還可造成幫助回憶的作用。對系統維護、功能擴充、新版本設計，都是極為重要的依據。

需要準備的文檔文件包括：

系統文件：協議書、可行性報告、備忘錄、調查報告、原始報表等非技術文件；系統分析、設計、資料庫結構和調用註釋、輸入輸出設計、測試記錄、數學方法、公式、控制點等技術性文件。

運行文件：操作員手冊、系統安裝和運行手冊等。

用戶文件：提交給用戶的工作程序手冊、使用說明、技術手冊等。

管理文件：系統統計和計劃圖表等。

使用新系統取代舊系統，即系統轉換。如果以前沒有應用管理資訊系統，則可認為舊系統為手工處理系統。通常採用新舊系統並行一段時間，觀察和比較兩個系統的處理結果，經考核達到設計目的後，即可進行系統的轉換，正式啟用新系統。如果希望新系統中保留舊系統中的歷史資訊，轉換之前使用界面程序複製舊系統的數據。如屬於升級系統，透過自動升級更新程序更新數據，必要時進行數據格式的轉換。如果是手工系統，則將手工處理的數

據作為系統的初始化數據，輸入到新系統中來，或僅取需要的部分數據作為原始數據。

四、飯店管理資訊系統的維護

（一）維護的基本概念

飯店管理資訊系統經過系統測試，正式投入運行之後，就進入了一個比較長時間的使用期，為了保證整個系統的運行效率和工作效果，需要進行各種系統維護工作。系統維護是為系統提供安全保障，減少系統的硬體和軟體的故障是維護工作的主要目的，同時也要對系統安全性給予極高的重視，防止失密，避免非法用戶的侵入，造成對系統的破壞和經濟上的損失。

在許多人看來，維護工作是管理資訊系統投入使用之後的事情，實際上長期從事電腦資訊管理的專業人員的經驗告訴我們，維護始於系統的設計定義。如果在系統建設早期的系統定義和規劃不良，就存在系統運行的不安全因素和故障隱患，這時，即使電腦管理部門的日常工作再努力，也無濟於事和事倍功半。所以在規劃和設計系統以及系統運行時，應當將系統的安全性、可靠性、運行效率都列入計劃，才能從根本上提高維護工作的水平和質量。

（二）維護工作的分類

飯店管理資訊的維護工作設計的範圍非常廣泛，有硬體方面的，也有軟體方面的，有自然因素的，也存在人為操作方面的。

1. 硬體系統

所有硬體都屬於電子設備，電子設備從原理上講都存在使用壽命，尤其是在飯店這樣 24 小時工作的情況下，設備的自然老化和環境的影響是造成硬體系統性能下降的主要因素。

系統硬體主要由服務器、電腦和網路設備組成。其中安全等級最高的是服務器，其次是網路設備，如交換機、集線器等，最後是電腦。

　　服務器是硬體系統的核心，一旦服務器癱瘓，則整個網路系統就不能工作，嚴重後果是所有數據丟失，造成不可挽回的損失。所以服務器的維護工作是重中之重。

　　網路設備是服務器和電腦連接的橋樑，一旦網路設備出現故障，則會使電腦和服務器的通訊中斷，從而影響企業經營業務的處理。

　　電腦的故障率是最高的。由於處於末端，其故障對系統運行影響不大，僅影響某一部門的業務處理環節，最直接的辦法是更換一台電腦。

　　為了保證服務器安全可靠的工作，應為之提供較好的工作環境、合適的溫度、濕度，配備不間斷電源（UPS 電源）。

　　2. 軟體系統

　　軟體出現的故障比較多，因素也十分複雜，維護工作涉及到很多方面。資料庫系統和程序設計的質量是其內在的因素，人為操作的影響和病毒、駭客的破壞是外部因素。

　　早期的飯店管理資訊系統採用 FoxBase 資料庫系統，它的後續產品是 FoxPro，由於小型簡單，常用於一些要求不高的場合。這種資料庫的安全性比較差、運行效率比較低。由於應用程序直接對資料庫讀寫操作，所以資料庫所在網路目錄中的所有權限都要賦予操作者，特別是當應用程序正在工作時，文件處於打開狀態，如果突然停電和非正常關機，將破壞數據文件鏈表，造成極為嚴重的後果。FoxBase 資料庫的數據處理都在前台進行，網路數據流量很大，在資料庫中記錄非常多的情況下，處理速度明顯降低。

　　現在，飯店管理資訊系統多數採用大型網路資料庫，如 Sybase、MS SQL Server、Oracle、Informix 等，應用程序不是直接對資料庫操作，安全性由資料庫管理系統決定，而且採用客戶機／服務器（C/S）工作模式，運行效率很高。因此資料庫故障問題有了很大改善，即使用戶沒有退出應用程序，直接關機，也不會對資料庫造成任何影響。

　　程序設計出現的最大的問題在於數據輸入，輸入時應保證數據的完整性、唯一性，所以程序的控制點應放在輸入，對於不完整的數據禁止寫入資料庫，

並且給出相應的提示資訊。有的應用程序沒有足夠的判斷措施，致使不完整的數據或者重複數據寫入資料庫。

有的應用程序的權限不清，有關係統代碼、項目編碼定義、增加、刪除沒有專門管理，一旦一個已經使用的代碼被修改和刪除，將產生很大的影響，造成數據的混亂。

資料庫資訊的維護。資料庫經過長期的使用，數據量劇烈增長，影響資料庫的運行效率，對於不用的過時的資訊作定期的刪除或調整是必需的。

防止電腦病毒的影響。電腦病毒對飯店管理資訊系統和電腦系統危害是很大的，病毒的傳播主要透過軟盤、光盤，最近來自 Internet 的網路病毒非常猖獗，應當制定相應的管理制度，不使用未經允許的軟盤、光盤，並且定期檢查和消除病毒。尤其要管理好電腦維護部門的工作人員，他們工作權限很大，可以接觸到整個系統，一旦他們使用的電腦攜帶病毒，將很快在整個網路中擴散。

防止電腦駭客的入侵。當系統透過內部網連接到 Internet 上，電腦駭客就將利用網路種種漏洞入侵或攻擊系統，這時應利用防火牆將內部和外部隔離，安全、合理設置用戶對內和對外訪問，維護資訊的保密性。

3. 飯店管理資訊系統的維護

飯店管理資訊系統的維護是系統日常工作，其目的是保證系統正常的運行以及出現硬體、軟體故障時進行緊急處理。系統維護也是管理資訊系統的功能之一，透過專門的操作員執行有關的工作。主要維護工作如下：

操作員的管理，在系統中就是操作用戶管理，為每個系統用戶定義操作員的用戶名、密碼、操作權限。有些系統的權限設定極為詳細，給出一個所有功能的清單，規定某個操作員可以執行一些指定的功能，體現了操作員的具體分工。系統對操作員是透過用戶名和密碼識別的，最主要的是密碼，定期修改密碼對於經常使用系統的人員是非常必要的，要制定密碼設定的規則，如長度、字母和數字混合使用，不能使用眾所周知的單詞、生日、電話號碼作為容易試探破解的密碼。尤其管理好超級用戶的密碼。

資料庫備份與恢復。管理資訊系統的價值不僅是它的管理功能，更重要的是長時間積累下來的歷史數據和當前數據，一旦數據丟失將造成無可挽回的損失。對於服務器上存放的資料庫數據應每天做一次備份，每週做一次完全備份，其餘幾天採用增量備份。備份數據通常採用磁帶機，或用其他服務器的硬盤備份，一旦服務器硬體和系統發生崩潰現象，更換服務器和重新安裝軟體之後，將備份的數據複製到系統，可以將損失降低到最低程度。

應對措施。為了防止系統突然崩潰，應實現制定應急處理的措施，根據出現的不同問題採取不同而有效的策略，將系統恢復的時間控制在最短的程度之內。電腦的維護人員應具有極強的事故判斷和應對的能力。

適應性維護。系統經過長期使用，隨著管理體制的變化，系統內部資訊的設定、代碼的擴充，新的管理模組的加入，應保證系統能夠適應新的管理體制和模式的變化。

飯店管理資訊系統的維護工作涉及許多方面，應當做到防患於未然、未雨綢繆，將各種隱患消滅於萌芽狀態，否則出現問題就將造成重大損失。

思考與練習

1. 試敘述管理資訊系統開發的具體步驟。
2. 試敘述生命週期法和原型法的開發特點和適用場合。
3. 系統分析的主要任務是什麼？目前採用哪幾種系統分析的方法？
4. 系統設計的主要任務是什麼？目前採用哪幾種系統設計的方法？
5. 什麼是系統實施？系統實施的內容有哪些？
6. 什麼是系統測試？系統測試分哪幾種類型？
7. 管理資訊系統的系統維護主要有哪些內容？飯店在系統維護中應注意些什麼？

第 8 章 Internet 在飯店資訊管理中的應用

▌第一節 Internet 的發展概況

Internet 是當今世界上最大的電腦網路，是全球性、開放式的資訊資源倉庫。至今誰也無法準確說出連接到 Internet 上有多少台服務器和站點，有多少用戶在使用。Internet 誕生只有幾十年的歷史如果說前幾年人們對 Internet 還很陌生，現在連 10 多歲的小孩至 70 多歲老人都能上網瀏覽，它已影響到每個組織、企業、家庭和社會的工作方式與生活習慣。

一、Internet 的組成

Internet 作為世界上最大的電腦網路，由於它的開放性，採用統一的通信協議，因而連接到網路的電腦都能相互通信，可以從網路中獲得任何方面的資訊。如在搜狐等大型網站上得到自然、社會、政治、歷史、科技、教育、衛生、金融、商業、娛樂、旅遊、交通和天氣預報等資訊。

Internet 是一個由各種不同類型和規模、獨立運行和管理的電腦網路組成的全球性網路系統。各個國家的大學、公司、科學研究機構以及政府等組織的網路，透過電話線、專用線路、衛星、微波和光纖等傳輸介質聯繫起來，採用統一的 TCP/IP 通信協議，連接到 Internet 上。組成 Internet 的網路，可以是局域網、校園網或企業網、城域網，以及更大規模的廣域網。其中：

● 局域網，它的規模較小，如實驗室、辦公室等一個部門和單位的網路。

● 校園網和企業網的概念是相同的，是在大學或大型公司內，將多個不同的、獨立的局域網連接起來的網路系統。

● 城域網，在一個地區或城市，將各種局域網、校園網和企業網連接起來的網路系統。

● 廣域網，一般是指按國家將各地的城域網連接起來的大型網路系統。

在 Internet 上有兩種用戶，即網路資訊提供用戶和網路資訊使用用戶。其中：

網路資訊提供用戶，將本單位或公司的網站連接到 Internet 上，為網路用戶提供資訊，如資訊查詢、網上購物、網上訂房和訂票等。有的單位還提供用戶的接入功能，即 Internet 服務供應商（ISP）。個人上網，需透過 ISP，在網路上註冊個人的用戶名，ISP 為個人用戶分配動態 IP 地址，同時提供電子信箱的服務，收取網路使用費用。

網路資訊使用用戶，即個人用戶，是網路上最大用戶群體，在辦公室和家裡使用電腦連接到 Internet 上，查詢網路資訊和接受 ISP 提供的資訊服務。

個人用戶連接到互聯網路一般方法：

● 專線上網。利用 ADSL 和寬頻專線等，透過專門的線路連接到 ISP 上，通常採取月租方式，上網時間不受限制。這種方式深受「網蟲」和終日連接在網路上的用戶歡迎。專線上網不影響電話使用大的頻寬，足以在網上觀看電影。

二、Internet 的資訊服務

在 Internet 上，有各種軟體、硬體資源和為用戶提供服務的應用系統，將這些系統的網路資源有機地組織起來，為全球人類提供豐富多彩的資訊服務。用戶沒有必要瞭解應用系統是如何工作的，資訊在什麼地方，處理過程完全是自動的。具體 Internet 提供的資訊服務有以下幾方面：

1. 電子郵件（E-mail）

電子郵件是 Internet 的最基本的功能。它是透過電腦聯網與其他用戶進行交流的快速、簡便、高效、廉價的通信手段，是網路上使用最頻繁的服務功能，用戶可以很快地將郵件傳送到世界各地。由於 E-mail 的費用遠遠低於傳真以及其他優點，現在各種機構、組織、單位和個人主要採用這種方式發送信函和個人信件。

在 Internet 的一些站點上，有接受、保管和發送電子郵件的服務器，稱為郵件服務器。用戶在利用電子郵件系統在通信之前，要求發信人和收信人用戶在 ISP 的服務器上註冊，ISP 為用戶分配一定數額的磁碟空間，並指定給用戶一個電子郵件地址，例如 djn @ sina.com。發信時，使用 Outlook Express 或其他郵件服務程序填寫收信人地址和信函的正文，信函還允許帶有非文本的文件作為附件，如 Excel、圖片、聲音、圖像等類型的文件。

電子郵件具有速度快、費用低、一信多發等傳統信件和傳真不具備的優點。在 Internet 上，有些服務功能借用電子郵件的服務，如新聞組、論壇等，用戶按照不同的專題組織，吸引世界各地從事同樣工作或相同愛好的人參與討論，交流觀點，還可以訂閱電子郵件期刊，所有參與者都以電子郵件方式進行，對於科技工作者是一種特別有用的工具。

2. 遠程登錄（Telnet）

遠程登錄是 Internet 上比較原始的服務方式，起源於 UNIX 系統。連接在網路上的電腦，遠程登錄到 Internet 的主機，登錄的電腦就作為主機的一個終端，可以訪問遠地大型電腦的資源，如電腦硬體資源、程序語言、操作系統、應用軟體以及其他資訊資源，利用其強大的計算能力解決用戶電腦不能解決的問題。

遠程登錄採用客戶機 / 服務器工作方式。在本地電腦上需要有一個 Telnet 程序的拷貝，運行這個客戶程序，該程序負責本地電腦與遠地主機上的 Telnet 服務程序建立連接。連接成功後，在本地電腦的鍵盤上輸入命令或數據，透過 Telnet 傳遞給遠地電腦，由遠地電腦執行用戶的命令，並將結果返回給本地電腦，在螢幕上顯示。在用戶看來，本地電腦就是遠地主機的一個終端。

最初，世界上許多著名大學的圖書館都透過 Telnet 提供圖書資料的檢索服務和全文查詢服務。當出現 Netscape 和 IE 瀏覽器等之後，資料檢索服務基本上都轉移到 WWW 資訊服務。利用 Telnet 從事科學計算是其他方法不能取代的。

3. 文件傳輸協議（FTP）

文件傳輸協議（File Transfer Protocol）是 Internet 上最早出現的協議之一，到目前為止仍然是非常重要的服務。FTP 的主要功能是使用戶連接到一台遠地電腦主機，將文件從一台主機傳遞到另一台主機。將文件從遠地主機拷貝到本地電腦上，稱為下載，反之稱為上傳。除此之外，還提供登錄、目錄查詢、文件操作、執行命令以及會話等控制功能。

網路瀏覽器，如 Netscape 和 IE 等都支持 FTP 功能，使用 FTP 命令連接成動之後，就進入主機的文件目錄，文件目錄的操作過程類似於 Windows 的文件管理器，目錄的顯示方式與主機的操作系統和瀏覽器設置有關，有 UNIX 和 Windows 兩種目錄形式。

4. 聊天和遊戲

在網路的站點上，幾乎都有聊天室，用戶進入聊天室之後，和異地朋友或同學聊天，主要透過文字方式交流，可以實時看到對方的反映。現在有的聊天室增加了語音甚至圖像功能，聊天更加方便，更加直接。

網路遊戲也是一種實時遊戲，大型遊戲可以有成千上萬人連網遊戲，每個人扮演一種角色，比較有名的是《三國演義》和《星際爭霸》。網路遊戲吸引著無數年輕人參加。

5. 全球資訊服務系統（WWW）

全球資訊服務系統（World Wide Web），又稱為 WWW 系統，簡稱 Web、3W 或 W3 系統。Web 協議由歐洲核物理中心（CERN）於 1989 年開發的，最初的目的是讓科學家按照統一規定的格式，快速而方便地相互交流思想和研究成果。WWW 透過超文本文檔方式向用戶提供各種多媒體資訊，很快成為 Internet 上用戶獲取資訊、共享資源的重要工具。Internet 將世界各地的 WWW 服務器連接起來，構成遍布全球的超文本的查詢系統，透過用戶的瀏覽器軟體，可以獲取文字、聲音、圖片、圖像等多媒體資訊。

超文本文件具有特定的格式，包括其他有關資訊文件的界面，這些文件可以分布在 Internet 不同的 Web 服務器上，用連接方式將這些資訊有機地

組織在一起，用戶使用滑鼠點擊操作，提出各種查詢要求，到什麼地方查、如何去查，由 WWW 系統自動完成。利用 WWW 幾乎可以查詢到網上所有的資訊，在瀏覽文本資訊的同時，還可以顯示超文本所關聯的圖片、圖像和聽到音樂，可謂圖文並茂。由於操作簡便、內容豐富，因而成為 Internet 資訊服務的主流，下至 10 歲兒童，上至 70 歲的老人都可以方便操作，深受人們的喜愛。

超文本文件是 WWW 中多媒體資訊的載體，文件本身不具有多媒體的特徵，而是採用鏈接的形式，指向包含文字、聲音、圖片等資訊的文件，被鏈接的文件可以存放在網路上任意一台服務器上。推動 WWW 技術發展很重要的原因是 Web 瀏覽器（Netscape、Internet Explorer 等）的出現，瀏覽器負責解釋超文本文件資訊，向服務器發出請求、接受服務器的資訊、閱讀文件，或按照鏈接指針去搜索資訊，並將多媒體資訊呈現給用戶，即我們稱為的「網頁」。首次出現的頁面稱為「主頁」（Home Page）。在 Internet 上建立網站的任務之一就是設計好自己的主頁和網頁系統。

超文本文件中採用超文本標識語言（Hyper Text Markup Language，HTML），它易學易用，利用網頁編輯器軟體（FrontPage 和 Dreamweaver 等），所見即所得，已經得到用戶的廣泛認可，成為製作 Web 網頁的標準軟體。在有些中學已經開設網頁製作的課程，許多中學生可以製作出非常漂亮的網頁，因此，網頁製作已經不是專業人員的專利。

推動 WWW 技術的另一個原因是在網頁中採用的腳本語言。在早期的超文本中只能顯示靜態的資訊，一切資訊都是事先指定的、設計好的，不能根據用戶的意願獲得動態的資訊。在超文本文件中加入可以處理用戶選擇的腳本程序、腳本語言編寫的小程序，可以非常靈活地進行選擇判斷、連接 Web 資料庫、將查詢的資訊再以網頁的形式呈現給用戶，這就是所謂「動態網頁」技術。目前，VBScript、JavaScript 和 PHP 是最常用的腳本語言。

動態網頁＋ Web 資料庫是當前 Web 網站的核心技術，Web 資料庫實際上就是在 Web 站點中的資料庫，與傳統的大型資料庫沒有根本的區別，可選用 Oracle、Microsoft SQL Server、IBM DB2、Sybase、Informix 和

MySQL 等中大型資料庫。目前的電子商務技術就是建立在這種 Web 網站的架構基礎上的。

第二節 旅遊電子商務

由於商業的介入和驅動，Internet 從科學研究機構和學術部門中走出來，進入了千家萬戶，為其帶來了蓬勃生機和繁榮。電子商務的廣泛應用，為 Internet 帶來了進一步的發展，使之變成更加安全、可靠、便捷和廉價的商務工具，Internet 網路的發展，最終就是電子商務網路。

一、電子商務的定義

電子商務（Electronic Commerce 或 Electronic Business），目前還沒有一個統一的、為大多數人都能接受的定義。例如：

（一）聯合國國際貿易程序簡化工作組的定義

採用電子形式開展商務活動，它包括在供應商、客戶、政府及其參與方之間透過任何電子工具，如 EDI、Web 技術、電子郵件等共享非結構化或結構化商務資訊，管理和完成商務活動、管理活動和消費活動中的各種交易。

（二）IBM 公司的定義

電子商務是在 Internet 的廣闊聯繫與傳統資訊技術系統的資源相互結合的背景下，運行而生的一種在 Internet 上展開的相互關聯的動態商務活動。狹義的電子商務稱為電子交易，主要是指利用 Web 提供的通信手段在 Internet 上進行的交易。廣義的電子商務是包括電子交易在內的，利用 Web 進行全面的商業活動，如市場調查分析、財務核算、生產計劃安排、客戶關係、物資調配等，所有這些活動涉及到企業的內外。

上述兩種定義，前者強調電子商務的技術手段，後者突出電子商務活動的層次，將互聯網（Internet）、企業內部網（Intranet）和企業與貿易夥伴間的外部網（Extranet）有機地聯繫在一起的商務模式。

　　我們認為，電子商務是在電腦網路環境下，在企業、消費者、政府之間運用電子技術手段實現商務活動的全過程。

　　電子商務的運行環境是電腦通信網路，包括各種專用網路和目前廣泛使用的互聯網，採用 EDI、Web 等技術手段。在企業、消費者、政府之間存在企業對企業（B to B）、企業對消費者（B to C）、企業對政府（B to G）、消費者對政府（C to G）、政府對政府（GtoG）等商務模式，其中，最主要的是 BtoB 和 BtoC 兩種。商務模式不同，採用的技術手段也有所區別。完整的商務活動過程，是指透過網路進行網路行銷、產品銷售、網路支付、物流分配、售後服務、資訊反饋、交納稅金等外部過程，同時也應當包括企業內部的生產製造、資金管理和人力資源管理的過程，在企業和合作夥伴之間的供應鏈管理、合約管理和物流分配等。電子商務體現了資訊流、物流、資金流和人員流的運作過程。目前還不能期望所有企業，特別是中小型企業的所有商務活動都實現電子化，這種現象必然要持續相當長的時間，隨著電子商務的關鍵問題的解決，人們消費理念的變化，必然大大加快其進程。

　　以互聯網技術為核心，建立 Internet、Intranet 和 Extranet 三者合一的電子商務系統，將企業內部管理、辦公自動化、資訊交流、企業與企業、企業與消費者之間的資源整合在一起，形成新型的商務模式。企業可根據訂單調整生產計劃、加快採購速度和效率，提高企業的管理水平，使之更加具有競爭力。電子商務不僅是一種商務活動，也是涉及到企業、消費者以及整個社會的龐大的系統工程，有待於整個國家資訊架構和全球資訊架構的建立和完善，需要完善政策法規，透過權威機構依法裁決在電子商務過程中出現的糾紛。這些問題不解決，勢必影響電子商務的健康發展。

　　旅遊電子商務的服務對像是遊客，銷售的產品是旅遊服務，這一點與生產製造業不同。相對來講，物流所占比例極其微弱，如何提高物流的比例，關係到提高旅遊服務質量，也是旅遊電子商務中需要解決的重大課題，具有非常重要的意義。同時將促進旅遊商品，如小商品、紀念品的生產加工業的發展，帶動旅遊目的地經濟的發展和繁榮。

二、電子商務的發展

電子商務的出現不是偶然的，伴隨著電腦網路，尤其是廣域網的出現，大型國際集團出於商業上的需要，為了暢通採購、銷售和報關通路，採用電子化手段，開展電子商務活動。到目前為止已經經歷了三個階段：

（一）專業網和 EDI 電子商務階段

這個階段也稱為前互聯網階段。早在上個世紀 70 年代，就出現了不同形式的電子商務，儘管只是在部分商務活動中實現電子化，如網路預訂客房和機票、信用卡支付和異地支付、企業和企業間、企業和政府間的電子數據交換（EDI）。

這個時期，沒有統一的資訊交換平台，大多數電子商務活動透過專用的網路進行。專用網路投資費用昂貴，加入網路的企業需要交納很高的費用。但是，由於專用網路能夠提供可靠的數據保護和安全措施，以及在國際間制定了電子數據交換標準，所以在政府之間、企業之間傳遞數據，專用網路還在繼續運行。

例如，透過網路預訂中心，用戶可以直接預訂客房和機票。

企業和企業之間、企業與政府之間透過專用網路採用 EDI 模式，按照國際標準的數據格式，形成固定格式的報文，在企業、政府間傳遞資訊，實現無紙化採購、銷售、報關、安檢。簡化了中間環節，縮短了信件的傳遞時間，降低了成本開支。

EDI 是將商貿或行政事務處理的數據，按照統一格式的標準，形成結構化的事務處理或報文數據格式，從電腦到電腦的數據傳輸的方法。EDI 作為一種電子數據交換工具，實現了無紙化貿易，在互聯網電子商務出現之前，是企業與企業、企業與政府、政府與政府之間主要的電子商務手段。透過電子數據交換取代傳統的紙面單據傳遞，形成了一種新型的貿易方式，加快了單據傳遞的速度，並避免了因人工干預而引起的數據重複輸入帶來的差錯。

發送方首先將交易資訊的數據翻譯成 EDI 標準格式，對數據打包後，透過增值網路發送給接收方。接收方將交易資訊收集到一個文件裡，自動翻譯

成可讀的標準格式文件，即完成了電子數據交換的過程，透過專用網路傳輸數據，安全性問題得到了保證。在國外的大型公司中，尤其是國際貿易業務，EDI 的應用仍然比較普及。

EDI 是國際標準，具有國際通用的表格和數據表述形式，從而避免了因貿易雙方因語言、國情不同造成誤會和差錯。這一時期的電子商務對後來的基於互聯網的電子商務奠定了基礎，造成了積極的促進作用，由於採用專用線路和增值網路系統，費用高，不能普遍使用，中小企業難以承受。當互聯網出現之後，以其作為數據交換平台，並能夠提供可靠的服務，所以在上世紀的 90 年代中期，互聯網的蓬勃發展，與電子商務有著直接的密切關係。正是由於電子商務的需要，促進了網路技術和 IT 行業的進步和發展。

（二）互聯網電子商務階段

這是電子商務大發展的階段，由於商業和企業介入 Internet，在商貿利益的驅動下，才使互聯網成為大眾性的、全球性的網路。超文本技術使得瀏覽器誕生，網頁製作普及，使得資訊製作和獲取變得非常容易和簡單，由於 Web 技術進步和電腦普及率的提高，影響著人們更加依賴互聯網獲取資訊。這個轉變的效應是巨大的，促進人們利用互聯網完成資訊交換，將其作為整個社會的資訊處理平台，一切技術都圍繞其進行和展開。在 HTML 的基礎上，電子商務又促使新的一代電子商務語言的誕生，即可擴展的標識語言（XML），網站的建立和編程更加簡單化，而動態網頁技術和 Web 資料庫的出現，從技術上支撐了互聯網電子商務。與此同時，網路安全和網路安全支付技術消除了人們對互聯網的種種顧慮，隨著社會生活節奏加快和人們的消費理念改變，需要更加便捷的消費方式，促進了電子商務向大眾化、社會化的進一步發展。

互聯網吸引大眾最主要的特點是 Web 網頁的多媒體視覺感觀效應、操作簡便，擁有傳統媒體無法比擬的眾多觀眾，因而，在互聯網上建立自己的網站，或者在網頁上插播公司廣告，可以充分利用 Web 界面的廣告效應，其費用低廉、傳播範圍遠遠大於傳統的電視、廣播和報紙等傳媒。互聯網的

最初的商業目的應用是透過建立 Web 網站，對公司產品做宣傳和廣告，在世界範圍內樹立公司的形象和擴大知名度。

隨著 HTML 的發展，動態網頁技術的出現，在 HTML 網頁中編寫 Java、ASP 腳本程序，使得利用 Web 網頁進行交互式訪問成為可能。由於 Web 資料庫技術、網路安全技術、支付網關技術推動了電子商務的發展。利用互聯網進行產品銷售，用戶可以直接透過網路購買商品，商家可以直接透過 Web 網站簽訂銷售合約，由於網路安全問題的成功解決，可以直接使用信用卡等付款方式進行支付和結算。因此，除了商品儲存、運輸、交付等流通環節以外，所有環節都可以在互聯網上實現和完成，進入全面的電子商務的階段。

1. 企業與企業的電子商貿

B to B 交易模式在電子商務中所占份額最大，傳統的企業間商貿採用 EDI 方式，在使用互聯網之後，企業間的數據單據仍然採用國際標準的格式，在 Web 網頁上根據訂單上數據，使用翻譯器將網頁上的數據轉換 EDI 報文，透過網路傳輸給對方。

利用 Extranet 技術，企業和企業將形成聯繫更加緊密的貿易夥伴關係。Extranet 可以看作 Intranet 的向外延伸的網路技術，它們都採用 Internet 技術和標準構造企業的管理資訊系統。生產製造商、零配件供應商、銷售批發商透過 Extranet 建造的資訊系統捆綁在一起，共享數據資源和資訊資源。這樣，生產製造商可以把零配件供應商作為自己的材料倉庫，根據自己的生產計劃，向供應商訂購零配件和材料。供應商根據訂單調整生產計劃，如期供貨，對於生產商來講，可以最大限度地減少庫存，節約生產製造成本。銷售批發商根據市場銷售資訊和訂貨資訊透過 Extranet 通知生產製造商按需加工生產。在日趨激烈的市場競爭的情況下，採用 Extranet 構成一個利益共享、風險分擔的電子商務系統，按照客戶需求靈活地安排生產計劃，小批量多品種生產，同時減少了採購的中間環節和庫存材料的積壓、節約了大量的成本，提高了企業的競爭力。這種電子商務的模式受到了世界跨國公司的普遍重視，有的公司已經建立起來了相應 Extranet 系統。例如，美國的通

用汽車公司，建立了網路採購系統，將眾多的汽車配件公司吸收進來，每年有 500 多億美元交易透過系統完成。

這種形式的變化不能將其簡單看作貿易關係的重組，而是一種企業機構體系和資源的重組。與此同時，企業為了實現資源和資訊的共享，不僅僅提供更加快捷的資訊服務和擴展業務範圍，還積極改造企業內部結構並探索新型的管理模式。

2. 企業與個人的電子交易

B to C 交易模式也是電子商務中所占份額較大的一種。在互聯網上，我們可以看到越來越多的網站在銷售各種商品，其銷售對像是個人消費者。在網站上有個「購物小車」，當你看中一種商品，決定採購，可以把它放在小車裡，如跟我們在超市購物一樣，最後到收款處結算。這種網站都有商品配發中心，根據客戶訂單，將商品送到客戶家裡。付款方式有多種形式，國外有信用卡、電子支票、電子錢包等形式；另外還有採取送貨上門，客人驗貨後付款的方式。

國際上最著名的網路零售網站是亞馬遜網站，主要銷售圖書和音像商品，具有規模非常大的物流配送系統，遍及世界各地，可以非常及時地將商品送到客戶手中。

3. 企業與政府間的電子商務

企業與政府（B to G）之間的電子商務也越來越普及，如政府採購和企業交納稅款的網路操作形式都屬於此類電子商務。在國外，每年有很大一部分政府採購是透過網路完成的。政府採購的數量比較大，有的採取直接訂貨方式，大型項目則實行招標形式。

透過互聯網開展企業和個人交納稅款活動，是電子政務的一個重要組成部分。

（三）電子商務的健康發展階段

基於互聯網的電子商務在國際上發展很不平衡，在美國和歐洲國家應用比較普遍，電子商務的發展不僅僅是技術上的問題，是全社會的、整個消費供應鏈的系統工程。

電子商務是新興事務，發展態勢快速，相形之下，有關法律法規很不健全，缺乏足夠力度的約束力，發生了許多商務糾紛，而目前的商業法規對電子商務的裁決只能依靠相近的法律，因此沒有充足的法律依據，無論企業、消費者、政府都迫切需要有關電子商務的立法。這種現象，因為各個國家的國情不同、法律制度和法律的不同，容易出現國際糾紛，迫切需要國際仲裁機構裁決。由此看來，健全政策法規要走很長的一段路。

法律是進一步繁榮電子商務的社會保證體系，對電子商務立法是當務之急，制定電子商務交易法、個人隱私保護法、網路知識產權保護法等相關的法律體系，將其納入法制軌道中來。反過來，一定為電子商務發展帶來更大發展契機和空間，促進電子商務的健康發展。當前階段，有關電子商務的技術性問題都已解決，現已進入法律健全的發展階段。

三、電子商務的技術基礎

（一）IP 地址、域名和統一資源定位符 URL

1.IP 地址

與互聯網連接的任何一台電腦，無論是大型機，還是個人電腦，都稱為主機。有的主機為用戶提供資訊服務，有的則使用網路的資源，但是從互聯網上的角度來說，都是平等的。所有電腦都具有一個唯一可以識別的地址，即 IP 地址，由 32 位二進制數組成，如：11001010 01100011 01100000 10001100（二進制）。

為了書寫方便，將 32 位二進制數分為四組，每組 8 位，用小數點隔開，每組數字用十進制數表示，而上述地址為：202.99.96.140（十進制）。

2. 域名

在互聯網中，IP 地址採用一組數字作為主機的標識符，對用戶來講十分不方便，難以記憶。為此，互聯網引入了域名服務體系 DNS（Domain Name System），它是分層次定義和分散式管理的命名系統，主要有兩個功能：一是定義一套為服務器主機取域名的規則，二是將域名轉換成 IP 地址。

在互聯網上訪問電腦的名稱就是域名，Internet 上不允許有相同的域名，每個域名與一個 IP 地址相對應。我們使用瀏覽器時，在地址欄上輸入一個域名，DNS 服務器將其解析成對應的 IP 地址，並訪問該主機。

3. 統一資源定位符 URL

在使用瀏覽器時，如 IE 或 Netscape，在地址欄上輸入的內容就是 URL，又稱為網頁地址。實際上，URL 不是一個簡單的地址，還包含了對該地址的訪問方式和其他資訊，如文件目錄、文件名和參數等等。

URL 的格式為：訪問協議：// 域名 / 路徑 / 文件名。

其中：

訪問協議可以是 HTTP（超文本傳輸協議），也可以是 FTP（文件傳輸協議）；

域名是該網站的域名，如：www.sina.com，也可以是直接的 IP 地址，如：202.99.96.140；

路徑和文件名的含義與 DOS 的文件系統相似，訪問網站主頁時不需要給出，當直接訪問其下屬的子站點或網頁時需要指出路徑或文件名，通常透過主頁連接自動地完成。

（二）架構公司的網站

從事電子商務活動的公司和企業，需要建設自己的網站，提供相關的資訊服務。網站建設包括技術和行銷兩個方面。

1. 技術方面

（1）配置服務器。網站至少有一台 WWW 服務器，提供 Web 站點資訊服務，設計代表公司形象的主頁，提供產品發布、用戶註冊、商品查詢、業務洽談、訂單和售後諮詢服務的功能。通常還應建立 E-mail 郵件服務器，便於和用戶進行資訊的交流。

（2）建立後台 Web 資料庫。電子商務的所有活動都在 Web 資料庫的支持下進行的，目前大多數使用大型資料庫系統都可以作為 Web 資料庫，如 Oracle、MSSQL Server 2000、Sybase、IBM DB2 和 MySQL 等，根據網站服務器的操作系統作相應的選擇。

後台 Web 資料庫實際上也是企業內部管理資訊系統的資料庫，在網站建設中應考慮到將傳統的管理資訊系統和電子商務下的資料庫統一合併起來使用，做到資訊資源的共享。

（3）防火牆設置。為了將內部網路系統和外部網路（Intranet 和 Internet）隔離開來，應當使用防火牆，以保護公司內部的網路資源。

（4）申請域名。在 Internet 上，域名與企業商標同樣重要，是企業的代言人，屬於無形資產，應儘早註冊網路域名。一般來講，誰先註冊了域名，誰就有權擁有使用，如果公司的域名被別有用心的人搶先註冊，就不能再註冊，將影響公司的形象。

為了使企業的網站獲得更多的點擊率，應當在大型的門戶網站上的搜索引擎上註冊，儘可能使之排在前列，根據企業的主要業務面對國內市場還是國際市場取向，分別選擇國內的或國際上著名網站註冊，建立相關鏈接、關鍵字索引。

搜索引擎有自動和人工兩種。自動搜索引擎是一種軟體，自動檢索各種鏈接，獲得大量站點的頁面資訊，進行歸類整理，供用戶使用。手工搜索引擎透過手工方式，對站點分類，準確率高於自動搜索。

2. 行銷方面

服務器的硬體、軟體系統是電子商務網站的技術支撐，最重要的是透過網路開展行銷。Internet 為傳統的商品行銷帶來了新的活力、新的方法和理

念，提供了更加廣闊的行銷空間，也為企業帶來更多的商機。網路行銷已經成為電子商務重要的組成部分，需要認真研究和對待。網路行銷需要針對網路市場的變化，瞭解消費者的消費特徵、消費心理和行為的變化，為企業提供可靠的市場分析數據，制定行銷策略，有針對性地開展行銷活動，以達到企業目標。網路行銷的基本行銷目的、思想和工具與傳統行銷是一致的，但是在方法和手段方面有很多不同。傳統的行銷手段很難實現的任務，在網路環境下可以比較方便地完成。網路行銷主要有如下內容：

(1) 市場調查。在 Internet 上可以採用交互方式進行市場調查，可以採用網頁和電子郵件兩種方式，透過問捲進行調查。前者便於電腦自動處理，適合於一般性客戶，後者適合於與企業有比較密切關係的客戶，資料整理自動化程度不高。問卷的形式以選擇性問題為主，問題簡明扼要，便於客戶操作和選擇。網路調查的範圍要大於手工分發，而且費用低廉。

(2) 對於客戶群體進行分類。市場行銷需要選擇不同的消費群體，針對不同的消費群體，分析其消費特點，掌握客戶的需求特徵、購買心理和購買行為，採取不同的、適應性的行銷策略，提供個性化的服務。

(3) 網路宣傳。Internet 的非常重要的功能就是進行廣告的宣傳，由於資訊通路和傳播範圍遠遠大於傳統媒介的範圍，所以在企業網站上可以利用各種多媒體的手段宣傳企業的產品，介紹產品功能、品種、性能和價格。透過網路還可以開展一些促銷活動，如有獎問答和降價促銷等。

在網路上宣傳企業也是非常重要的行銷活動，其目的不在於直接開展產品銷售，透過擴大企業的知名度，讓更多的人瞭解企業，樹立品牌形象，開闢產品銷售通路。

(4) 售後服務。透過 Internet 開展售後服務，建立售後服務電子郵件信箱，對於任何客戶的意見應積極主動瞭解情況，解決問題。

(5) 客戶管理。對於購買企業產品的客戶，收集客戶的資訊，建立客戶檔案系統，以求建立永久的客戶關係，爭取「忠誠」客戶。透過電子郵件系統，

向客戶適度地宣傳企業的新產品和促銷活動，或徵求客戶對產品、服務等方面的意見。

（三）電子商務的安全性

1. 加密技術

由於電子商務活動中包含了很多商業上、個人的機密資訊，如果採用明文在 Internet 上傳輸，當網路駭客或別有用心的人使用監聽工具，就會竊取到這些機密資訊。為了保護公司和個人的利益，採取加密技術對商務資訊和數據進行保護，是電子商務網站必須採取的技術之一。許多人對電子商務持有懷疑態度的主要問題就是擔心安全沒有保證，擔心在從事網上交易時提供的信用卡帳戶和密碼被人竊取。

加密技術是採用密鑰對傳送數據進行加密，再透過網路傳輸，到達接收方後使用密鑰對加密數據進行解密，恢複數據的原狀，在傳輸過程中，如果被人截獲，沒有密鑰看到的只是一些亂碼，以此保護消費者商務資訊和利益；加密的另一個作用是對身份的認證，確認是交易人提供的資訊，從而保證交易當事人的交易行為的不可否認性，保護商家的利益。加密方法主要如下幾種：

（1）對稱密鑰。對稱密鑰的算法相對簡單，只要有足夠長度，加密的數據還是非常安全的。這種密鑰加密和解密都使用相同的密碼，由發送方和接收方共同掌握。

（2）非對稱密鑰。非對稱密鑰由兩個密鑰組成，一個稱為私鑰，由密鑰發布者掌握，一個為公鑰，可以透過網路發布用戶，是公開的。這種密鑰採用 RAS 算法生成兩個非常大的質數，用其中密鑰對數據進行加密，再用另一個密鑰對數據進行解密。由於非對稱密鑰是單向的，安全性極高，透過一個質數不可能推演出另一個質數，公鑰即使用明文傳遞，也不必擔心失密，因此解決了密鑰在傳輸過程中失密的問題。

（3）數字摘要。使用 Hash 函數對加密的數據進行「摘要」成一定長度的密文，該密文同原文一同傳輸。該密文稱為數字指紋。Hash 函數能夠使

密文的長度固定，原文不同，密文內容也不相同，相同原文，摘要也相同。接收方收到原文後，使用相同的 Hash 函數生成摘要，與接收的摘要相比較，以判斷原文在傳輸過程中是否被修改，從而達到加密的目的。原文在傳輸時仍需要經過加密和解密的過程。

（4）數字簽名。為了鑒別文件和書信的真偽，要求有關人員在文件和書信上簽名或蓋上印章，包括商業合約、銀行單據、日常書信、證明等等。簽名造成認證、核準和生效的作用。在電子商務中，一切商務活動和交易都採用數字化，為了識別商務合約和文件的真實性，數字簽名造成了非常重要的作用。數字簽名必須保證：接收方能夠核對發送者對報文的簽名；發送者不能抵賴對報文簽名；接收者不能偽造對報文的簽名。

發送方對報文進行摘要，然後使用私鑰對摘要加密，即形成「數字簽名」，將原文和數字簽名一同發送給接收方；接收方使用公鑰對數字簽名進行解密，並對報文進行數字摘要，兩者同時進行，以判斷在傳輸過程中是否被破壞和更改。

如果發送方抵賴曾經發送報文，接收方可將數字簽名和報文交給仲裁機構，因為沒有人知道私鑰，仲裁機構使用發送方密鑰證實其確實發送過報文，反之，如果接收方偽造報文，但是數字簽名無法偽造，使用公鑰解密，核對數字摘要，從而證實接收方的偽造行為。數字簽名還能保證數據的完整性。

數字簽名還必須解決原文的加密問題，原文如用私鑰加密，任何人都可以使用公鑰解密，所以雙方應使用對稱密鑰加密和解密。

2. 數字認證

從事商務交易的雙方的身份認證是非常重要的，只有確認雙方的身份，才能放心地從事交易，在電子商務中，使用數字證書的形式證明其身份的合法性。數字證書的頒發機構同時也是仲裁機構，透過數字證書的識別技術，使得交易雙方不能否認其交易行為。身份識別的技術基礎是公鑰加密技術。

（1）數字證書由頒發機構發送給電子交易的各方，包括客戶、商家、支付網關、銀行等交易中的各方。為了獲得唯一的數字證書，防止偽造，首先

要向認證機構申請，由頒發證書的權威機構對密鑰進行統一保管，保留私鑰，用私鑰對證書機密，並將證書和公鑰交給個人、商家等持有證書的機構。頒發機構除了發放和管理證書以外，還負責對電子商務中的各方提交的證書認證，認證是信任交易和支付的基礎。客戶使用公鑰對數字證書加密並提交給認證機構，認證機構使用私鑰解密，與保留的證書底稿核對，如兩者相同，對商家和銀行發出確認和授權命令，完成交易和轉帳支付。

數字證書的另一個特點是持證人不能對其證書進行修改。

（2）認證機構。認證機構是電子商務中最權威的機構，有著嚴格的組織形式和工作分工，負責證書的檢索、撤銷、備份以及維護密鑰服務器的安全。

電子商務的安全是一個綜合性的系統工程，由於 Internet 的開放性，也帶來其脆弱的一面，尤其是內部網路連接到 Internet 之後，任何的安全漏洞，都會造成嚴重的損失。駭客的襲擊嚴重威脅網路數據的安全，在世界範圍內，每年所造成的經濟損失達上百億之多。各國的操作系統、系統軟體和安全軟體絕大多數從美國購買，由於美國的資訊壟斷地位和美國政府從策略目的出發，禁止出口高安全等級的軟體，必然在系統中遺留可供駭客攻擊的安全漏洞所以要特別警惕網站的安全問題。

電子商務的安全也是一個管理問題，在企業內部也會出現很多安全漏洞。普遍存在缺乏嚴格的安全管理措施和監控制度，安全意識不強是很重要的原因，用戶密碼保密意識不強和管理不嚴、病毒猖獗等都從內部嚴重威脅網路的安全。所以，不僅要從技術上維護網路的安全，更要從管理角度保障網路安全。

電子商務的數據傳輸安全是為了保證數據的有效性、真實性、機密性、完整性，透過嚴格的加密手段、數字認證、數字簽名技術，防止客戶和商家的資訊泄密、不能篡改和偽造，避免假冒身份，實現數據傳輸和交易行為的可靠性、不可抵賴性和可控性，維護客戶和商家的權益不受侵犯。

四、旅遊電子商務

旅遊電子商務就是透過電子商務技術和手段在旅遊行業和旅遊過程中的應用,具有營運成本低、用戶範圍廣、無時空限制以及能同用戶直接交流等特點,提供了更加個性化、人性化的旅遊服務。飯店業、旅行社、旅遊景點等企業的電子商務都屬於旅遊電子商務,其特點就是利用網路和電子手段向消費者提供旅遊服務產品,很少有物流配送,主要是透過電子化的預訂手段,獲取旅遊服務產品。

(一)旅遊電子商務應用

電子商務在旅遊業中的主要應用一般分為:

1. 資訊查詢服務

其中包括旅遊服務機構相關資訊(如飯店、旅行社以及民航航班等資訊)、旅遊景點資訊、旅遊線路資訊以及旅遊常識等透過 Internet 提供。

2. 在線預訂服務

主要提供飯店客房、民航班機機票、旅行社旅遊線路等方面的實時、動態的在線預訂業務。

3. 客戶服務

旅遊企業為旅遊者或客戶提供服務,客戶透過 Internet 與代理人(飯店、民航、旅行社等相關旅遊服務機構)進行實時的網上業務洽談和交易,使客戶獲得優質、高效和個性化的服務。

4. 代理人服務

代理人透過 Internet 與客戶進行實時的網上業務洽談、管理其旅遊產品的預訂記錄、查閱帳目等。也可以代旅遊企業開展網路行銷和銷售,幫助企業向客戶提供網路服務。

(二)旅遊業電子商務的優勢

電子商務在旅遊業中的應用具有十分明顯的優勢，主要表現在以下幾個方面。

1. 簡化旅遊票據和支付手續

旅遊電子商務不會面臨目前電子商務發展中的複雜、費力的物流配送問題，交通票據配送可以透過多種方式解決。如採用網路支付方式，資金透過網上結算方式直接付款。

2. 提高旅遊資訊服務水平

透過旅遊網站，消費者能迅速得到各種旅遊資訊和服務，旅遊電子商務將眾多的旅遊供應商、旅遊中介公司、旅遊者聯繫在一起。景區、旅行社、旅遊飯店及旅遊相關行業，如租車業，可借助同一網站招攬更多的顧客。新興的「網路旅遊公司」即將成為旅遊行業的多面手，將改變原有旅遊公司的格局，淡化組團社、地接社、分銷商的界限，減少了一些中間環節和中介，降低了中間成本，增加利潤。

3. 促進旅遊產品交易

透過旅遊電子商務平台，可以將無形的旅遊產品有形化。隨著資訊技術的發展，Internet 為旅遊者提供了大量的圖文並茂的旅遊資訊，多媒體技術給旅遊者提供了「身臨其境」的感覺。這種全新的旅遊體驗，必將激發起旅遊的慾望，刺激其實現旅遊。

4. 技術構成簡單

旅遊電子商務的技術構成要遠低於其他商貿的技術構成，資訊交換的形式相對比較簡單，易於實現。

5. 交易過程簡單

旅遊業提供的是旅遊服務產品，而這些旅遊產品大多數是不能移動的，消費者只能透過預訂的手段去目的地享受服務產品，因此它的交易過程比較單一，容易在網上實現。

（三）世界旅遊電子商務發展狀況

從世界範圍看，最近幾年，網上旅遊促銷已經形成很大規模，先進國家的航空、汽車、飯店、景點、旅行社等旅遊企業以及各種旅遊組織紛紛上網建立自己的網站，以大量圖文並茂的網頁宣傳其產品及其所在地的旅遊形象。為了使潛在的消費者便於找到相關資訊，這些網點一般都和一些著名的門戶網站相鏈接。現在，不僅綜合性的門戶網站都已設立旅遊欄目，還出現了一批專業性的旅遊服務網站。與此同時，發展中國家的旅遊企業也紛紛上網，利用 Internet 超國界的特點，針對先進國家的消費者進行促銷。由於網上的旅遊資訊越來越豐富，許多發達國家的旅遊者已經形成上網查找資訊再製定旅遊計劃的習慣，這又反過來加快網上旅遊促銷的發展。

作為旅遊電子商務的重要內容，航空公司開展電子商務已蔚然成風。許多航空公司在其網站上推出機票預訂業務，購票者只要輸入出發地及目的地、日期、時間及艙位檔次等要求，網上就會顯示有無適當航班、空餘機座及其價格等資訊，如乘客認可，輸入姓名及信用卡號就完成訂座，屆時赴機場憑信用卡或由賣方在網上告知的訂座密碼辦理登機手續。這種被稱為「無票乘機」或「電子機票」的訂座辦法簡單方便，很受旅客歡迎。對航空公司而言，這種方式實現了對旅客的直銷，節省了付給中間銷售商的高額傭金及全球分銷系統（Global Distribution System，GDS）的費用。此外，各種預訂飯店客房的網站正如雨後春筍般地興起，已部分取代了旅行社的訂房業務。旅遊服務的網上交易以其低成本、高效率、跨越時空等優點而漸成氣候。毋庸置疑，旅遊交易的網路化將會引發旅遊交易方式的革命，其產生的影響將是十分深遠的。

從未來的發展趨勢看，旅遊電子商務在世界範圍內將煥發出蓬勃的生命力。因為，旅遊業發展目前正出現兩種新的趨勢；一是旅遊者希望在出門之前就能對與旅遊相關的各種資訊有一個全面的瞭解，並且可以享受到各種方便、快捷的服務；二是旅遊企業也需要及時向潛在的旅遊者群體提供豐富的旅遊景點的資訊，及時瞭解客源市場資訊，瞭解客戶需求，並根據客戶的需求提供各種相關服務。電子商務是滿足這兩種需求的重要方式，因此，旅遊電子商務將得到進一步長足發展，在今後一段時間內，它將和 GDS 同時並存和互相競爭，但隨著電子商務的深層次應用，旅遊電子商務將會越來越顯示

263

出它的優越性，將最終取代 GDS。與此同時，在旅遊業全面使用電子商務技術之後，現有旅行社的數量將大量減少，將會逐漸被網上旅遊服務公司所取代。可以說，未來國際旅遊業的競爭將會在一定程度上表現在旅遊電子商務的競爭。

從旅遊電子商務的服務功能看，旅遊網站的服務功能基本包括三個方面：

旅遊資訊的彙集、傳播、檢索和導航。這些資訊內容一般都涉及景點、飯店、交通、旅遊線路等方面的介紹；旅遊常識、旅遊注意事項、旅遊新聞、貨幣兌換、旅遊目的地天氣、環境、人文等資訊以及旅遊觀感等。

旅遊服務和產品的在線銷售。網站提供旅遊服務及其相關產品的各種優惠、折扣，航空、飯店、遊船、汽車租賃服務的檢索和預訂等。

個性化定製服務。從網上訂車票、預訂酒店、查閱電子地圖到完全依靠網站的指導，在陌生的環境中觀光、購物。這種以自定行程、自助價格為主要特徵的網路旅遊服務在不久的將來會成為國人旅遊的主導方式。因此提供個性化定製服務也將成為旅遊網站，特別是在線預訂服務網站必備的功能。

第三節 網路訂房

飯店在 Internet 上開展電子商務活動，中心工作是利用網路預訂客房，這是目前飯店開展電子商務（B to C）的主要形式。我們看到已經有許多飯店開展了網上訂房的業務，有飯店自己投入技術力量開展的，也有利用網路中介公司開展網路訂房的。利用 Internet 這個廣闊通路，必然會擴大飯店客人來源通路，減少了付給中介公司、旅行社傭金，降低成本，增加利潤。對客人來講，不必透過旅行社的介紹，直接選擇飯店，減少了中間環節，並可享受網上預訂的折扣，獲得了經濟上的實惠。

開展網路訂房首先要解決訂房的模式問題和實時預訂和實時管理的問題。

一、網路訂房的操作模式

在 Internet 上開展預訂活動具有相當靈活的方式，不應當也不可能只有一種模式。飯店的規模、實力、技術力量的差異決定了飯店開展網路訂房應採取的模式，即必須尋找最適合自己的方式。主要表現為以下幾種網路訂房的方式：

1. 自主開展預訂

自主開展預訂就是飯店依靠自己的技術力量形成一個網路訂房系統，網站的設計、資訊的展示、訂單的確認、系統的維護、網路客戶的管理都是由飯店自己的技術人員操作。這種訂房模式適合技術力量較強的大型飯店企業。

目前許多飯店建立了自己的網站，由於本身內部就具有非常完善的飯店管理資訊系統，其中包含客房預訂的功能。建立網站之後，推出的網路預訂功能實際上就是將原來運行在傳統應用系統上的業務向 Internet 上延伸和擴展，與傳統的資訊系統實現數據共享，此時的網上預訂是對傳統的資訊系統補充，利用 Web 網頁的表現形式提供服務。在這種情況下，客房資訊可以得到及時、動態更新，並可根據確認的網路訂單直接進行排房操作與管理。

在飯店內部還存在著與網上預訂並行的多種預訂系統，如電話預訂、傳真預訂等。在現階段，電話預訂還占相當大的比重。

2. 委託預訂

對於沒有網站和獨立預訂系統的飯店，可以採取加盟某個網路預訂中心，如旅遊電子商務網站或開展訂房業務的門戶網站，透過這些網站的中介，接受客人的網路預訂。每接受一個客人的成功預訂，付給中介網站一定的傭金。這種委託預訂方式適合於中小規模的單體飯店。我們也注意到自己有網站的飯店也透過中介網站接受預訂。

由於大部分的旅遊電子商務還沒有形成完整的網路體系，中介網站上的資訊與各個飯店的資料庫系統沒有直接的聯繫，反映的資訊不能及時得到更新，不能隨著季節的變化、旅遊淡旺季的市場的波動及時地進行調整，尤其是房價的變化。網站上缺乏有效的實時客房資訊，客人的訂單確認還沒有完

全電子化，旅遊中介公司（網站）在接受客人預訂時要憑藉電話、傳真等傳統手段與飯店溝通並確認。

3. 集團化運作

集團化飯店比單體飯店有很多的優勢，首先是飯店的規模效應，集團所屬飯店分布在各地，尤其是一些大城市，或旅遊觀光目的地，有穩定的客源；第二是品牌效應，集團化飯店透過品牌的凝聚力將眾多的飯店聯繫在一起，這不僅僅是資產重組和收購的簡單問題，還需要從很多方面打造一個品牌，要求所屬的各個飯店企業按照統一的服務質量、標準、企業文化，甚至從飯店的格局、裝飾裝潢等方面做到統一；第三是資訊資源，集團化飯店擁有非常豐富的資訊，資訊管理系統建設是其中非常重要的組成部分，具體包括如下幾點：

（1）在總公司和子公司之間建立暢通的資訊通信網路。

（2）各個子公司採用相同的管理資訊系統，統一格式的數據，便於彙總和計算。

（3）資訊高度集中，子公司應及時地將數據彙集到總公司。

（4）子公司最大限度共享總公司的資訊資源。

（5）建立集中與分散式相結合的資料庫系統。

總公司建立的資訊中心包括統一的預訂中心、客戶服務中心，這是兩個對外服務的窗口。統一的客服中心，可以集中處理客人的投訴，透過對投訴的處理和分析，使得總公司可以瞭解各個子公司的服務質量和差異，子公司也可以共享客服中心的客人資訊，一旦客人入住某個飯店，集團的其他飯店也可以瞭解到客人資料和資訊。

預訂中心負責整個集團飯店的預訂，根據客戶的要求向預訂目的地飯店下達預訂的指令，分配客源，這種一站式服務對於客人來講，帶來的是便捷和效率。客人進入了集團的預訂系統之後，所見到的都是隸屬於該集團的飯店。透過集團化的預訂系統，會把客人留在集團內部。

二、網路預訂的流程和付款方式

1. 預訂操作流程

目前，網上預訂的操作流程基本上是一致的，採用會員制。首先在網上預訂之前需要在網站上註冊，輸入個人的一些基本資訊，本人的真實身份、姓名、性別、年齡、國別、有效證件（護照或身份證）和證件號碼，聯繫電話、地址等資訊，有的還要求提供信用卡號碼。註冊成功之後，即成為本網站的用戶，系統會分配一個 ID 號。

在預訂時，系統要求用戶輸入本人的用戶名和 ID 號，經確認後才能做預訂操作，這樣做的目的是對預訂用戶進行鑒別，防止惡意用戶預訂，維護企業的權益。

如果用戶直接在飯店自己的網站上預訂，預訂資訊可透過客戶端程序直接進入飯店的資料庫系統，或經預訂部人員審核處理後加入資料庫。

當透過預訂中心預訂客房，預訂中心的工作人員發現有預訂記錄出現時，透過電話或傳真通知飯店的預訂部，進行預訂確認。我們希望在不久的將來，採用 Extranet 技術，預訂中心將飯店的資訊系統連接起來，使得飯店的資訊能夠更加及時、準確與預訂中心同步，從而減少大量的人工處理，實現預訂自動化。

2. 網路預訂的付款方式

大多數飯店網站都不具備網路支付的功能，為飯店帶來了追繳客人預訂未住的違約金上的困難，也為預訂中心與飯店結算帶來種種不便。

客人透過預訂中心成功預訂客房後，並沒有直接向預訂中心支付費用，飯店收取客人房費後，定期（如一個月一次）同預訂中心結算，即支付網路預訂的中介費。

採用網路支付方式，預訂中心就可以直接從客人的預訂金中扣除中介費，減少了結算的中間環節。

客人直接透過飯店的預訂網頁預訂，多數採取入住後繳費的付款方式，其支付過程與傳統方式預訂沒有很大的差異，在入住和退房時，可以使用現金和信用卡支付。

我們也注意到有的飯店在預訂時要求客人提供安全證書，這不僅說明該網站具有數字認證的功能，客人提供的個人資料可以安全地透過 Internet 傳輸，還可以使用信用卡進行網路支付，信用卡的帳戶安全性得到保證。

第四節 基於 Web 的飯店管理資訊系統

傳統的飯店管理資訊系統運行於局域網的環境下，可以採用各種高級語言和面向資料庫編程語言，如 VB、VC、Delphi、VFP 和 PowerBuilder 等。這種管理資訊系統只能在一定的操作系統平台下工作，在 Windows 下編寫應用程序，不能在 UNIX 或 Linux 操作系統環境下運行。

在 Internet 的環境下，採用 Web 網頁的形式為用戶提供資訊和交互式操作，面向 Internet 的應用程序使用動態網頁構造管理資訊系統。我們可以把這種形式看作是對傳統的管理資訊系統的補充和延伸，是一種新的表現形式。隨著 Internet 的發展，尤其電子商務的應用不斷普及，人們對基於 Web 形式的管理資訊系統的要求越來越強烈。基於 Web 的管理資訊系統的出現，帶來了一系列軟體和資料庫方面的新特點。

一、從客戶機 / 服務器到瀏覽器 / 服務器模式的轉變

基於 Web 的管理資訊系統來源於客戶機 / 服務器的工作模式。Internet 上的各種應用實際上都是客戶機 / 服務器工作模式。C/S 模式來源於 UNIX 操作系統，最早連接 UNIX 主機的是終端機，本身沒有 CPU，不具備運算的功能，終端上輸入的任何內容都作為請求命令，送到 UNIX 主機，由主機完成操作，最後的結果傳輸到終端顯示。目前，客戶機 / 服務器模式較 UNIX 有了很大的變化，客戶機也可以是能夠獨立完成工作任務的電腦，連接到系統之後，用來運行用戶界面和前端處理的應用程序，服務器提供可供客戶機使用的資源和服務。客戶機在完成某個任務時，利用服務器上的共享資源和

提供的服務。客戶機／服務器的軟體把任務分成不同的執行部分，如用戶界面、表示邏輯、數據邏輯、數據訪問等，分別安裝在客戶機／服務器上面，客戶機軟體負責數據的表示和應用、請求服務器軟體的服務；服務器軟體負責為客戶機軟體請求提供數據的存儲、檢索和操縱服務。圖 8-1 為 C/S 模式的示意圖。

圖 8-1 客戶機／服務器工作模式示意圖

在 Windows 下的飯店管理資訊系統，採用大型網路資料庫和 C/S 工作模式，實際上是指對資料庫的操作是客戶機／服務器的形式，而軟體的運行仍需要在本地機上進行，本地電腦仍然承擔除資料庫操作以外的所有運算和處理工作，並不是完全意義上的 C/S 模式。Web 形式的管理資訊系統採用 Internet 的 TCP/IP 通信協議和客戶機／服務器工作模式，系統的界面採用網頁的形式，因此本地機不需要安裝專門的軟體，使用瀏覽器，如 Internet Explorer 和 Netscape，獲得和閱讀資訊系統的 Web 網頁，對資料庫進行操作構成動態網頁，因此，稱為瀏覽器／服務器（Browser/Server，簡稱 B/S）模式。

二、從資料庫的兩層應用向多層應用轉變

目前，多數管理資訊系統都屬於兩層資料庫系統，第一層是應用程序，用來完成數據的表示和應用處理邏輯，第二層是資料庫服務器，資料庫透過資料庫管理系統（DBMS），接受來自客戶應用程序的數據訪問，同時負責數據的存取和管理，如圖 8-2 所示。

實踐證明，兩層系統存在一定的缺點：

（1）兩層系統以客戶端的應用系統為主，企業的數據表示和邏輯應用部分緊密耦合，僅適合於應用相對簡單、數據量不大的情況下。

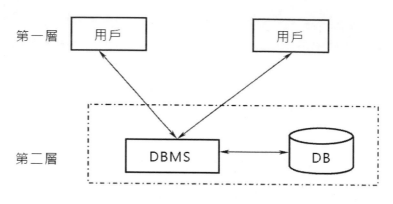

圖 8-2 兩層工作模式示意圖

（2）前台的應用程序需要直接連接資料庫系統，無論採用 ODBC 或 ADO 技術，都必須透過應用程序給出連接的資料庫的路徑。資料庫的使用者驗證也必須透過前台系統完成，如果前台人員知道了資料庫路徑和驗證密碼，就可以繞過應用程序而直接對資料庫操作，將帶來非常嚴重的安全問題。

（3）前台系統因為開發系統的要求，前台電腦往往需要安裝資料庫驅動引擎，當企業規模很大時，維護工作量將很巨大。

（4）當資料庫應用系統變得非常複雜、數據的訪問量很大的情況下，兩層系統缺乏足夠的彈性適應越來越複雜的應用系統，網路性能急劇下降，為系統的維護帶來很多的問題。

針對兩層系統存在的問題，唯一解決的辦法是將客戶端的應用部分分離出來，構成一個獨立的應用系統，也就是將企業邏輯部分組成一個中間層，即應用服務器，形成三層結構的資料庫系統，如圖 8-3 所示。

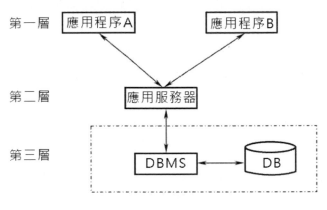

圖 8-3 三層結構資料庫系統示意圖

三、三層系統的優點

1. 降低網路流量

三層系統在網路流量和系統的反應速度方面優於兩層系統,這是由於三層系統在客戶訪問資料庫之前透過應用服務器的過濾,網路流量下降。

2. 伸縮性好

應用服務器可以同資料庫在一個主機上,當應用邏輯複雜時,可以從資料庫服務器上分離,安裝在其他主機上,根據需要可以添加應用服務器。

3. 可維護性好

三層系統的客戶、應用服務器和資料庫部分相對獨立,可以並行開發,客戶端只需要注重程序的應用界面設計,共享訪問模組可移植到應用服務器上,維護工作相對簡單。

4. 實現分散式計算

當應用系統變得十分複雜時,資料庫個數大量增加,可以透過應用服務器訪問分布在多個服務器上的資料庫。例如,透過在 Windows 操作系統下,採用 DCOM、COM ＋或 CORBA 技術實現分散式計算。

5. 安全性好

由於採用應用服務器，前端客戶程序不再與資料庫管理系統直接連接，也不需要資料庫引擎，應用服務器將客戶端與服務器屏蔽隔離開來，造成防火牆的作用，任何對資料庫的操作必須經過應用服務器的授權，避免了繞開登錄程序，直接對資料庫操作，從而保護了資料庫，極大地提高了資料庫的隱蔽性和安全性。

四、三層結構的 Web 管理資訊系統

帶有應用服務器的三層結構系統不僅用於傳統的管理資訊系統，還可以建立基於 Web 的管理資訊系統，透過動態網頁的形式的提供資訊服務。在 Web 工作模式下，客戶端使用瀏覽器，如 IE，Netscape 等，作為電腦操作系統的標準配置，不是為管理資訊系統特殊安裝和配置的，業務處理由瀏覽器完成，不包含管理資訊系統的任何代碼，客戶電腦也不需要安裝資料庫引擎和界面。Web 服務器作為系統的服務器端的標準配置，提供 HTTP 資訊服務。數據處理仍然由資料庫服務器承擔。Web 服務器與資料庫的結合，通常稱為 Web 資料庫系統，這裡的資料庫與傳統的資料庫沒有很大的差異，目前經常使用的 Oracle、MS SQL、DB2、Informix、Sybase 都支持 Web 工作模式，如果業務量不是很大，MySQL 也是很好的選擇，可以免費從 Internet 上下載。由於客戶端採用瀏覽器，故這種工作模式稱為 B/S 方式，如圖 8-4 所示。

（一）B/S 的工作流程

（1）用戶在瀏覽器的地址欄上輸入管理資訊系統的 URL 地址，向 Web 服務器發送一個 HTTP 請求。

（2）Web 服務器將系統的 HTML 主頁發送給客戶瀏覽器，並顯示在螢幕上。

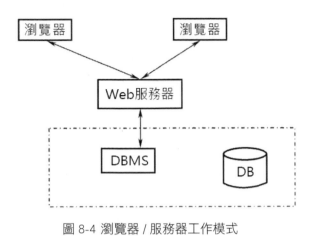

圖 8-4 瀏覽器 / 服務器工作模式

(3) 用戶在主頁上，根據系統的要求做相應的操作，如用戶查詢、插入、修改和刪除記錄，瀏覽器將用戶操作命令和資訊提交給 Web 服務器。

(4) Web 服務器獲取用戶提交資訊，向資料庫發送查詢或數據操縱請求命令，如用戶查詢數據，則將數據返回給 Web 資料庫。

(5) Web 服務器根據 Web 返回結果組織網頁，並發送給客戶的瀏覽器，此時瀏覽器接收到的網頁是動態處理後生成的網頁，即動態網頁。

(6) 客戶重複執行上述第 3 項至第 5 項操作，直至工作任務完成。

根據上述工作模式，基於 Web 的管理資訊系統屬於三層系統，這裡客戶端從系統中完全分離開來，只造成發送請求和接收的作用，Web 服務器造成應用邏輯實現的核心作用，系統透過 Java、VBScript 和 PHP 腳本程序或 CGI 程序訪問資料庫，這裡 Web 服務器具有雙重作用：一是實現瀏覽器與 Web 服務器的 HTTP 協議通信，傳送 Web 網頁，二是作為管理資訊系統的應用服務器。

(二) B/S 系統優點

1. 資訊形式的多樣性

傳統的管理資訊系統的資訊表現形式比較單調，多數採用表格、文字數據，在圖形界面的環境下，可使用如單選按鈕、複選框、列表甚至圖表等形

式，表現形式較純文字形式有很大的進步，但是不能或很難使用多媒體的形式，如聲音和圖像表現，應用程序界面比較單調。

Web 網頁的表現形式最大特點是透過非常豐富的表現形式將大量的多媒體資訊呈現給用戶，透過感官的刺激，吸引用戶的注意力。基於 Web 的管理資訊系統可以處理結構化數據，同時也能利用 Web 網頁的多媒體技術為用戶提供大量的非結構化數據，應用程序界面更加豐富多彩，將管理資訊系統引入了一個新的應用領域。

2. 簡化客戶系統

通常情況下，在本地機運行傳統的管理資訊系統之前，需要安裝資料庫引擎和軟體的動態連接庫，如果飯店有很多台電腦，逐一安裝，軟體的分發工作量很大，不便於系統的維護和管理。Web 形式的管理資訊系統不需要安裝任何驅動程序，利用現有的瀏覽器便可以工作。由於客戶機的瀏覽器是系統的標準配置，客戶端的系統維護工作僅僅屬於是操作系統的維護，而應用系統的維護工作降低到零。由於應用系統數據計算和處理都在 Web 服務器上完成，所以對客戶電腦硬體配置的要求相對比較低。

3. 跨平台

傳統的管理資訊系統只能在特定的操作系統下工作，不能移植到其他的操作系統上。Web 服務器可以提供跨平台操作，即客戶電腦的操作系統可使用 Windows、Unix 和 Linux 等，透過 HTML 網頁形式提供統一的資訊表現形式。Web 服務器的操作系統與客戶電腦的操作系統無關，這一點對於存在多種平台的大型公司具有非常重要的意義，對原有系統不需作投資巨大的更新，只需要具有圖形界面。

4. 系統的增值

利用 Web 工作模式，實際上就是將 Internet 在企業內部的應用，架構企業的 Intranet 系統，在此基礎上整合企業內部的資訊系統，融合 Internet 的 E-mail、BBS、辦公群件系統，構成多方位、全面的管理資訊系統，使管

理資訊系統的應用具有更加豐富的形式和更加廣闊的覆蓋領域、深層次的挖掘、更加開放和公開，極大提高資訊參與和使用。

五、四層 Web 結構系統的應用

1. 四層 Web 系統

在上述 Web 應用系統中，Web 服務器具有雙重身份，即，提供 Web 服務和應用服務器。可以設想，如果將應用服務器從 Web 服務器中分離開來，獨立於 Web 服務器，這樣的系統就是一個四層結構的系統。Web 服務器可以為企業大量的 Web 事務服務提供集中服務，這些服務與管理資訊系統服務無關，只有在需要進行數據處理時，透過應用服務器訪問資料庫。四層 Web 系統繼承了三層 C/S 的優點，其特點在系統中得到充分的體現，如圖 8-5 所示。

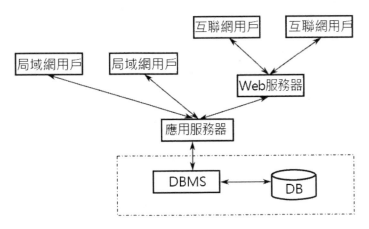

圖 8-5 具有 Web 功能的四層模型

這種分離的效果，減輕了 Web 服務器的負擔，如果企業規模較大，可以添加 Web 服務器，平衡服務器的負荷，提高資訊處理的質量和響應速度。

應用服務器分離之後，實際上為傳統的管理資訊系統和基於 Web 模式的管理資訊系統提供了統一的數據處理的平台，兩者都可以架構在應用服務器之上，並且在資訊處理的速度和表現形式上造成互補的作用。

2. 電子商務應用

在企業內部，依然採用傳統的管理資訊系統的方式，利用其處理速度快、任務集中、簡潔、方便等特點，可提高數據處理的加工效率；對外方面，利用 Web 形式，發布資訊，接受 Internet 用戶的訪問，實現電子商務交易活動。無論是企業內部，還是在 Internet 環境下，都可以共享統一的數據資源，達到內外資訊的一致性、統一性。

我們觀察到有的飯店的網路預訂系統沒有及時地更新數據，提供動態的資訊，其中可能存在的原因就是網路預訂系統的資訊數據不是直接來至自企業內部的資料庫，或許出於網路安全的考慮，擔心內部的資料庫系統被來自 Internet 上別有用心的人破壞，竊取企業機密資訊。

當採用多層系統之後，Web 服務器與應用服務器分離開來，在 Web 服務器和資料庫之間透過應用服務器進行隔離，內部的資料庫被屏蔽和隱藏起來，任何來自內部和外部的訪問資料庫的請求必須經過應用服務器的授權，不能繞過而直接訪問資料庫。面向 Internet 的 Web 服務器還可以透過防火牆保護，就是 Web 服務器被駭客攻破，由於沒有應用服務器的授權，依然可以保證資料庫的安全。

電子商務應用系統分為內部和外部兩大系統，企業內部的管理資訊系統是實現 Internet 上的商務活動和網路行銷的基礎，大量的資訊處理工作仍在內部執行和完成，需要有一個高效處理的環境，傳統的管理資訊系統在這個方面具有非常強的優勢，其作用是不可替代的。電子商務需要向 Internet 的廣大用戶提供不受地理限制的、多平台的資訊服務，採用四層系統可以保證數據一致性、實時性、準確性、安全性。在數據處理和 Web 服務質量方面得到很好的均衡。因此，我們認為開展電子商務活動的最佳組合就是四層系統。

3. 基於 Web 形式管理資訊系統

根據上述分析，四層系統完全適用於飯店管理資訊系統的架構。在飯店內部的資訊處理，可沿用傳統的管理資訊系統的模式，也可以採用 Web 模

式，如飯店內部的接待、預訂、餐飲、商務中心、結算等。透過飯店自己建立網站，在 Internet 上開展網路預訂的資訊服務，實際上，網路預訂可以看作內部的預訂工作在 Internet 上延伸和擴展。

目前，基於 Web 的管理資訊系統，實際上不是純 Web 工作模式，內部管理部分仍然採用傳統的模式操作，面向客戶查詢部分採用 Web 形式。從理論上講，內部管理功能完全可以建立在 Web 的基礎上，但是在執行效率上和系統集成方面，兩者有很大的差別。之所以沒有採用純 Web 模式，有如下原因：

（1）傳統的管理資訊系統採用高級語言或面向資料庫編程的語言，最後編譯成可執行的二進制代碼，即機器代碼，運算和執行速度快；網頁採用的是 HTML 標識語言，在內部插入腳本程序，屬於解釋型語言，因此，運行速度遠遠低於可執行的機器代碼。

（2）飯店管理資訊系統採用程序語言編程，最後編譯成可執行文件，作為公司的產權保護，提供給用戶是一個經過打包的系統，用戶不能進行反編譯，即不能修改。Web 網頁是純文本文件，系統由多個文本文件組成，對於純文本文件，可以使用任何文本編輯軟體打開和編輯，不加限制地修改程序內容，等於將程序的源代碼都交付給用戶，這是軟體公司不願意看到的，因為管理資訊系統的內部流程、數據處理的模式是軟體公司智慧的結晶，屬於知識產權保護的範圍。因此從公司利益方面考慮，提供用戶只有在查詢方面或部分功能採用 Web 的形式，其餘部分依然是保密的、封閉的傳統形式。

六、利用 XML 設計 Web 管理資訊系統

（一）XML 的特點

基於 Web 的管理資訊系統，採用 HTML 設計數據處理的網頁，HTML 側重於資訊的表現形式。在網頁中使用 HTML 規定的標記符，用戶不能自行定義標記符，必須完全遵循其語法和語義規則，這樣對數據表述非常不方便。

如下的語句是在網頁文本中建立一個表格（Table），分 3 行、3 列顯示房間類型、房價和優惠價。其中，標準客房和大床客房的房費、優惠價格值與第一行上的房間類型、房價和優惠價名稱成對應的結構關係，在文檔中並沒有體現出來，只是透過上下文對應關係表現。

```
<table border =" 1" width =" 74%" >

<tr>

<td width =" 25%" align =" center" > 房間類型 </td>

<td width =" 25%" align =" center" > 房價 </td>

<td width =" 25%" align =" center" > 優惠價 </td>

</tr>

<tr>

<td width =" 25%" align =" center" > 標準客房 </td>

<td width =" 25%" align =" center" >2400 元 </td>

<td width =" 25%" align =" center" >1600 元 </td>

</tr>

<tr>

<td width =" 25%" align =" center" > 大床客房 </td>

<td width =" 25%" align =" center" >2000 元 </td>

<td width =" 25%" align =" center" >1200 元 </td>

</tr>

</table>
```

可擴展標記語言（Extensible Markup Language，XML）是一種描述結構化數據的標記語言，是對 HTML 的擴展，具有 HTML 相同的特徵。XML 提供了一種簡單的基於文本的資訊存儲方式，不但易於編輯和查詢，而

且有很強的平台的無關性。在 XML 文檔中可以自行定義標記符。標記符可以採用任何國家的文字，即 Unicode 編碼，如英文、簡體漢字、繁體漢字等，極大地方便了數據組織和描述。正是由於這些優點，XML 作為標準的數據交換和傳輸格式，廣泛應用與基於 Web 的管理資訊系統和電子商務網站的網站建設中。上述例子用 XML 可寫成（本例作適當的簡化）：

<?xml version = "1.0" standalone = "yes"?>

< 客房列表 >

< 房間名稱 > 標準客房 </ 房間名稱 >

< 房價 >2400 元 </ 房價 >

< 優惠價 >1500 元 </ 優惠價 >

< 房間名稱 > 大床客房 </ 房間名稱 >

< 房價 >2000 元 </ 房價 >

< 優惠價 >1200 元 </ 優惠價 >

</ 客房列表 >

其中，「客房列表」、「房間名稱」、「房價」和「優惠價」都是自行定義的標記符。標記符對應的數據可以透過腳本程序獲得，或來自於資料庫的數據。XML 文檔配合擴展樣式語言（XSL）和層疊樣式表（CSS）文件可以按照用戶制定的格式顯示數據。

（二）XML 的優點

XML 為開發人員和用戶引入了許多顯著的優點，這裡僅作簡要的介紹：

1. 可擴展性

XML 可定義無限的標記集，提供一個標記結構數據的框架，如上所示，將其關聯的數據標記為房間名稱、房價和優惠價，透過這種形式，使得搜索和處理數據變為可能，一旦定位了數據，就可以在 Internet 上傳輸，並以多種形式在瀏覽器中顯示，或傳送到其他應用程序中以供進一步處理和查看。

2. 搜索結構化數據

數據可使用 XML 作唯一標記。以搜索房間為例，不使用 XML，需要搜索應用程序以瞭解每個資料庫的架構，此架構描述該資料庫是如何構造的。事實上，這是不可能的，因為每個資料庫描述它的數據的方式不同，而使用 XML，數據很容易使用一種標準的方法定義，如房間，按房間類型、價格等進行分類。然後，代理程序再使用同樣的方法，在被標示的飯店網站上搜索特定房間類型的房間。

3. 清晰的數據結構

XML 可以很清晰地表示數據結構，具有明確的意義，這就使我們利用 XML 表現結構化數據，並帶來方便。因此，完全可以利用 XML 技術架構基於 Web 的飯店管理資訊系統，簡化數據的描述，並使得應用程序具有很高的可讀性。

4. 檢索不同來源的數據

使用傳統的方法不能從多個、不兼容的資料庫中檢索數據。XML 採用了容易結合的不同來源的結構化數據。軟體代理位於應用服務器，集成來自資料庫和其他應用程序的數據，這些數據再傳遞給客戶機和其他服務器，作下一步的聚合、處理和分布。

5. 本地數據計算和操作

在 XML 格式的數據傳遞給客戶機之後，該數據可以使用客戶機應用程序執行的計算進行剖析，並在本地進行編輯和操作。用戶不僅僅可以顯示數據，還可以使用各種方法操縱數據。利用 XML 文檔對象模型（DOM）還允許使用腳本或其他編程語言操縱數據，減少了與服務器之間的數據傳輸，本地機可以直接進行數據計算，將查看數據的用戶界面和數據本身份離，使得以前只能在資料庫端進行的運算，在本地客戶機上也能運行，減輕了資料庫服務器的負荷。

6. 多種數據視圖

數據傳遞到客戶機上，可以使用不同的方法查看，獲得多個不同的視圖。透過使用簡單、開放和可擴展的方式描述結構化數據，XML 補充了目前廣泛用於描述用戶界面的 HTML。這裡，HTML 用作數據外觀的描述，而 XML 描述數據本身，XML 定義的數據可以被不同的視圖使用，根據不同需要顯示不同數據。

XML 作為描述結構化數據的標準，為軟體開發人員、電子商務網站和最終用戶提供了許多優點，隨著電子商務的進一步推廣和發展，應用將越來越廣泛。透過 XML 架構的 Web 站點，可以為飯店管理資訊系統提供強有力的技術支持，使得在不同飯店的不同資料庫之間，以統一的標準建立數據應用的平台，即電子商務網站，將各個飯店資訊查詢系統、預訂系統等與網站系統連接起來，架構 Extranet。我們也相信將有更多的基於 Web 的飯店管理資訊系統採用 XML 技術。

思考與練習

1. 目前存在哪些模式的電子商務？試分別敘述它們應用的特點。

2. 網路數據傳輸有哪些加密方法？

3. 旅遊電子商務與傳統的電子商務相比，有什麼優勢？

4. 試調查目前開展網路訂房的網站，分析其網路訂房的方法，總結這些網站有哪些特點。

第 9 章 飯店管理資訊系統的新發展

▊第一節 IT 技術在飯店資訊管理中的最新應用

　　21 世紀是資訊化、網路化的時代。資訊技術無處不在，這就使飯店的管理資訊系統有了新發展，表現出的特點主要有：飯店所提供的產品和服務的數據化、網路化、智慧化和虛擬化。進入 21 世紀，資訊技術在飯店管理中的最新應用主要體現在以下幾個領域。

一、智慧卡門鎖

　　飯店提供給顧客的諸多服務和產品中，客房是主體，其他服務和產品都是圍繞這一主體展開的，飯店都特別重視客房管理。如何管好、用好客房，如何使顧客從入住到離店都有很高的滿意度，這是大部分飯店管理人員十分重視和經常思考、探索的課題。應用飯店管理軟體實行飯店智慧化管理，可以全面提高飯店的管理水平，但仍然不能將智慧化管理延伸並操作到每一個客房。應用智慧卡門鎖可以對客房實施實時、動態管理。而且投入少、工期短、見效快，可以明顯改善飯店客房的管理水平，提高顧客滿意程度。因此，近年來智慧卡門鎖在飯店業迅速推廣並逐步成為飯店的一種標準裝備。

　　（一）智慧卡門鎖系統構成

　　智慧卡門鎖系統一般由三大部分組成：門鎖、智慧卡、智慧卡門鎖管理系統。

　　1. 門鎖

　　安裝於客房或辦公室，可由智慧卡鑰匙開啟、管理，也可在聯網時透過網線直接由管理系統開啟、管理，門鎖主要有以下功能：

　　（1）級別控制：客人卡開指定房間、樓層卡開指定樓層、總控卡可開所有房間的門鎖。

　　（2）時間控制：客人卡只有在住店期間能開鎖，過時後自動失效。

（3）區域控制：清潔卡只能開指定清潔區域門鎖，維修卡只能開指定維修區域門鎖。

（4）更改密碼：透過管理系統及有關智慧卡，可隨時更換密碼。

（5）開鎖記錄：每次開鎖都會記錄開鎖時間和卡號，始終保持最近 200 次開鎖記錄。

（6）欠壓指示：當電池電壓不足時，欠壓指示燈亮，此時仍可開鎖 50 次以上。

（7）連網功能：透過網線管理系統，可實時監控門鎖狀態。

（8）通道功能：當門鎖設置成通道狀態時，可自由進出，無需插卡。

2. 智慧卡

智慧卡是智慧卡門鎖系統的重要組成部分。具體來說，智慧卡有如下作用和功能：

（1）結算和付費功能。付住宿費、電話、打字、複印等費用，餐廳、咖啡屋等餐飲費用，舞廳、保齡球、台球、游泳、健身等娛樂性付費，洗衣、美容、桑拿浴等服務性費用。隨著社會的進步和人們消費觀念的改變，飯店不再是單純住宿吃飯的地方，都在向集住宿、娛樂、辦公、商務中心為一體的方向發展。如果所有的花銷都是透過現金或支票交易來完成的話，會很不方便，尤其對於使用頻率很高的項目。有了智慧卡，客人就可以持智慧卡在飯店的任何地方消費，飯店在每個需要交錢的地方設置智慧卡記帳收款機即可。如果在飯店大廳內安裝智慧卡長途電話，智慧卡還可以用於付費。

（2）房門鑰匙。智慧卡同時還是客房鑰匙，卡上還預設住宿天數，超過預設住宿天數，門就打不開了。

（3）節能鑰匙。用智慧卡還可以開啟客房電源。

（4）飯店廣告載體。當旅客離去時，可以帶走這張印有飯店廣告的卡，留下永久的美好回憶。

3. 智慧卡門鎖管理系統

智慧卡門鎖管理系統是對智慧卡、門鎖進行管理和資訊彙總分析的一個處理系統，智慧卡門鎖管理系統一般由電腦硬體、智慧卡門鎖管理軟體組成。其主要功能是：

(1) 智慧卡管理功能

可以隨時瞭解發放智慧卡的數量和具體客房位置；根據需要及授權隨時製作不同層次的智慧卡；可以隨時瞭解智慧卡的消費情況；可以隨時影印智慧卡管理報表；可以對智慧卡消費情況進行統計和分析等。

(2) 客房管理功能

應用智慧卡門鎖管理軟體應能直觀清楚、準確、有效進行客房管理。例如可以隨時瞭解以下情況：客房銷售情況、空房、滿房、當天到預售屋。住客姓名、身份證號碼、收費比例（是否折扣）、預付房金數、是否長包。客房預訂、保留、管制情況、是否維修房等。可以自動生成各類客房管理報表。可以對客房銷售情況進行統計、分析和預測。

(二) 智慧卡門鎖系統的特點

智慧卡門鎖系統是針對現代飯店的特點及管理需要而研究設計的，智慧卡門鎖系統的主要特點體現在門鎖和管理系統兩方面，具體如下：

1. 門鎖的特點

(1) 安全性。智慧卡門鎖的安全性包括機械安全性和智慧安全性。飯店使用的客房門鎖的機械安全性重點應是防撬。智慧卡門鎖的智慧安全性的重點是防止智慧犯罪和內盜。達到下述要求的智慧卡門鎖完全能保證飯店客房的安全性：①門鎖中可識別卡的合法性和級別，並做出相應處理。②智慧卡門鎖採用加密卡。③智慧卡數據採用密匙加密。④智慧卡門鎖系統有寫卡記錄和開門記錄，寫卡記錄應不能更改和刪除，開門記錄可以方便讀取。⑤智慧卡門鎖的密碼可以方便地及時更新。⑥智慧卡門鎖有後客否定前客功能。

（2）可靠性。智慧卡門鎖必須有良好的可維修性，應留有功能擴展餘地管好用好智慧卡門鎖；應嚴格按照安裝調試說明書、使用說明書、維護保養說明書的說明進行各項操作；在安裝調試階段應做好使用、維護人員的培訓工作，前台操作人員必須熟練掌握軟體的使用維護，並嚴格遵守操作規程；維護人員最好參加安裝調試，透過安裝調試加深瞭解智慧卡門鎖。

（3）操作方便。智慧卡門鎖必需操作方便。包括安裝和維護方便、使用方便。現在一般的智慧卡門鎖都是電池驅動，無需布線，方便了安裝和維護；有各種狀態聲光指示，方便了房客使用；智慧卡門鎖智慧化程度高，內部有時鐘控制開門時間，並有開鎖記錄。

2. 管理系統特點

從智慧卡門鎖管理系統來說，現在流行的智慧卡門鎖系統一般都有如下特點：

（1）嚴格的級別控制。對於門鎖系統設定三級權限的卡片種類，即用於開啟單獨指定房號門鎖的客人卡；用於開啟指定區域（多個指定房間）的門鎖的樓層卡和能開啟所有門鎖的經理卡或緊急卡。對於製作智慧卡，一般採用系統登錄卡和密碼雙重確認授權。

（2）嚴格的時間控制。所有的智慧卡的有效性均可選擇是否受時間控制，如選擇受時間控制，一旦超過有效時間，智慧卡就自動失效。客人在前台登記領卡後，可直接進入房間，並在有效期內一直有效，過期自動失效。

（3）完善、方便的掛失處理。智慧卡門鎖系統具有完善的防遺失處理，一旦發現智慧卡遺失或被帶走，系統均能方便處理。如客房卡遺失，只需製作退房卡插入該門鎖一次，即可禁止該房間的所有客房卡開門而不影響其他級別的卡片正常使用。

（4）充足的開鎖記錄。門鎖中的微電腦可以記錄最近的開門資訊，有的達到 200 條資訊，需要時，可透過數據卡讀取鎖內的記錄，在管理系統中查詢何時用何種智慧卡曾開過此房間門，並能追溯至該張智慧卡的制卡時間和制卡人。

（5）嚴格的密碼控制。透過設定類卡，可以方便的變更門鎖的各級密碼。最低級密碼為客房卡和會議卡密碼，透過退房卡或新的客房卡、會議卡變更得到，其餘各級密碼變更透過密碼卡設定。所有涉及密碼變更的操作，均需透過相應的密碼校驗，具有極高的安全性。

二、視頻點播系統

傳統的電視系統資訊單向傳送，用戶只能被動接收。而視頻點播系統（VOD）是以「選擇控制權在用戶」的嶄新概念為基礎的雙向視頻資訊系統，實現了按用戶需要播放視頻節目的理想。

（一）VOD 概述

1.VOD 的概念

VOD 即視頻點播（Video On Demand），是近年來新興的視頻傳媒方式，該技術是電腦技術、網路通信技術、多媒體技術、電視技術和數字壓縮技術等多學科、多領域融合交叉結合的產物。VOD 的本質是資訊的使用者根據自己的需求主動獲得多媒體資訊，它區別於資訊發布的最大不同：一是主動性、二是選擇性。從某種意義上說這是資訊的接受者根據自身需要進行自我完善和自我發展的方式，這種方式在當今的資訊社會中將越來越符合資訊資源消費者的深層需要，可以說 VOD 是未來資訊獲取的主流方式在多媒體視音頻方面的表現。VOD 的概念將會在資訊獲取的領域快速擴展，具有無限廣闊的發展前景。

2.VOD 分類

目前，根據不同的功能需求和應用場景，主要有三種 VOD 系統：NVOD、TVOD 與 IVOD。

（1）NVOD（Near-Video-on-Demand），稱為就近式點播電視。這種點播電視的方式是：多個視頻流依次間隔一定的時間啟動發送同樣的內容。比如，12 個視頻流每隔 10 分鐘啟動一個發送同樣 2 小時的電視節目。如果用戶想看這個電視節目可能需要等待，但最長不會超過 10 分鐘，他們會選

擇距他們最近的某個時間起點進行收看。在這種方式下，一個視頻流可能為許多用戶共享。

（2）TVOD（True Video-on-Demand），稱為真實點播電視，它真正支持即點即放。當用戶提出請求時，視頻服務器將會立即傳送用戶所要的視頻內容。若有另一個用戶提出同樣的需求，視頻服務器就會立即為他再啟動另一個傳輸同樣內容的視頻流。不過，一旦視頻流開始播放，就要連續不斷地播放下去，直到結束。這種方式下，每個視頻流專為某個用戶服務。

（3）IVOD（Interactive-Video-on-Demand），稱為交互式點播電視。它比前兩種方式有很大程度上的改進。它不僅可以支持即點即放，而且還可以讓用戶對視頻流進行交互式控制。這時，用戶就可像操作傳統的錄像機一樣，實現節目的播放、暫停、倒回、快進和自動搜索。

（二） VOD 系統的構成

VOD 系統主要由三部分構成：

1. 服務端系統

服務端系統主要由視頻服務器、檔案管理服務器、內部通訊子系統和網路界面組成。檔案管理服務器主要承擔用戶資訊管理、計費、影視材料的整理和安全保密等任務。內部通訊子系統主要完成服務器間資訊的傳遞、後台影視材料和數據的交換。網路界面主要實現與外部網路的數據交換和提供用戶訪問的界面。視頻服務器主要由存儲設備、高速緩存和控制管理單元組成，其目的是實現對媒體數據的壓縮和存儲，以及按請求進行媒體資訊的檢索和傳輸。視頻服務器與傳統的數據服務器有許多顯著的不同，需要增加許多專用的軟硬體功能設備，以支持該業務的特殊需求。例如：媒體數據檢索、資訊流的實時傳輸以及資訊的加密和解密等。對於交互式的 VOD 系統來說，服務端系統還需要實現對用戶實時請求的處理、訪問許可控制、VCR（Video-Cassette-Recorder）功能（如快進、暫停等）。

2. 網路系統

網路系統包括主幹網路和本地網路兩部分。因為它負責視頻資訊流的實時傳輸，所以是影響連續媒體網路服務系統性能極為關鍵的部分。同時，媒體服務系統的網路部分投資巨大，故而在設計時不僅要考慮當前的媒體應用對高頻寬的需求，而且還要考慮將來發展的需要和向後的兼容性。當前，可用於建立這種服務系統的網路物理介質主要是：CATV（有線電視）的銅軸電纜、光纖和雙絞線。而採用的網路技術主要是：快速以太網、FDDI 和 ATM 技術。

3. 客戶端系統

只有使用相應的終端設備，用戶才能與某種服務或服務提供者進行聯繫和交互操作。在 VOD 系統中，需要電視機和機頂盒（Set-top Box）。在一些特殊系統中，可能還需要一台配有大容量硬盤的電腦，以存儲來自視頻服務器的影視文件。客戶端系統中，除了涉及相應的硬體設備，還需要配備相關的軟體。例如，為了滿足用戶的多媒體交互需求，必須對客戶端系統的界面加以改造。此外，在進行連續媒體播放時，媒體流的緩衝管理、聲頻與視頻數據的同步、網路中斷與演播中斷的協調等問題都需要進行充分的考慮。

（三）飯店 VOD 的服務內容

VOD 在飯店業最早推行，也最受歡迎，目前世界上已有很多飯店在應用 VOD 系統。用於飯店的 VOD 系統是個建立在內部的寬頻網路基礎上，對內自成系統，實現內部數據共享，對外透過界面連網，以實現廣泛的資訊攝取和交流。飯店通常依靠 VOD 系統提供的服務，大致可分為三大類：影視及歌曲點播、內部資訊查詢和 Internet 訪問。

1. 影視及歌曲點播

顧名思義，系統可提供精彩的電影、電視節目的有償點播和音樂、歌曲的收費點唱。透過選擇菜單，最新的電影、電視、音樂和歌曲及相應的節目介紹便顯示在電視螢幕上，人性化的檢索界面使客人在挑選過程中輕鬆愉快，系統運轉完全自動，24 小時可無人值守，自動計費可記錄到客人總帳，統一結算。

2. 內部資訊查詢

（1）飯店資訊。向客人介紹飯店的各種服務設施，如娛樂、健身、飲食、商務中心、購物中心、搬運、預訂出租車、購買飛機票等，使客人入住房間後馬上就能瞭解整個飯店的服務系統，根據自己的需求預訂各種服務。

（2）訂餐服務。客人在電視機前就可以看到各種訂餐的內容，並根據螢幕上的菜單點菜，預訂送餐時間。此項服務給客人和服務人員提供了更大的靈活性，客人可以很容易地更改訂單內的內容。對於飯店來講，也可以很方便地統計出哪些餐飲內容比較受歡迎，可以有計劃地準備，還可以很方便地修改菜單和價格，而不需重新印製。

（3）帳目查詢。顧客可以透過電視隨時查閱自己的帳單，對帳單提出疑問，並尋求服務員幫助解決，另外還可以預約結帳時間。這種服務使用戶可以時刻瞭解自己的支出情況，保證帳單的正確性。

（4）當地旅遊商務。可以播放本地新聞、介紹本地的風土人情、名勝古蹟、重大文化活動、飯店周圍環境等內容，圖文並茂、形象生動，客人還可以隨時查閱更詳細的資訊。

（5）呼叫服務員。顧客可以透過這一功能呼叫服務員尋求服務。對於顧客的要求、房間號、幫助內容等，系統服務器會馬上將其影印下來，以提高服務速度與服務的針對性。

（6）客房資訊。可以根據客人的入住登記和結帳資訊自動更新客房資訊，使客人和客房管理人員都可以及時方便地瞭解客房的利用情況。如果客人發現有一間自己更滿意的房間現在空著，就可以馬上請求換房，這些在以前都是很煩瑣的事情。

（7）電視指南。可瞭解本地電視台的節目預報，便於顧客查看電視節目。

（8）語種選擇。客人可根據自己的需要選擇服務資訊的語言，以解除語言障礙。

3.Internet 訪問

前面講過，VOD 系統是「對內寬頻共享、對外便捷通訊」，其中的「對外便捷通訊」，主要指 Internet 訪問。隨著 Internet 的快速發展，飯店的商務客人越來越離不開 Internet，飯店為客人提供 Internet 服務也就成為必然趨勢。而飯店 VOD 提供的 Internet 功能，具有以下特點：

（1）在客房完成。由飯店提供的上網終端設在客房，客人可以足不出戶進行 WWW 瀏覽和收發 E-mail 等。

（2）無需客人設備。通常飯店只提供上網線路或 Internet 帳號，客人需要自帶終端設備，如筆記本電腦等。有了 VOD 系統，上網終端配備在客房，可代替客人的自帶設備。

（3）非專業者易用。由於系統是借助機頂盒實現 Internet 功能，操作起來跟遙控電視差不多，十分簡單，無需電腦複雜的操作，使無電腦知識的人也可輕鬆上網。

（四）飯店 VOD 特點

飯店 VOD 點播系統與傳統的電視系統相比，具有以下特點：

（1）它實現了人與電視系統的交流。用戶可簡單地透過遙控鍵盤或遙控器控制，自由地點播比傳統的電視更為豐富的節目並控制播放時間，改變了人們傳統的被動接受電視節目的方式。

（2）用戶不僅可以收看電視節目，還可以透過電視螢幕選擇各種圖文資訊服務，如登錄 Internet、收發電子郵件等。

（3）飯店可以對各類節目進行控制，並對用戶點播進行收費，取得直接的經濟收益。由於飯店的客人來自世界各地，其文化、宗教、歷史背景不同，對所選擇的節目內容也千差萬別。VOD 可以提供各種不同風格的節目，以滿足不同客人的需求，這無疑是飯店客人所喜愛的一種服務形式。另外，飯店可將自己的餐飲、娛樂、客房、資訊等各種服務項目、服務方式和特色及所

在地區的人文景觀等內容設置在系統中，供客人免費點播，這樣可減少客人因語言、環境差異帶來的諸多不便，從而充分體現出飯店對客人的尊重。

三、寬頻網關計費系統

（一）飯店寬頻網關計費的目標

1. 飯店寬頻網路的要求

寬頻接入飯店是非常熱門的議題。寬頻接入飯店要考慮很多因素。不僅要考慮寬頻接入的線路頻寬，更重要的是如何令客人滿意。要做到客人滿意，寬頻系統必須具備以下條件：

（1）支持即插即用，客人的電腦在連接寬頻後便可以直接上網。不用更改配置，就可支持 IP 地址動態分配及固定地址。

（2）客人在房間透過固定網路端口上網，無需輸入用戶名及密碼就可將上網費用計入相應客房，就像撥打 IDD 及 DDD 一樣方便。

（3）提供飯店資訊，透過與飯店前台管理系統的雙向連接，客人很容易的看到所需的資料，如：①客人帳單。②客人留言資訊。③客人位置：客人可直接輸入 LOCATOR （留位置），直接更新到飯店前台系統，客人就不會錯過任何重要來電或訪問。④飯店服務：如餐廳、宴會、送餐、商務中心、訂票等等。客人可直接預訂飯店各種服務。

2. 飯店網路計費主要目標

（1）建立和維護一個目標機器地址資料庫，能對該資料庫中的任意一台機器（一個 IP 地址）進行計費。

（2）能夠對指定 IP 地址進行限量，當超過使用限額的時候，即將其封鎖，禁止其使用。

（3）能夠按天、按月、按 IP 地址或按單位提供網路的使用情況，在規定的時間到來（比如一個月）的時候，根據本機資料庫中的 E-mail 地址向有關單位或個人發送帳單。

（4）可以將安裝有網路計費軟體的電腦配置成 Web Server，允許使用單位和個人隨時進行查詢。

（二）寬頻網關計費系統的功能

寬頻網關計費系統是提供用戶上網管理，及其計費控制。目前在市場上銷售的寬頻網關計費軟體的計費功能基本相同，一般都包括以下功能：

1. 用戶 IP 地址管理功能

提供用戶資料錄入、修改、查詢、刪除等功能。用戶資料包括：用戶帳號，用戶名稱，用戶 IP 地址範圍，計費方式等。

2. 計費公式管理功能

由系統管理員根據業務需要，設置相應的計費公式。具有增加、修改、查詢、刪除計費公式的功能。

3. 優惠規則管理功能

優惠規則管理內容：時間段優惠，節日優惠，特殊 IP 地址優惠。

4. 費率管理功能

費率管理：費率設置、費率修改。費率設置要考慮的因素：不同協議（TCP/UDP），不同時間段優惠，節日優惠，數據傳輸方向（流入 / 流出），服務資訊分類（內容）。

5. 彙總與計費功能

根據 IP 地址註冊的屬性，對流經防火牆的網路數據進行分析、統計、彙總、批價。

6. 資訊查詢功能

提供方便快捷、多樣化的資訊查詢手段：數據流量查詢、費用查詢。數據流量、費用查詢可根據 IP 地址、用戶名、目的地址、時間段、計費方式等進行查詢。

7. 報表管理功能

特定報表的生成、影印輸出等。報表格式豐富靈活，用戶可以定製。

8.WWW 查詢功能

支持 Web 查詢。利用 WWW 服務器，用戶透過瀏覽器可以實時地查詢自己使用網路的流量、費用等相應資訊。

9.E-mail 通知功能

定期透過 E-mail 向用戶發送網路流量數據報表、費用報表、繳費通知及其他資訊。

10. 網路數據分析

從二進制文件中分解出每條記錄的數據流入量、數據流出量、使用的網路協議、源 IP 地址端口、目的 IP 地址端口、起始時間、結束時間。

11. 資料庫管理

網路原始數據入庫、計費資訊入庫、流量查詢、費用查詢等。

12. 網路監控

統計、分析網路的總數據流量，各 IP 地址的數據流量，可以造成網路監控的作用。找出網路瓶頸、網路異常等。

13. 日誌管理

將用戶操作和系統處理過程寫入日誌文件，以備查詢及分析異常使用。

（三）寬頻網關計費系統的組成

一般的寬頻網關計費系統可以分成五個部分：數據採集；計費數據管理；用戶 IP 地址管理；計費公式管理；查詢、報表生成。

1. 計費數據的採集

計費數據的採集是計費系統的基礎。基於防火牆的網路計費系統每隔一定時間,去取防火牆產生的網路數據文件。獲取與流量計費相關的有用資訊,如流入、流出字節數及包數等。

2. 計費數據管理

從數據採集部分得到的數據,經過加工、處理後,利用錄入模組將這些數據存入資料庫,利用資料庫的管理功能來操作和維護,如定期對過時數據進行備份、刪除等。

3. 用戶 IP 地址管理

管理與用戶相關的資訊,包括用戶的創建、撤銷、修改等,用戶資訊包括用戶姓名、單位、聯繫電話、IP 地址、E-mail 地址等資訊;並將用戶分為集團用戶和個人用戶兩類,集團用戶可能具有多個 IP 地址,同時具有用戶群的組合功能,幾個相關的用戶或集團用戶可以組成一個新的更大的集團用戶,作為整體成為計費的一個對象。

4. 計費公式管理

用戶可以根據實際應用情況,定製自己的計費公式。計費公式可以描述複雜的計費算法及費率,比如對用戶的時間、流量限額,夜間和節假日的不同費率等;同時在計費方法、計費費率改變時,只需簡單地修改計費公式。

5. 查詢、報表生成

可方便地根據用戶帳號、日期、IP 地址等要素來對系統進行 IP 流量和費用的查詢。如系統安裝有 Web Server,用戶可以透過 WWW 查詢 IP 流量和費用情況。可以根據用戶的要求按時間生成日報表、週報表、月報表及用戶帳單等。所有生成的報表都可直接影印出來。還具有 E-mail 報表功能,用戶可設定定期 E-mail 發送費用報表。

四、車輛定位導航 GPS 系統

(一)智慧導航系統的概述

1.GPS 的概念

全球定位系統（Global Positioning System - GPS）是美國從 20 世紀 70 年代開始研製，歷時 20 年，耗資 200 億美元，於 1994 年全面建成，具有在海、陸、空進行全方位實時三維導航與定位能力的新一代衛星導航與定位系統。GPS 導航定位以其高精度、全天候、高效率、多功能、操作簡便、應用廣泛等特點著稱。隨著全球定位系統的不斷改進，硬、軟體的不斷完善，應用領域正在不斷地開拓，目前已遍及國民經濟各種部門，並開始逐步深入人們的日常生活。

2.GPS 系統組成

GPS 系統包括三大部分：空間部分——GPS 衛星星座；地面控制部分——地面監控系統；用戶設備部分——GPS 信號接收機。

（1）GPS 衛星星座

GPS 工作衛星及其星座由 21 顆工作衛星和 3 顆在軌備用衛星組成 GPS 衛星星座，記作（21 + 3）GPS 星座。

（2）地面監控系統

對於導航定位來說，GPS 衛星是一動態已知點。星的位置是依據衛星發射的星曆——描述衛星運動及其軌道的參數算得的。每顆 GPS 衛星所播發的星曆，是由地面監控系統提供的。衛星上的各種設備是否正常工作，以及衛星是否一直沿著預定軌道運行，都要由地面設備進行監測和控制。地面監控系統另一重要作用是保持各顆衛星處於同一時間標準。

（3）GPS 信號接收機

GPS 信號接收機的任務是捕獲待測衛星的信號，並跟蹤這些衛星的運行，對所接收到的 GPS 信號進行變換、放大和處理，以便測量出 GPS 信號從衛星到接收機天線的傳播時間，解譯出 GPS 衛星所發送的導航電文，實時地計算出測站的三維位置，甚至三維速度和時間。

接收機按用途可分為導航型接收機、測地型接收機和授時型接收機。導航型接收機主要用於運動載體的導航，它可以實時給出載體的位置和速度。根據應用領域的不同，導航型接收機還可以進一步分為：車載型——用於車輛導航定位；航海型——用於船舶導航定位；航空型——用於飛機導航定位。星載型——用於衛星的導航定位。測地型接收機主要用於精密大地測量和精密工程測量。授時型接收機主要利用 GPS 衛星提供的高精度時間標準進行授時，常用於天文台及無線電通訊中時間同步。

3. 車輛 GPS 導航系統

車輛 GPS 導航系統以電腦技術為基礎，吸收了遙感（快速採集數據，RS）、GPS、矢量化地圖和 GIS（空間分析與查詢）等技術的最新成就，增強了自主導航能力和實用價值。車輛 GPS 定位系統主要是由車載 GPS 自主定位，結合無線通信系統對車輛進行調度管理和跟蹤。車輛 GPS 定位管理系統用於城市公共汽車調度管理，風景旅遊區車船報警與調度，海關、警政、海防等部門對車船的調度與監控。

車輛 GPS 導航系統的主要功能有：

（1）機動車輛定位：可在出行時準確、實時地確定出車輛當前的位置，並以圖像化方式顯示在電子地圖背景中。

（2）行車路線設計：可依據駕駛員提供的起點、終點、途經點，自動規劃出旅行代價最小的行車路線。

（3）路徑引導服務：可在出行過程中產生語音或圖形的實時引導指令，幫助駕駛員沿預定行車路線順利抵達目的地。

（4）綜合資訊服務：可向用戶提供與電子地圖相關的資訊檢索與查詢服務，如按用戶要求顯示停車場、主要旅遊景點、旅館飯店等服務設施的位置的數據資料，並在電子地圖中顯示其所在的位置。

（5）無線通信功能：可接受實時交通資訊廣播，使用戶及時掌握最新的道路狀況，同時還可將車輛狀況報告交給交通控制中心，實現報警、求助和通信功能。

（二）車輛 GPS 導航系統在飯店旅遊車輛上的應用

現在許多飯店多有自己的旅遊車輛，隨著車輛 GPS 導航系統的應用進一步擴大和飯店服務水平的不斷攀升，現在越來越多的旅遊車輛上都配有車輛 GPS 導航系統。旅遊車輛配有車輛 GPS 導航系統有以下好處：

1. 節省時間

市內交通和許多熱門的旅遊景點線路一般都很繁忙，如果旅遊車輛配有車輛 GPS 導航系統，就可以選擇不堵車、最方便、最省時的路線。

2. 增加了旅客的安全性

旅客乘坐旅遊車輛出去旅遊，難免會遇上壞天氣或突發事件，如果旅遊車輛配有車輛 GPS 導航系統，就可以準確判斷事故的發生地點，從而及時地得到援助。

3. 多樣的選擇

旅客乘坐配有車輛 GPS 導航系統的旅遊車輛，在到達目的地之前就可以很方便地選擇吃飯、住宿以及購物的地方。

第二節 飯店客戶關係管理

客戶關係管理起源於 20 世紀 80 年代初提出的「接觸管理」（Contact Management），即專門收集整理客戶與公司聯繫的所有資訊。到 20 世紀 90 年代初期則演變成包括電話服務中心與資源資料分析的客戶服務（Customer Care）。經歷了近二十年的不斷發展，客戶關係管理不斷發展並趨向成熟，最終形成了一套完整的管理理論體系。在網路經濟已成為潮流的今天，要求企業核心經營理念從「以產品為中心」轉向「以客戶為中心」，即誰能把握住客戶的需求並以最快的速度做出響應，誰能吸引新客戶、保持老客戶，誰就能取得最終的勝利。在飯店這樣典型的服務行業更是如此，最近幾年，飯店客戶關係管理已經逐漸流行，受到飯店管理人的高度重視。

一、客戶關係管理概述

客戶關係管理（簡稱 CRM）是一種旨在改善企業與客戶之間關係的新型管理機制，它實施於飯店企業的市場行銷、銷售、服務與技術支持等與客戶相關的領域。CRM 的目標是：一方面透過提供更快速和周到的優質服務吸引和保持更多的客戶，另一方面透過對業務流程的全面管理來降低企業的成本。利用 CRM 系統，飯店企業能蒐集、跟蹤和分析每一個客戶的資訊，從而知道什麼樣的客戶需要什麼東西，真正做到 1：1，同時還能觀察和分析客戶行為對飯店收益的影響，使飯店企業與客戶的關係及企業利潤得到最優化。

（一）客戶關係管理的概念

關於 CRM 的概念，各專家學者的說法不是很統一，可以概括為以下三種說法。

第一類可以概括為：客戶關係管理，即是遵循客戶關係導向的策略，對客戶進行系統化的研究，透過改進對客戶的服務水平、提高客戶的忠誠度，不斷爭取新客戶和商機，同時，以強大的資訊處理能力和技術力量確保企業業務行為的實時進行，力爭為企業帶來長期穩定的利潤。這類概念的主要特徵是，它們基本上都是從策略和理念的宏觀層面對客戶關係管理進行界定。

第二類可以概括為：客戶關係管理，是一種旨在改善企業與客戶之間關係的新型管理機制，它實施於企業的市場行銷、銷售、服務與技術支持等與客戶相關的領域，一方面透過對企業業務流程的全面管理來優化資源配置、降低成本；另一方面透過提供優質的服務吸引和保持更多的客戶、增加市場份額。這類概念的主要特徵是從企業管理模式、經營機制的角度進行定義。

第三類概念的主要內容是：客戶關係管理是企業透過技術投資，建立能蒐集、跟蹤和分析客戶資訊的系統，或可增加客戶聯繫通路、客戶互動以及對客戶通路和企業後台的整合的功能模組。主要範圍包括銷售自動化（Sales Automation，SA），客戶服務和支持（Customer Service and Support，CS & S）、行銷自動化（Marketing Automation，MA）和呼叫中心（Call

Center，CC）等等。這主要是從微觀的資訊技術、軟體及其應用的層面對客戶關係管理進行的定義。

概括以上三種概念，我們可以得出以下結論：

客戶關係管理既是一種管理理念、又是一種應用系統、方法和手段。客戶關係管理有宏觀、中觀、微觀三個層面。宏觀層次上，企業要樹立以客戶為中心的發展策略，並在此基礎上開展的包括判斷、選擇、爭取、發展和保持客戶所需實施的全部商業過程；中觀層次上，客戶關係管理是一種新商務模式，企業要以客戶關係為重點，透過開展系統化的客戶研究，透過優化企業組織體系和業務流程，提高客戶滿意度和忠誠度，提高企業效率和利潤水平的工作實踐；微觀層次上，表現為企業在不斷改進與客戶關係的相關的全部業務流程中，實現電子化、自動化運營目標的過程中，所創造並使用的先進的資訊技術、軟硬體和優化的管理方法、解決方案。

（二）CRM 系統的特點

一個完整的客戶關係管理應用系統應當具有以下一些特點：

1. 綜合性

客戶關係管理應用系統首先綜合了大多數企業的客戶服務、銷售和行銷行為優化和自動化的要求，其標準的行銷管理和客戶服務功能由支持多媒體和多通路的聯絡中心處理來實現，同時支持透過現場服務和數據倉庫提供服務；銷售功能由系統為現場銷售和遠程銷售透過客戶和產品資訊、管理存貨和定價、接受客戶報價和訂單來實現，在統一的資訊庫下開展有效的交流管理和執行支持，使得交易處理和流程管理成為綜合的業務操作方式。

2. 集成性

企業資源規劃（Enterprise Resource Planning，ERP）等應用軟體系統的實施使企業實現了內部資源的優化配置。客戶關係管理（CRM）則將從根本上改革企業的管理方式和業務流程。更為重要的是，CRM 在電子商務背景下，將努力實現企業級應用軟體尤其是與企業資源規劃、供應鏈管理、集成製造和財務等系統的最終集成。

3. 智慧化和精簡化

成熟的 CRM 將不僅能完全地實現商業流程的自動化，而且能為管理者提供分析工具甚至決策。CRM 系統中獲得並深化了大量有關客戶的資訊，CRM 透過成功的數據倉庫建設和數據挖掘，對市場和客戶需求進行分析，為管理者提供決策的參考。CRM 的智慧化還體現在可以改善產品定價方式、提高市場占有率、提高客戶忠誠度、發現新的市場機會等方面。同時，智慧化要求對商業流程和數據應採用集中管理的辦法，這樣可簡化軟體的部署、維護和升級工作；而基於 Internet 部署的 CRM 解決方案，包括透過 Web 瀏覽器可以實現用戶和員工隨時隨地訪問企業的應用程序和知識庫，節省了大量的交流成本。

4. 技術含量

客戶關係管理系統涉及到如數據倉庫、網路、語音、多媒體等多種先進技術。同時，為實現與客戶的全方位交流，在方案布置中要求呼叫中心、銷售平台、遠端銷售、移動設備以及基於Internet的電子商務站點的有機結合。這些不同的技術和不同規劃的功能模組要被結合成為一個統一的 CRM 環境，就要求不同類型的資源和專門的技術支持。比如，CRM 為企業提供的數據知識的全面解決方案中，要透過數據挖掘、數據倉庫和決策分析工具的技術支持，才能使企業理解統計數據和客戶關係模式、購買行為等等，進而整合不同來源的數據並以相關的形式提供給業務管理者或客戶。當然，技術終歸是使商業目標實現的工具。如果一個企業不能理解實施客戶管理的業務驅動力和影響力，擁有多少專門技術都不能保證它取得成功。

二、客戶關係管理在飯店領域的應用

（一）飯店客戶關係管理的結構

飯店客戶關係管理由四個子系統組成，分別是飯店客戶合作管理子系統、飯店業務操作管理子系統、飯店數據分析管理子系統、飯店資訊技術管理子系統，基本的結構和體系如圖 9-1 所示。

（二）業務操作管理子系統

　　在業務操作管理子系統中，客戶關係管理應用主要是為實現基本商務活動的優化和自動化，主要涉及到三個基本的業務流程：市場行銷、銷售實現、客戶服務與支持，因此 CRM 的業務操作管理子系統的主要內容包括：行銷自動化（MA）、銷售自動化（SA）和客戶服務與支持（CS & S）。

　　1. 行銷自動化

　　行銷自動化包括商機產生、商機獲取和商業活動管理。初步的大眾行銷活動被用於首次客戶接觸，接下來是針對具體目標受眾的更加集中的商業活動。個性化很快成為期望的互動規範，客戶的喜好和購買習慣被列入考慮範圍，旨在更好地向客戶行銷。因而帶有有關客戶特殊需求資訊的目錄管理和一對一行銷就應運而生。市場行銷迅速從傳統的行銷手段轉向網站和 E-mail，這些基於 Web 的行銷活動給潛在客戶更好的客戶體驗，使潛在客戶以自己的方式、在方便的時間查看他所需要的資訊。同時，為了獲得最大的價值，行銷人員必須與銷售人員合作，對這些商業活動進行跟蹤，以激活潛在消費並進行成功、失敗研究。

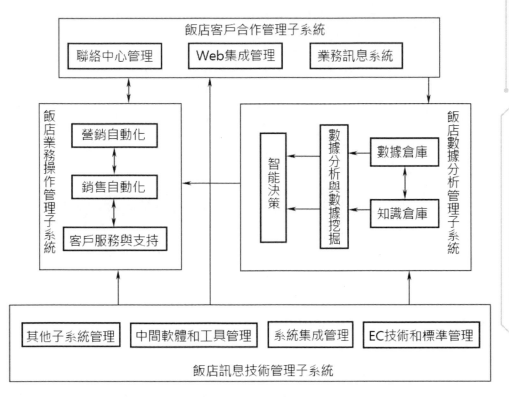

圖 9-1 客戶關係管理應用系統的生態體系

這一部分的系統功能包括：（1）行銷活動管理。主要包括客戶細分和活動執行管理；評估和跟蹤多種行銷策略，實現全面的行銷管理自動化。（2）客戶分析。包括客戶忠誠度及其產品及通路偏好的預測模型；透過預建的相關行業客戶的數據，提高決策的成功率。（3）客戶價值評估。用於進行客戶利潤貢獻度和客戶生命週期價值評估。透過對自己和競爭對手的數據進行分析，策劃有效的行銷策略。

2. 銷售自動化

銷售自動化是相對成熟的領域，銷售人員與潛在客戶的互動行為、將潛在客戶發展為真正客戶並保持其忠誠度是使飯店盈利的核心因素。SA 常被拓展為包括銷售預測、客戶名單和報價管理、建議產生以及盈、虧分析。銷售

人員是企業資訊的基本來源，必須要有獲得最新現場資訊和將資訊提供給他人的工具。

這一部分的系統功能特點有：（1）動態銷售隊伍和區域管理以及有效跟蹤管理。（2）最新的產品、服務資訊刷新，可以進行產品和服務的配置、報價、打折及銷售訂單的生成。（3）支持所有的流行銷售策略，有商務分析功能。（4）集成現場推銷、電話銷售、通路銷售和基於 Internet 的網上銷售。

3. 客戶服務與支持

客戶服務與支持是飯店客戶關係管理中最為關鍵的內容。飯店提供的客戶服務是能否保留忠誠客戶的關鍵。飯店客戶服務與支持出現了如下特點：（1）如今客戶期望的服務已經超出傳統的電話呼叫中心（Call Center）的範圍。呼叫中心正在向可以處理各種通訊媒介的客戶服務中心演變。（2）電話互動必須與 E-mail、傳真、網站以及其他任何客戶喜歡使用的方式相互整合。隨著越來越多的客戶進入互聯網透過瀏覽器來察看他們的訂單或提出詢問，自助服務的要求發展越來越快。（3）客戶服務已經超出傳統的幫助平台。「客戶關懷」已經納入飯店對客戶的職責範圍。（4）與客戶積極主動的溝通是客戶服務的重要組成部分。客戶服務能夠處理客戶各種類型的詢問，包括有關產品、服務的各種資訊以及高質量的現場服務。

在很多情況下，客戶保持和獲利能力依賴於提供優質的服務，客戶只需輕點滑鼠或一個電話就可以轉向公司的競爭者，因此，客戶服務和支持對很多公司是極為重要的。CRM 在滿足客戶的個性化要求方面，速度、準確性和效率都令人滿意。客戶服務與支持的典型應用包括：客戶關懷、訂單跟蹤、現場服務、問題及其解決方法的資料庫、維修行為安排和調度、服務協議和合約、服務請求管理。

客戶服務和支持這一部分要實現功能如下：（1）透過訪問知識庫實現對客戶問題的快速判斷和解決。（2）支持通用的電話、電子郵件、網站、傳真和交互式語音應答系統。（3）廣泛支持合約和資產管理。（4）支持現場服務的具體操作和後勤管理。（5）現場服務工程師移動辦公解決方案與客戶服務管理和呼叫中心完全集成。（6）強大的電腦、電話綜合轉換。

（三）客戶合作管理子系統

在客戶合作管理子系統中，客戶關係管理的應用主要是為實現客戶接觸點的完整管理、客戶資訊的獲取、傳遞、共享和利用以及通路的管理，具體涉及企業不同職能部門的管理資訊體系、聯絡中心（電話中心）、移動設備、Web 通路的資訊集成、處理等問題，因此主要的內容有業務資訊系統（Operational Information System，OIS）、聯絡中心管理（Contact Center，CC）和 Web 集成管理（Web Integration Management，WIM）三個方面。

1. 業務資訊系統

業務資訊系統以客戶生命週期管理為主線，涵蓋了客戶、機會和競爭對手等方面，可以方便地對客戶進行一體化的管理。業務資訊管理可簡化日常業務管理過程，實時反映業務進展狀況。依據業務進展狀況，及時更新數據，將從初次接觸客戶到後期的服務跟蹤全過程以列表形式顯示，客戶的基本資料、交往記錄、投訴等都一覽無餘，發掘更多商機；為市場提供客戶行為分析依據；此外，可以依據交往記錄生成客戶信用等級，降低財務風險。

2. 聯絡中心管理

聯絡中心的功能，實質上是與客戶進行互動，期望完成客戶資訊的全面收集和分析，並在一定程度上提供對客戶的服務和支持。聯絡中心的內容和功能都超出了傳統呼叫中心的範圍，但呼叫中心仍然是聯絡中心的重要組成部分。聯絡中心的目標是成為統一的企業前端，即成為綜合聯絡中心 UCC（Unified Contact Center），把電話呼叫、電子郵件、互聯網接觸和間接聯繫等通路統一起來，負責起企業與客戶接觸的前端，同時擺脫過去的成本中心的包袱，轉化為企業的利潤中心之一。企業的客戶服務或銷售人員，在 UCC 的架構下，可以用統一的界面同時提供客戶電話撥入或由網路上提出服務要求，在服務人員及客戶以一般電話或網路電話對談的同時，也要能夠與用戶同步瀏覽客戶所在的網頁，或在線立即傳送視頻文件，這類功能可以保證企業聯絡中心與客戶互動的質量。

3.Web 集成管理

電子商務（EC）和 CRM 的結合會給企業帶來更大的收益。然而，如果兩者相互間的融合併不協調，那麼就容易出差錯，既耽誤了時間，也使客戶感到不滿意。因此為了使企業業務的運作保持協調一致，需要建立集成的 CRM 解決方案以使後台應用系統與前台以及電子商務的策略相互協調。客戶希望自己無論是以電話、傳真、E-mail、Web 中任何通路與公司聯繫都會得到快速而專業的應答，產品和公司資訊必須準確一致。這一部分包括：（1）電子行銷。允許企業能夠創建個性化的促銷和產品建議，並透過 Web 向客戶發出。（2）電子貨幣與支付。利用這個模組，客戶可在網上瀏覽和支付帳單。（3）電子支持。允許顧客提出和瀏覽服務請求、查詢常見的問題（FAQ）、檢查訂單狀態。

（四）數據分析管理子系統

在數據分析管理子系統中，客戶關係管理的應用主要涉及為實現商業決策分析智慧的客戶資料庫的建設、數據挖掘，知識庫建設等工作，其內容因此包括數據倉庫建設（DataBase，DB）、知識倉庫建設（Knowledge-Base，KB）及依託數據挖掘和數據分析的智慧商業決策分析等。

1. 數據倉庫、知識庫

建立統一共享的客戶資料資料庫和共享的客戶資料庫把銷售、市場行銷和客戶服務連接起來。作為旅遊企業與其相關利益群體之間首要接觸點的這三個方面，如果缺乏統一的數據格式與方法，未能結合與集成這些功能，將不會達到理想的效果。部門級的系統使得企業很難對客戶有全面的認識，也難以在統一資訊的基礎上面對客戶。橫跨整個企業集成客戶互動資訊，會使企業從部門化的客戶聯絡轉向所有的客戶互動行為都協調一致。如果一個企業的資訊來源相互獨立，那麼這些資訊會有重複、互相衝突並且會是過時的，這對企業的整體運作效率將產生負面影響。因此，有必要對以前部門級的客戶資料進行整合，形成企業內部統一的客戶資料資料庫，從而為旅遊企業提供詳實的市場銷售基礎。

2. 數據挖掘與數據分析、智慧決策

數據挖掘與數據分析是 CRM 的一個重要方面，在於它具有使客戶價值最大化的分析能力。一個良好的 CRM 系統解決方案應該在提供標準報告的同時又可提供既定量又定性的即時分析。深入的智慧性分析需要統一的客戶數據作為切入點，並使所有企業業務應用系統融入到分析環境中，再將分析結果反饋給管理層和整個企業內部，這樣便增加了資訊分析的價值。企業決策者會權衡這些資訊做出更全面及時的商業決策。透過對客戶數據的全面分析來衡量客戶帶給旅遊企業的價值以及客戶的滿意度，並使用各種工具對企業的發展趨勢做出預測，針對不同的部門和機構，給出優選的解決方案。這一部分是實現 CRM 功能的技術關鍵所在。

（五）資訊技術管理子系統

在資訊技術管理子系統中，由於客戶關係管理的各個功能模組和相關係統運行都必須由先進的技術、設備、軟體來保障，因此對於資訊技術的管理也成為 CRM 的有機組成部分。在這個子系統中，主要的內容可以分為以下四類：

（1）其他子系統應用軟體管理，如資料庫管理系統（Database Management System，DBMS）、電子軟體分發系統（Electronic Software Distribution，ESD）等。

（2）中間軟體和系統工具的管理，如中間軟體系統（Middle Ware System）、系統執行管理工具（System Administration Management）等。

（3）企業級系統的集成管理，如 CRM 與企業管理資訊系統的集成，乃至整個的企業應用集成（Enterprise Application Integration，EAI）方案，以實現將企業的 CRM 應用與 ERP、 SCM （Supply Chain Management：供應鏈）等其他的系統緊密地集成起來。

（4）電子商務技術和標準管理，如 Internet 技術及應用、EDI 技術及標準、通信標準管理等等。

（六）飯店客戶關係管理實施中注意的問題

CRM 思想是商業理念的一次重大變革。而歷史一再告訴我們，重要的變革在發生初期經常被有意或無意地簡化，最後導致令人失望的失敗。我們在總結前人經驗教訓的基礎上，提醒大家在飯店業實施 CRM 時應特別注意以下幾個問題。

1. 對業務流程做詳盡評估

沒有事先找出目前市場行銷與銷售流程中存在的弱點，並確定改善的目標，就急急忙忙購買並實施 CRM 技術解決方案，這是飯店在實施 CRM 時最容易犯的致命的錯誤。解決方案是用來解決問題的，沒有一種 CRM 解決方案是萬能的。每一種 CRM 解決方案都有它的特點和它的侷限。在沒有確定要解決什麼具體問題之前，是無法決定選擇什麼方案，也無法確定該投資多少的。如何評估市場行銷與銷售流程中的改善重點，最簡單的辦法，就是和業務人員一起坐下來進行交流，讓他們指出現存的問題。飯店企業只有非常清楚要解決什麼問題，才能夠導入合適的 CRM 解決方案。

2. 高層領導應全力支持

CRM 不僅僅只是技術，而是一種策略性的決定。為了讓 CRM 發揮效用，飯店企業必須經常投下巨大的人力與財力，飯店企業組織中的每一個層面都會被牽動，各個部門扮演的角色也會改變。飯店企業業務流程要跨部門重新設計，許多人的既得利益和工作習慣會受到很大的衝擊。如果沒有高層領導堅定的支持，很少有基層經理能推動這樣的改變。因此，高層領導應投下精力去與每一個部門溝通，推動飯店 CRM 的實施。

3. 要把重點放在第一線與客戶打交道的前台工作人員

CRM 的基本精神，是把飯店的關切重心從內部需求轉移到外部客戶的需求上。飯店工作流程設計首先必須配合客戶的需求，其次才考慮飯店內部的需求。也因為如此，在第一線與客戶打交道的前台工作人員（市場、銷售與服務人員）必須成為飯店內部資源第一優先服務的對象，因為他們的需求體現客戶的需求。只有讓他們的工作更方便，他們才能有時間把珍貴的第一

手客戶數據反饋到 CRM 系統中,成為進一步服務客戶、銷售管理與內部決策支持的基礎。

4. 要有明確投資回報目標

CRM 系統是一種高風險、高回報的投資。不管怎麼節省,CRM 要實施成功,都有一個投資門檻。企業要麼不做,要麼就得好好做。花大錢的飯店企業不一定能成功,可是抱著投資少量資源嘗試一把的心態的飯店企業,通常的結果是白白浪費錢。飯店企業應該明確他們要解決的行銷、銷售及服務的問題,制定具體可量化的改善目標,計算達到這樣目標對他們的收益有多大,只要回報大於投資,飯店企業應毫不猶豫地作出決定。總之,飯店在實施 CRM 的時候,要儘可能地多方吸取世界各國旅遊飯店企業的先進經驗,儘量少走彎路,積極同世界旅遊飯店企業接軌。

(七)飯店 CRM 系統的整合

從整體上看,飯店實施 CRM 將整合自身擁有的資源體系,優化市場價值鏈條,打造飯店的核心競爭能力。

1.CRM 系統將整合飯店自身擁有的資源體系

完整的 CRM 系統在飯店資源配置體系中將發揮承前啟後的作用。向前它可以朝飯店與客戶的全面聯繫通路伸展,綜合傳統的飯店服務,構架起動態的飯店服務前端體系;向後它能滲透到飯店管理、產品設計、計劃財務、人力資源等部門,整合 MIS、DSS、ERP 等系統,使飯店的資訊和資源流高效順暢地運行,實現飯店運營效率的全面提高,實現經營範圍內的資訊共享、業務處理流程的自動化和員工工作能力的提升。

2.CRM 系統將優化飯店市場價值鏈條

第一,CRM 系統將使飯店更好地把握客戶和市場需求,提高客戶滿意度和忠誠度,保留更多的老客戶並不斷吸引新客戶。

第二,CRM 系統將全方位地擴大飯店經營活動的範圍,提供實時創新的產品和服務、把握市場機會,提高市場占有率和效益深度。

第三，CRM 系統將使原本「各自為戰」的飯店服務、行銷、管理人員等開始真正圍繞市場協調合作，為滿足「客戶需求」組成強大團體；同時提供一個使飯店各部門共享資訊的自動化工作平台，降低了運營成本，幫助其規避經營風險，達到保留現有客戶和挖掘潛在客戶並提高經營盈利能力的目的。

3.CRM 系統將打造飯店的核心競爭力

飯店核心競爭力（Core—Competence），是指支撐飯店可持續性競爭優勢的開發獨特產品和服務、創造獨特行銷手段的能力，是飯店在特定經營環境中的競爭能力和競爭優勢的合力，是其現有業務資源優勢與運行機制如管理應用系統的有機融合。CRM 的實施，將為飯店帶來先進的以客戶為中心的發展策略和經營理念，將優化飯店經營組織體系和職能架構、形成飯店高效運行的管理系統和資訊通暢的資訊系統，將加強產品和服務開發、創新和行銷能力，將提升飯店的資訊化、電子化建設水平和全員的知識、技術和工作能力，從而為培育和打造飯店的核心競爭力能力提供全面而有力的技術保障。

總之，CRM 將為飯店帶來在 Internet 時代生存和發展的管理制度和技術手段，為飯店成功實現電子化、網路化轉型提供基礎和動力。

三、飯店客戶關係管理的進一步發展

（一） E-CRM

伴隨著網路的迅速發展和企業結構的調整，已跳出第一代電子商務貼廣告式和第二代的交易機制模式，進入了第三代電子商務時代。它強調的是，與客戶之間達成有效與實時的互動性，即以客戶為中心的電子商務環境下，無論是維系舊客戶還是發掘新客戶，所有的企業都在絞盡腦汁，運用網路來經營與客戶的關係，瀏覽的客戶數不再代表電子商務的重要依據，結合顧客的網際交互與新科技的分析工具，才是最大的獲勝關鍵。傳統的 CRM 已無法滿足其需求，而將逐漸地演變成為一種 E-CRM，以使得整個通路關係同步化。

廣義的 E-CRM 是四個核心概念開頭字母組成的縮寫——E：電子商務（E-business，也有人稱為 E-Commerce）以及電子商務與現存的和未來的商務活動的一體化；C：服務通路管理（Channel Management），即進行市場行銷的綜合性、互動性的服務通路管理；R：關係（Relationships）建立在優質、高效、便捷服務基礎上的真正的客戶關係；M：對飯店企業的一體化管理（Management of the total Enterprise），即前台操作（Front Office）與後台操作（Back Office）的一體化。

E-CRM 強調不論大中小型飯店企業只要從事電子商務都必須將其視為一個單獨的市場區隔。E-CRM 能持續性地立即更新客戶資料，再加上統計分析的利用，所以能進行一對一的行銷服務，真正照顧到每一位顧客的實際需要。一對一的網路行銷不但可以將網路行銷的固有優勢最大發揮，更可透過網際的交流，與用戶建立起歷久彌堅的客戶關係。透過 E-CRM 平台，企業將有以下三項重要改進：（1）提供更迅速、更有效的客戶服務；（2）更確切地掌握客戶動向及需求；（3）更實時提供適合客戶的產品。這些以一對一為核心的策略正是飯店未來電子商務決戰中成功的關鍵，它能承諾對客戶的完美服務需求。

（二） ERM

自 20 世紀 90 年代中期以來，CRM 在美國以至全球得到了蓬勃的發展，並已成為繼 1990 年 ERP 企業資源計劃系統之後最重要的企業應用領域。CRM 正如火如荼，然而企業關係管理 ERM（Enterprise Relationship Management）又出現了。ERM 將 ERP 與 CRM 合二為一，建立起一個有機的資訊集成系統，使飯店企業對內外部的資訊感應成為集成的、主動的和充分交互式的，即 ERM 確保來自飯店企業內外部的資訊都能對飯店的運營和管理形成有效刺激和反饋，從而幫助飯店整合所有資源，獲得市場競爭的最大優勢，大型飯店集團公司越來越關注它。

▌第三節 飯店決策支持系統

一、決策支持系統概述

（一）決策問題

決策問題的範圍很廣，計劃、調度命令、政策、法規、發展策略、體制結構、系統目標、投資策劃等都屬於決策範疇。但它們的處理和結構化程度不同。決策問題按結構化程度不同可劃分為三種類型：結構化決策問題、半結構化決策問題和非結構化決策問題。

通常認為，管理資訊系統主要解決結構化決策問題，而決策支持系統則以支持半結構化決策和非結構化決策問題。這個論點早期由 Gorry 和 Coot Morton 提出，他們把 DSS 定義為「一個在非結構（Unstucture）或半結構（Semi-Strctured）環境下支持管理決策者的系統」。在此定義中「結構」和「支持」是兩個關鍵概念。「支持」意味著幫助或提高決策者於決策過程中的有效性，而非代替決策者。「非結構」有兩個方面的含義：一是問題無結構。這意味著從理論上講問題本身是不可判定的，但是實際中很少遇到這類問題。二是問題在一定意義下有結構。而人們至今沒有找到此結構，或未找到恰當的結構。這是我們在實際中經常遇到的問題。「半結構化」問題是指問題的局部可以結構化但不能全部結構化。此類問題需介入管理人的判斷來完成。「結構」問題有兩個含義：一是完全結構化。即結構簡明，足以完全交付電腦予以自動處理。二是結構複雜，電腦難以處理。這種結構複雜的問題在理論上是可以解決的，但考慮到實際情況中的時間和空間複雜性就難以實現，因而此類問題必須介入人的判斷。

（二）決策支持系統概述

1. 決策支持系統的概念

決策支持系統是以資訊技術為手段，應用決策科學和有關學科的理論和方法，特別是人工智慧技術，針對某一類型的半結構化和結構化的決策問題，透過提供背景材料、明確問題，修改完善處理模型，並列舉出可能的解決方

案，進行分析比較等方式，為管理者做出正確決策提供幫助的人機交互式的資訊系統。

2. 決策支持系統的特徵

（1）DSS 輔助管理人員完成半結構化和非結構化決策問題。這些問題確實從來就很少或得不到管理資訊系統的支持，而 DSS 可以解決一部分分析工作的系統化問題，但這一過程的控制還需要依靠決策者的洞察力和判斷力。

（2）DSS 必須是輔助和支持管理人員，而不是代替他們進行判斷。因此，電腦既不應該試圖提供最終答案也不應該給決策者強加一套預先規定的分析順序。

（3）DSS 是透過它的人機交換界面為決策者提供輔助功能的。DSS 的人機界面注重用戶學習、創造和審核，即讓決策者在依據自己的實際經驗和洞察力的基礎上，主動利用各種支持功能，在人機交互過程中反覆的學習和探索，最後根據自己的「管理判斷」選取一個適合方案。

（4）DSS 的目標是輔助人的決策過程，以改進決策制定的效能，因而它不可能取代以提高管理效率為目的的電子數據處理和管理資訊系統。

3. 決策支持系統的功能

（1）整理並及時提供本系統與本決策問題有關的各種數據，如飯店的服務能力、物資提供和財務情況等。

（2）收集、存儲並及時提供系統之外的與本決策問題有關的各種數據，如市場需求、客戶需求、政策動向和新技術動態等。

（3）及時收集和提供有關各項活動的反饋資訊，如經營完成情況、客房和餐飲銷售情況以及用戶反映等情況。

（4）能夠用一定的方式存儲與決策有關的各種模型，如庫存控制模型和生產調度模型等。

（5）能夠存儲及提供常用的數學（特別是數理統計）與運籌學的方法，如統計檢驗方法、回歸分析方法、線性規劃方法等。

（6）上述數據、模型、方法的管理都應該是容易改變的，如數據模式的變更，模型的連接和修改，各種方法的修改等，都可以由用戶修改變更。

（7）能夠靈活的運用模型和方法對數據進行加工、彙總、分析、預測，以便得到所需要的綜合資訊和預測資訊。

（8）提供方便的人機對話界面或圖形輸出功能，不僅能夠隨機查詢所需數據，而且還能夠回答「如果則」（What If）之類的問題。

（9）具有使用者可以忍受的加工速度和響應時間。

4. 決策支持系統的分類

對決策支持系統的分類，有以下幾種：

（1）按 DSS 是否具有智慧特徵，即有無知識庫可分為傳統的 DSS 與智慧的 DSS。

（2）按決策涉及的範圍及影響面，可分為基層決策，又稱作操作級決策；中層決策，又稱作戰術級決策；全局性決策，又稱為策略性決策。

（3）按參與決策的人員，可分為單人決策，又稱為個體決策（類似某方面的專家系統）；多人決策，又稱為群體決策。

（4）按對 DSS 的管理，可分為分散式決策和集中式決策。

二、決策支持系統在飯店領域的應用

飯店決策支持系統是輔助管理人員對半結構化或非結構化決策過程的電腦決策資訊系統，它的重點是支持和輔助管理人員的決策，並不是實現決策過程自動化。在飯店的事務處理管理工作中，如前廳預訂接待管理、客房管理、倉庫管理、人事工資管理、餐飲管理等，都是屬於結構化的數據管理；而對飯店的投資效益分析，客源市場預測分析，飯店價格定位分析等，都是屬於半結構化或非結構化的問題。解決這一類問題，光依靠電腦是不行的，還需要依靠飯店管理人員的經驗和判斷力。管理人員可以憑自己的經驗選擇電腦所提供的幾種方案。因此飯店決策支持系統是一個以電腦技術為基礎的，

輔助決策者利用數據和模型決策半結構化或非結構化管理問題的人機交互式資訊系統。

（一）飯店決策支持系統的特點

飯店決策支持系統是在飯店管理資訊系統的基礎上發展起來的，而管理資訊系統是完成一些結構化的任務，完成飯店的例行日常資訊的處理，設計時強調符合飯店的現狀，系統追求的是高速低成本地反應並完成飯店經營系統的數據處理任務。飯店決策支持系統所考慮的是一些決策方案，設計時強調系統有適應外界變化的能力，系統追求的是提供有效的資訊，強調提供決策資訊的有效性。兩者相比較，飯店決策支持系統具有以下特點：

（1）飯店決策支持系統追求決策的有效性，系統能靈活提供幾種方案給決策者選用。

（2）飯店決策支持系統所處理的對象大多數是半結構化或非結構化的管理問題。

（3）飯店決策支持系統必須是一個人機交互系統，以充分發揮決策者的經驗、智慧和觀察能力。

（二）飯店決策支持系統的功能

根據飯店決策支持系統以上的特點以及它的工作方式，該系統應具備以下功能：

（1）飯店決策支持系統應儘可能收集、存儲並及時提供與決策有關的各種外部數據。如客源情況、市場價格、用戶需求和反應等。

（2）飯店決策支持系統能及時處理、修改和提供飯店內部與本決策有關的數據。如資金情況、客房容量、費用消耗等。

（3）飯店決策支持系統應存有並能及時提供有關的數理分析工具和模型。如回歸分析法、線性規劃法、價格控制模型、投入產出模型、成本控制模型等。

（4）能靈活地利用模型和方法，對飯店各種數據進行加工、彙總和分析，迅速得到所需要的綜合資訊和預測資訊，支持管理人員完成半結構化或非結構化管理問題的決策任務，改善決策的有效性和時效性。

（5）飯店決策支持系統應具有良好的人機界面，以便於系統與管理人員進行對話，充分發揮決策人員的知識、經驗和判斷能力的作用。

（三）飯店決策支持系統的構成

DSS 是一個多種功能協調配合而成的，以支持決策過程為目標的集成系統。DSS 發展至今已經出現過多種框架結構，一般分為二庫（資料庫與模型庫）、三庫（資料庫、模型庫、知識庫）、四庫（資料庫、模型庫、知識庫、方法庫）、五庫（資料庫、模型庫、知識庫、方法庫、文本庫） DSS 結構。下面以四庫為例，說明飯店決策支持系統的構成，如圖 9-2。飯店決策支持系統和傳統的決策支持系統一樣，也是由資料庫、方法庫、模型庫、資料庫和人機對話生成系統組成，模型庫是該系統的核心。但作為一個實效的飯店決策支持系統，至少應有以下幾個模組：財務決策系統、投資決策系統、成本核算決策系統、銷售計劃決策系統。

1. 財務計劃決策支持系統

財務計劃是全面規劃飯店財務活動的一個管理手段，該系統要對飯店的資金需要量、資金來源和投向、資金運用過程中的耗費，回收和利用效益等作出全面安排，飯店財務計劃的決策貫穿於整個經營活動的全過程，該系統可由飯店管理資訊系統 MIS 中的飯店財務管理子系統改造而成。

2. 投資決策支持系統

投資決策對飯店來說十分重要，因為投資成功與否、直接關係到飯店的未來，決定著飯店未來的發展方向、發展速度和獲利的可能性，透過該系統的分析，可以選擇最佳的投資方案。該系統必須存儲各種投資決策模型庫，如投資回收期法、投資平均報酬率法、淨現值法、保本分析法、投資風險分析法等各類單元模型。

3. 成本核算決策支持系統

　　該系統主要由飯店的成本分析、成本預測、目標成本的確定、目標銷售利潤的確定等組成。透過該系統地分析、計算，得出成本管理過程中的最優方案，作出正確的成本決策和價格決策。該系統可由前廳接待系統、帳務審核系統、餐飲管理系統等改造而成。

　　4. 銷售計劃決策支持系統

　　銷售計劃是飯店經營的重要組成部分，在市場經濟的條件下，飯店經營必須按市場需要來制定全年的銷售計劃，根據該系統提供的決策方案，提供給決策人員選擇，以便飯店公關部制定行銷宣傳策略。該系統主要由銷售分析和銷售預測組成，在設計時可由飯店管理資訊系統中的預訂、接待管理系統和公關銷售管理系統等改造而成。

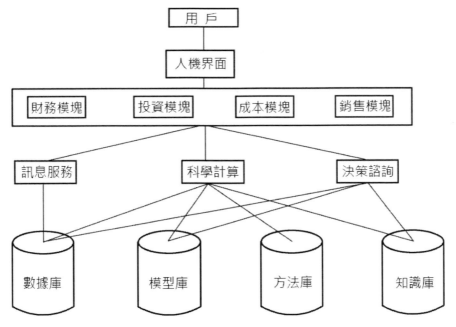

圖 9-2 決策支持系統的四庫結構

　　（四）飯店決策支持系統的預測和分析方法

　　預測分析是飯店決策過程中的主要內容，飯店要在錯綜複雜的市場經濟浪潮下，尋找適合自身發展的經濟規律，在各種管理實踐決策之前先進行預

測和分析，尋找合適飯店經營的規律性，預測飯店內部和外部的環境變化，飯店管理預測的內容可包括市場需求預測、投資效益預測、產品銷售預測、成本及利潤預測、同行業競爭預測等。對於一個旅遊飯店，如果能積極開展各種經營及經濟預測的決策活動，將會使飯店的經營管理工作立於不敗之地。

要保證預測的結果準確，一方面收集的資料數據要正確、可靠，另一方面選用的預測方法也要合適。目前，在選擇預測方法時應該基於以下三項原則：

第一，慣性原則。在市場經濟規律中，一切經濟活動都存在一定慣性，即以時間序列的延續性。如預測客源變化時，各種類型的客源，在一定時間內均具有慣性。

第二，統計規律性原則。現成概率推斷原則，它是對某個經濟變量所產生的多次結果分析其統計規律性，這是預測技術中常採用的一種數量統計方法。如在統計客源類形式可以統計預測到最近兩年內的主要客源類型。

第三，相似性原則。也稱類推原則，是指在飯店經營活動中，不同的經濟變量所遵循的發展規律有時是相似的，利用這一規律可類推出未知經濟變量的未來發展。

預測方法目前也名目繁多，但總的可以劃分定性預測和定量預測兩大類。定性預測是依據預測人員的經驗和判斷能力，不用或僅用很少量的計算，可以從對被預測對像過去和現在的有關數據資料分析中，找出事物發展的規律，求得預測結果。定性預測方法有專家調查法、市場調查法、主觀概率法及類推法等。定量預測法是依靠所選用的預測數學方法進行預測，預測的準確程度取決於預測方法中所選用的數據，目前常用的定量預測方法有移動平均法、指數平滑法、趨勢外推法和季節週期預測法等。

飯店決策支持系統的設計與應用是電腦在飯店中應用的必然趨勢，本著管理就是決策的思想，必須使電腦更直接的面向決策。能根據管理決策人員的要求，提供各種有價值的資訊以輔助各級管理人員決策，從而促進飯店決策支持系統的實現。

需要指出的是，無論採用什麼樣的決策方法，電腦都只是提供一些資訊供決策者參考，而不可能提供一個正確的決策，僅是提供決策的參考方案。這是因為任何決策都是以未來的預測為基礎的，而未來無一例外的具有不確定性，且預測所涉及的時間越長，不確定的因素就越多。再說，周圍的環境、外界因素都在不斷變化，因此一個飯店決策支持系統，永遠不會完美無缺，它需要在使用中不斷的完善以提高決策的準確性。

（五）飯店決策支持系統的整合

一個完整的 DSS 系統模式被表示為 DSS 本身以及它與「真實系統」、人和外部環境的關係，由圖 9-3 所示。在圖中，管理者處於核心位置，他運用自己的知識，把他和 DSS 的響應輸出結合起來，對他所管理的「真實系統」進行決策。管理者往往需要協助人員的幫助。就「真實系統」而言，提出的問題和操作數據是輸出資訊流，而人們的決策則是輸入資訊流。圖的下部表示了與 DSS 有關的基礎數據，它包括來自真實系統並經過處理的資訊（如 MIS 資訊、統計資訊等）、環境資訊與人的行為有關的資訊等。圖的右邊是 DSS，由模型庫系統、資料庫系統和人機對話系統等組成。決策者運用自己的知識和經驗，結合 DSS 響應輸出，對他所管理的「真實系統」進行決策。

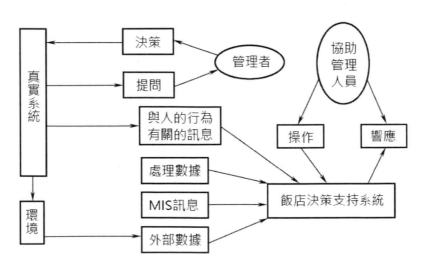

圖 9-3 飯店決策支持系統的整合模式

人們作為 DSS 的用戶、開發者和評價者在 DSS 的建立和運行中起著關鍵作用。人的因素（如個人判斷和偏好）是一個重要而實際的問題。人的因素是一個複雜的因素，它涉及到人的心理和認識過程。這是將人工智慧（特別是專家系統）與傳統 DSS 相結合的一個重要原因。

三、決策支持系統的進一步發展

（一）群體決策支持系統（GDSS）

GDSS 將通信、電腦和決策技術結合起來，使問題的求解條理化、系統化。而各種技術的進步，如電子會議、局域網、遠距離電話會議以及決策支持軟體的研究成果，推動了這一領域的發展。GDSS 技術發展的越成熟，他對自然決策介入也就越多。GDSS 的技術支持主要有通信技術、電腦技術、決策支持技術以及結構化的群體決策方法。

GDSS 可提供三個級別的決策支持。第一層次的 GDSS 旨在減少群體決策中決策者之間的通信、溝通資訊、消除交流的障礙，如及時顯示各種意見的大螢幕，投票表決和彙總設備，無記名的意見和偏好的輸入，成員間電子資訊交流。第一層次系統透過改進成員間的資訊交流來改進決策進程。第二層次的 GDSS 提供善於認識過程和系統動態的結構技術，決策分析建模和分析判斷方法的選擇技術。這類系統常常使用便攜式單用戶電腦來支持一群決策者。決策者面對面的工作，在 GDSS 的支持下共享面臨問題的知識和資訊資源，制定出行動計劃。第三層次的 GDSS 其主要特徵是將第一層次和第二層次的技術結合起來，用電腦來啟發、直到群體的通信方式，包括專家諮詢和會議中規則的智慧安排，這樣高水平的系統目前還處在研製階段。

GDSS 的目標應能發現並向決策群體提供新的方法，他們透過有規則的資訊交流逐步達到這些目標。首先，要克服資訊交流的障礙，加速其進程，如第一層次的 GDSS。其次，可用一些較成熟的系統技術使決策過程結構化或準結構化，如第二層次的 GDSS。最後，應對多群體決策的資訊交流的內容和方式、議事的時間進程提供智慧型指導，從根本上解決非結構化決策的

支持問題，這是第三層次的 GDSS 的發展方向，也可以說是 GDSS 的發展方向。

（二）分散式決策支持系統（DDSS）

DDSS 是由多個物理上分離的資訊處理特點構成的電腦網路，網路的每個節點至少含有一個決策支持系統或具有若干輔助決策的功能。

DDSS 具有區別於一般 DSS 的若干特徵：（1）DDSS 是一類專門設計的系統，能支持處於不同節點的多層次的決策，提供個人支持、群體支持和組織支持。（2）不僅支持問題結構不良的決策過程，還能支持資訊結構不良的決策過程。（3）能為節點間提供交流機制和手段，支持人機交互，機—機交互和人與人交互。（4）不僅從一個節點向其他節點提供決策結果，還能提供對結果的說明和解釋，有良好的資源共享。（5）具有處理節點間可能發生的衝突的能力，能協調各個節點的操作。（6）既有嚴格的內部協議，又是開放性的，允許系統或節點方便地擴展。（7）系統內的節點作為平等成員而形不成遞階結構，每個節點享有自治權。

（三）智慧決策支持系統（IDSS）

IDSS 是 DDS 和 AI（人工智慧）相結合的產物，其設計思想應著重研究把 AI 的知識推理技術和 DSS 的基本功能模組有機地結合起來。IDSS 主要包括以下組成模組：

（1）用戶界面模組。它是 IDSS 與用戶交互的窗口，它向用戶提供各種命令語言和 I/O 軟體，使用戶能按系統可以接受的方式提出要求，同時也使系統能按用戶要求的形式輸出結果。

（2）問題求解模組。問題求解過程包括：首先根據決策者提出的問題，其資訊構造面向問題的模組序列；然後根據模組序列獲取問題的最優解或滿意解。問題求解模組由問題分析和問題求解兩部分組成。首先，它對決策問題進行分析，建立面向用戶提出的特定問題的模組序列；其次，完成每一模組內部結構的組建，即匹配相應的數據模組和文法文件，完成模組系列的連接和運行；最後，對決策結果進行評價和優化。為此，系統必須具備應用領

域的知識和模組內部的知識，並運用謂詞邏輯的框架表達法把這兩類知識統一起來。

（3）庫管理模組。它的功能包括：在外部環境和系統內部間起資訊傳輸作用；對四個庫進行管理、協調和維護，這四個庫為資料庫、模型庫、方法庫、知識庫；滿足問題求解模組對數據、模型、方法和知識的需求，提供交互式的內部通道，使 AI 的知識推理和 OR 的數值計算相結合成為可能。

（4）資料庫系統。在 IDSS 中，模型庫也以數據化形式實現，因此，資料庫不僅包含模型所要求的數據文件，也包含模型運行的結果文件。

（5）模型庫系統。MBS 是 IDSS 核心部分，其功能是向決策者提供能方便地構造、修改和應用庫內各種模型以支持決策。

（6）方法庫系統。ABS 的功能是把關於支持決策的方法有機地結合起來，提供與建立和求解模型的有關方法。

（四）智慧型、交互型、集成化決策支持系統（I3DSS）

I3DSS 是智慧型、交互型、集成化決策支持系統（Intelligent，Interactive and Integrated DSS）的簡稱。I3DSS 是面向決策者、面向決策過程的綜合性決策支持系統的一個功能框架。I3DSS 的提出和實際應用，使 DDS 進入一個新的歷史發展階段。

（五）決策支持中心（DSC）

決策支持中心（Decision Support Center）是由瞭解決策環境的決策分析專家和資訊系統組成決策支持小組。它處在高層次重要決策部門，有一批參與政策制定、決策分析和系統開發的專家，裝備有電腦等先進設備，透過人機結合等多種方式支持高層次決策者做出應急和重要決策的廣義 DSS。它是以決策支持小組為核心，採用人機結合方式支持決策者解決決策問題。它具備辦公決策功能與定量定性相結合的綜合集成功能。

▌第四節 人工智慧與專家系統

一、人工智慧與專家系統的概念

（一）人工智慧的概念

人工智慧是運用智慧解決問題的電腦程序，也就是說，人工智慧意味著透過智慧語言編程來讓電腦執行一些由人們來做則需要智慧的活動。人工智慧領域包括自然語言處理、機器人、機器視覺和專家系統等領域。自然語言處理就是透過程序讓電腦理解語言。人工智慧的另一個領域是機器人，可以透過編程來讓機器人執行一些特殊任務，它們特別善於反覆地做相同的工作，它們還能完成人們不願意去做的、危險的和困難的任務。機器視覺是人工智慧的另一個應用，用來改進機器人的能力。比如說，電子裝配廠中帶有機器視覺的機器人可以給正在被加工的電路板照相，然後在正確的位置上插入元件。當今機器視覺的侷限就是它只能做一些非常特殊的工作。

（二）專家系統的概念

專家系統是一種智慧的電腦程序，它能夠運用知識進行推理，解決只有專家才能解決的複雜問題。也就是說，專家系統是一種模擬專家決策能力的電腦系統。

專家系統的開發是人工智慧對商業領域極有影響的一項應用。專家系統與決策支持系統的區別在於前者用規則或者專家的知識解決問題。專家系統是以邏輯推理為手段，以知識為中心來解決問題的。專家系統就像一個專家顧問一樣徵求資訊，把這些資訊應用到它已經學到的規則中去，然後得出結論。

（三）專家系統的分類

1. 按知識表示技術可分為：基於邏輯的專家系統；基於規則的專家系統；基於語義網路的專家系統；基於框架的專家系統等。

2. 按任務類型可分為：解釋型，用語義分析符號數據，進而闡明這些數據的實際意義；預測型，根據對象的過去和現在情況來推斷對象的未來演變

結果；診斷型，根據輸入資訊來找出對象的故障和缺陷；調試型，給出已確定的故障的排除方案；維修型，指定並實施糾正某類故障的規劃；規劃型，根據給定目標擬訂行動計劃；設計型，根據給定要求形成所需方案和圖樣；監護型，完成實時監測任務；控制型，完成實時控制任務；教育型，診斷型和調試型的組合，用於教學和培訓。

（四）專家系統能夠解決的問題的類型

專家系統設計出來是為解決某種類型的問題的，這些問題有特定的領域，在人類專家可能具有的經驗知識上進行特定類型的分析。

1. 專家系統的範圍

專家系統通常被設計成特定領域的專家。通常來講專家系統應該集中於相當窄的知識領域。專家系統在其所擅長的領域內可能是非常聰明的，但對領域以外的知識一無所知。人工智慧中最難的一項挑戰是教機器理解日常用語，即使是兩歲的孩童都能懂的口語。

2. 問題類型

專家系統擅長於診斷、預測和計劃問題。其中最好的應用是診斷。基於規則的技術非常適合於描述很多專業人員如醫生、工程師的例行的診斷決策。這些決策是在大量指導規則的基礎上產生的，這些規則較好的描述了條件—行動的原則。

專家系統擅長的另一個領域是設計工作。專家系統能夠配置電腦、電路以及有機分子式。

專家系統的第三種應用類型是解釋判斷，專家系統被廣泛的應用於從資訊中解釋判斷狀態。許多醫用專家系統利用從病人測量器上測得的結果診斷和治療疾病。

專家系統擅長的第四個領域是預測。預測即從所給狀態中推斷可能的結果。預測系統可以預測全球石油需求量，預測國際政局可能動盪的區域以及模仿錯誤的投資決策帶來的最壞的財務損失。

（五）專家系統如何與傳統的資訊系統相區別

專家系統與傳統的資訊系統區別在於以下四點：

（1）專家系統必須表現專家水平也就是說它必須達到人類專家的水平。

（2）專家系統必須能夠符號化的代表知識，一個符號可以代表一個產品、不合格、一個電動機。專家系統必須能夠描述符號之間的關係，例如產品是不合格的。

（3）專家系統必須能夠使用複雜的規則解決難題。換句話說，它必須能夠模仿解決問題的專家所做的推理工作的深度，產生有關問題的解。

（4）專家系統必須表示自己的知識，也就是說，它必須能夠檢驗自己的推理，估計自己得出結論的準確性。系統透過解釋工具去解釋它是如何產生答案的。即使專家系統發生了錯誤，它的建立者也會糾正這些錯誤，因為在它的基於知識的程序中使用的假設是以編碼的形式描述的。

二、專家系統的體系架構

專家系統由知識庫、推理機、知識獲取子系統和解釋子系統組成。圖 9-4 為專家系統組成示意圖。

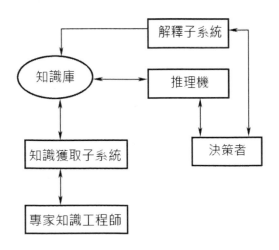

圖 9-4 專家系統的組成

（一）知識庫

知識庫（Knowledge Base）儲存專家用以解決問題的知識。知識庫是與問題領域相關的部分，儲存解決特定問題的知識。知識庫包含資訊和經驗法則，專家系統依據這些來制定決策。這些資訊應當代表該領域內出色的專家那裡提取的高水平的知識。在許多專家系統中，只使用規則表示。專家系統將根據決策的性質使用不同的規則，不同的決策中根據不同的順序應用這些規則。例如，一個簡單的專家系統可能包含 40 個規則，決策 1 使用規則 1、3、6 和 7，決策 2 使用規則 3、6、12 和 22。每次執行一個規則，資料庫中將發生一個改變，提出新的問題，然後應用新的規則。

（二）推理機

推理機（Inference Mechanism）用以控制推理過程。推理機是與問題領域獨立的部分，當其配合不同的知識庫運作時，可解決不同的問題。推理機是專家系統的中央處理單元，推理機與用戶對話，詢問資訊並運用它，它使用知識庫為每種情況得出結論。推理機的結構取決於問題的性質和專家系統中知識的表達方式。推理機代表知識庫和特殊應用中的過程。推理機包含一個解釋器，決定如何應用規則去推導新知識。它還包含一個決定所運用的規則的順序的計劃表，推理機的一個例子是得克薩斯儀器「私人顧問」。

（三）使用者界面

使用者界面（User Interface），用來提供使用者與專家系統的界面。

（四）解釋機

解釋機（Explanation Mechanism）提供使用者友善的解釋說明及諮詢功能。解釋子系統用來解釋求得結果的過程。用這種方式，用戶可以跟蹤用來解決問題的方法，而且可以理解決策是如何作出的。

（五）知識獲取界面

知識獲取界面（Knowledge Acquisition Interface）提供編輯、增刪知識庫功能。由於專家系統在不斷的改進，透過使用知識獲取子系統可以在

知識庫中加入新規則。開發專家系統的過程包括使用簡單問題建立原型，然後繼續改進這個原型直至專家系統完善。當系統成熟後，新的規則可以加入，其他的可以刪除，這些透過知識獲取子系統完成。

（六）工作記憶區

工作記憶區（Working Memory），儲存推理過程中的事實。

三、專家系統在飯店中的應用

（一）專家系統技術應用於飯店員工的甄選

專家系統技術在員工甄選方面有著廣泛的用途。例如，在企業員工甄選決策工作中，專家系統可完成這樣的工作：不僅能完成傳統電腦程序的測試、記錄、計算（不包括複雜的運算）、檢索、得出結論等工作，而且可以透過專家系統的知識庫和推理機，指導和幫助企業進行職務分析、建立職務績效標準、選擇預測源、實施預測源、解釋和評價預測結果。事實上，由於專家系統的知識庫中裝進了人事管理專家的知識和經驗，推理機實現了這些專家的推理策略和方法，這就等同於人事管理專家親臨現場工作，幫助企業搞好員工甄選的決策工作。這樣的工作一方面可以使企業員工甄選決策工作的效率和規範化得以提高，另一方面，而且是更重要的一個方面，使得該項決策工作的質量得以大大提高。這才是專家系統工作的根本目的。專家系統技術可在以下幾個方面得到應用：

1. 職務分析及績效標準的建立

職務說明書的結果可以透過定量的職務分析問捲得到。各類職務操作的有關特質通常包括以下幾個方面：（1）生理因素。包括體力、耐力、敏捷程度、視覺、聽覺等方面的特質。（2）心理因素。包括知覺、注意、記憶、理解、邏輯、演繹、問題解決、創造性、人格等方面的特質。（3）學習因素。包括數字運算能力、口頭表達能力、書面表達能力、計劃能力、決策能力、專業知識和技能等方面的特質。（4）動機因素。包括對環境變化、單調工作、工作壓力、孤獨、惡劣環境、危險等的適應能力，對依賴性、持久性、積極性、

完善性、進取性等的控制程度。（5）社會因素。包括外表、忍耐性、影響力、合作精神等方面的特質。

這些方面特質的職務功能分析、通常要在職務分析專家的指導下進行。職務分析專家一般要具備豐富的心理學、生理學、管理學和工程學知識。運用專家系統技術，可以把這些專家的知識和經驗輸入到專家系統的知識庫中，企業在做職務分析工作遇到問題時，可隨時打開職務分析專家系統，向該系統諮詢各種問題的解決方法。

職務績效標準是根據職務分析的結果建立的。這一過程通常是由職務分析專家與企業管理者共同制定的。可以把職務分析專家的知識和經驗輸入到專家系統的知識庫中，供企業管理人員制定職務績效標準時參考。

2. 選擇和實施預測源

在人事管理中，能夠描述、測量修改特點的預測源，通常包括心理測驗、工作模擬、情境練習、面談、履歷、檔案、自我評定等。其中，心理測驗、工作模擬、情境練習等預測源的選擇與實施，尤其需要人事管理專家的知識和經驗。把這些知識和經驗輸入到專家系統的知識庫中，企業管理人員可根據職務分析的結果和相應的職務績效標準來選擇預測源，並運用專家系統的推理機和其他功能來實施這些預測源。

3. 對預測結果的解釋和評價

預測結果的解釋與評價，是一個涉及因素多、問題結構性差的領域，其解釋與評價方法帶有很大的啟發性，專家的知識和經驗起著很大的作用。將人事管理專家對預測結果解釋與評價的知識和經驗輸入專家系統的知識庫，會為企業在最終確定哪些候選人入選時提供各種有價值的參考意見。

（二）模糊專家系統應用於飯店音樂噴泉

目前大多數的音樂噴泉僅能變化噴射高度，而模糊專家系統控制的音樂噴泉裝置不僅能改變噴射高度，而且各噴頭還可以分別作一個自由度或兩個自由度的擺動，大大豐富了音樂噴泉的表現能力。用模糊資訊處理、模糊專家系統等智慧自動化技術完成音樂特徵的自動識別和匹配，能夠根據音樂特

徵自動設計出音樂噴泉的表演程序。用三維動畫對音樂噴泉的表演程序進行仿真實驗，採用人機交互的方式使設計者可以方便地對表演程序進行修改和完善。模糊專家系統控制的音樂噴泉電腦輔助設計系統可以優質、高效、大量、個性化的製作音樂噴泉的表演程序。室內音樂噴泉噴頭數量較少，造價較低，不受地域、季節、時間等條件的限制，而且表演效果更精緻，表演曲目更多，比室外音樂噴泉的適用範圍更廣。

四、人工智慧與專家系統的發展趨勢

（一）分散式人工智慧和專家系統

隨著電腦網路技術的發展，各種分布計算的標準、技術不斷湧現，其應用日益廣泛。分散式人工智慧是這個發展方向的一部分，它透過一組智慧實體的合作來解決問題。分散式人工智慧的研究也隨著電腦網路、並行程序設計等技術的成熟而發展。隨著知識系統在規模、範圍和複雜程度上的增加，分散式人工智慧已成為這些系統的核心技術。而分散式專家系統是分散式人工智慧最重要的組成部分之一。

（二）面向對象的專家系統

專家系統是人工智慧應用研究最活躍和最廣泛的課題之一，推理機是專家系統的一個重要組成部分，它負責系統功能的執行、知識和數據調度以及系統各組成部分的協調等核心任務，其設計在專家系統中有著舉足輕重的地位。目前軟體領域的一個核心技術——面向對象的方法（Object-Oriented Method）不是完全從外部功能，而是強調從內部結構模擬客觀世界，它追求的是現實問題空間與軟體系統解空間的近似或直接模擬，為實際問題建立了一個可用軟體實現的模型，使複雜系統的開發變得清晰和靈活，並能提高軟體的可重用性、可移植性、可擴充性、可靠性和兼容性。若應用面向對象方法設計一個內部機制合理、易維護、柔性大的推理機將提高整個專家系統的性能。

應用面向對象的思想建立推理機模型，更符合自然的認識方法：把從一般到特殊的演繹過程（如繼承）與從特殊到一般的歸納形式（如類）相結合；

封裝功能為資訊隱蔽提供具體的實現手段，推理機內部機制的模組性強，可以較為自由地被不同的軟體系統引用；繼承性提供了一種代碼共享的手段，可以避免重複設計；各組成對象的功能執行是在消息傳遞時確定的，這支持對象的主體特徵，提高了程序設計的靈活性；對象實現了抽象和封裝，將可能出現的錯誤限制在自身，易於維護；推理機可以透過繼承機制不斷擴充功能，而不影響原有軟體系統的運行，從而達到增量型設計的目的。

（三）協同式專家系統

協同式專家系統能綜合若干個相近領域的或一個領域的多個方面的分專家系統相互協同工作，共同解決一個更廣泛的問題。各個分專家系統發揮其自身的特長，解決一個方面的問題，這樣具有更高的準確性。在研究複雜問題時，我們將確定的總任務分別由幾個專家系統來完成。

分專家系統之間的討論方式採用「黑板」進行。有了「黑板」以後，一方面各分系統可以隨時從「黑板」上瞭解到其他子系統對某個問題的求解情況，並且從中提取它所要的各種資訊；另一方面各分系統也可隨時把自己的討論結果寫入中間資料庫，此外中間資料庫可以採用管理資料庫的手段來管理它。協同式專家系統各分系統可有自己的推理方式。有的系統可採用數據驅動，有的可採用目標驅動。在系統中設計一個總控模組與各子系統打交道，而不是在各子系統間的直接相互調用。各子系統間的資訊交流透過中間資料庫，利用一定的耦合方式進行系統間的資訊傳遞。

（四）模糊專家系統

在自然科學、社會科學、工程技術的各個領域，都會涉及大量的模糊因素和模糊資訊處理問題。模糊技術幾乎滲透到了所有領域，列有模糊技術專題的較大型國際會議每年約有十多個。各種模糊技術成果和模糊產品也逐漸由實驗室走向社會，有些已經取得了明顯的社會效益和經濟效益。在人工智慧與電腦領域，已經出現了模糊推理機、模糊控制電腦、模糊專家系統、模糊資料庫、模糊語音識別系統、圖形文字模糊識別系統、模糊控制機器人等高技術產品，同時還出現了 F-PROLOG、FUZZY-C 等語言系統。

思考與練習

1. 試敘述智慧卡門鎖的主要功能。

2. 什麼是 VOD 系統？ VOD 系統有哪些分類？

3. 什麼是車輛定位導航系統？試敘述其結構組成及各組成部分的功能。

4. 試論述飯店 CRM 應用的主要作用。

5. 試敘述飯店決策支持系統的主要特點和功能。

6. 什麼是人工智慧？什麼是專家系統？它們有哪些異同點？

第 3 版後記

第 3 版後記

　　調整後的第 3 版內容完整地闡述了飯店資訊管理的系統知識，從飯店電腦應用概況開始，介紹了飯店管理資訊系統的概念、飯店資訊管理的電腦系統基礎知識，並從飯店資訊流程開始，講解了從資訊管理的功能需求分析，到系統規劃和開發的完整過程，同時介紹了飯店的 Internet 應用和資訊管理的最新發展。

　　全書內容新穎、力求精簡，適合旅遊管理專業的學生使用或作為旅遊飯店管理人的培訓用書。本書第 1 章、第 2 章由陸均良老師編寫，第 3 章由王宏星老師編寫，第 4 章、第 5 章由王炳臣老師編寫，第 6 章由馬潤洪老師編寫，第 7 章、第 8 章由戴聚嶺老師編寫，第 9 章由邱德海老師編寫，第 10 章由陸均良老師和楊銘魁老師編寫。全書由陸均良老師總審和定稿。

　　由於時間比較倉促，書中難免還有錯誤或不妥之處，敬請各位專家、同行，特別是從事飯店資訊管理教學的專家、老師提出批評意見。

編者

國家圖書館出版品預行編目（CIP）資料

飯店管理資訊系統 / 陸均良 等 編著 . -- 第三版 . -- 臺北市
：崧博出版：崧燁文化發行 , 2019.04
　　面 ；　　公分
POD 版

ISBN 978-957-735-740-3(平裝)

1. 旅館業管理 2. 管理資訊系統

489.2   108003649

書　　　名：飯店管理資訊系統（第三版）

作　　　者：陸均良 等 編著

發 行 人：黃振庭

出 版 者：崧博出版事業有限公司

發 行 者：崧燁文化事業有限公司

E - m a i l：sonbookservice@gmail.com

粉 絲 頁：　　　　　　　網 址：

地　　　址：台北市中正區重慶南路一段六十一號八樓 815 室

8F.-815, No.61, Sec. 1, Chongqing S. Rd., Zhongzheng

Dist., Taipei City 100, Taiwan (R.O.C.)

電　　　話：(02)2370-3310 傳　真：(02) 2370-3210

總 經 銷：紅螞蟻圖書有限公司

地　　　址: 台北市內湖區舊宗路二段 121 巷 19 號

電　　　話:02-2795-3656 傳真 :02-2795-4100　　　網址：

印　　　刷：京峯彩色印刷有限公司（京峰數位）

定　　　價：550 元

發行日期：2019 年 04 月第三版

◎ 本書以 POD 印製發行

獨家贈品

親愛的讀者歡迎您選購到您喜愛的書,為了感謝您,我們提供了一份禮品,爽讀 app 的電子書無償使用三個月,近萬本書免費提供您享受閱讀的樂趣。

| ios 系統 | 安卓系統 | 讀者贈品 |

請先依照自己的手機型號掃描安裝 APP 註冊,再掃描「讀者贈品」,複製優惠碼至 APP 內兌換

優惠碼(兌換期限2025/12/30)
READERKUTRA86NWK

爽讀 APP

📖 多元書種、萬卷書籍,電子書飽讀服務引領閱讀新浪潮!

🎧 AI 語音助您閱讀,萬本好書任您挑選

🔍 領取限時優惠碼,三個月沉浸在書海中

🔔 固定月費無限暢讀,輕鬆打造專屬閱讀時光

不用留下個人資料,只需行動電話認證,不會有任何騷擾或詐騙電話。